JN061622

放射線被曝の隠蔽と科学

矢ヶ﨑克馬

緑風出版

はじめに

　福島原発事故が2011年3月11日に発生した。既に10年になった。しかし、未だたった10年である。

　2020年8月に原爆投下75周年を迎えた。原爆被爆地域をめぐって、原爆被害者が広島でも長崎でも国などを相手に今も係争中である。

　原爆の放射線被曝については原爆を投下したアメリカ軍が日本を占領したために、原爆投下国の核戦略遂行のために「データ」が収拾され、治療はなされなかった。原爆の放射線被害の実態が初めて世界に知らされたのは実に8年後の 1953年5月、草野信男博士によりウィーンの国際医師会議まで待たなければならなかった。1952年4月28日サンフランシスコ条約調印発効後のことである。

　被曝に関する事実が隠されるのは昔話ではない。今現在「生き馬の目を抜く」すさまじい隠蔽体系の中を市民は生きているのだ。

　原爆被害で言えば、75年経過した今日、誰が見ても自然科学的な事象であるきのこ雲の構成や成因に付いて真実が語られていない：市民なら誰でも目で見て確認できる「高々4kmの高さに水平に広がる円形原子雲が存在する」ことが無視され続けてきた。この円形原子雲は「黒い雨」の雨域に重大な関わりを持つ。これは科学的に超難解で理解し難い事柄であった訳ではなく、科学が核兵器推進権力に支配されてきた結果なのである。これが「被爆被害者」の「被爆者認定」「原爆症認定」問題などが社会的行政的に未解決問題になっている一つの根源である。

　原発事故ではどうだったのだろう？

　事故そのものは、事実を客観的に認識することなく、国家保護の下に（国家と経済権力が一体となって）「安全神話」を君臨させ続けた結果である。構造としては安全を確保しなければならない「原子力安全・保安院」が核推進の組織と一体となって原子力行政を進めてきたことに象徴される。安全確保に関する「学問の自由」など許されない世界が作り出した構造的事故なのである。

事故に際してはどうであったか？　これはもっとひどい。

原子力災害対策特措法に規定されていて毎年避難訓練などを繰り返してきた地元の町村を含む対策会議は無視され、立地町除外の処理体系が作られた。国民との約束事項である「年間１ｍＳｖまで」の被曝限度は20倍につり上げられ、放射能汚染廃棄物規制は80倍につり上げられた。この種の政府による「棄民行為」は法律に違反する実態で行われ、放射線被曝を住民に強制した事々は枚挙にいとまがない。

科学的に使用されるべき用語：例えば、放射能汚染、被曝等々はマスコミレベルでは「死語」になり、変わって「風評被害」がもっぱらだ。

セシウム放出量で広島原発の168倍（政府見解）も放出されたとされる放射能環境に対して「健康被害は一切ない」（安倍首相）とされ、「専門家」が「健康被害がない証明」を必死で作る。死亡率や疾病数の増加など、下手に「放射線被曝の影響」の可能性に言及しようものなら「科学的裏打ちがなされているのか」などの非難が殺到する。放射線被曝の恐怖を語ると「放射脳」と言われる。

いったい、原発事故の放射能被害はあったのかなかったのか？

放射線被曝の用語をも排除し、可能性の言及をも許さない文化統制（？）現象はどこから来るのか？

原子力非常事態宣言が発効したままの「復興」／オリンピック。安倍首相の「アンダーコントロール」、「健康被害は今までも今もこれからも一切ない」という言明で福島原発の実態隠しで封切られた東京オリンピック。「原子力緊急事態宣言」下である。それを１年延期させた新型コロナウィルス。最近はＩＯＣ（国際オリンピック委員会）調整委員長の「新型コロナウィルスがあろうとなかろうと開催する」という人命よりも経済優先の発言。

背景に国際原子力推進機構の被曝対策の大転換がある。事故の際「避難させずに高汚染地帯に住み続けさせる」という、住民の被曝を防護しない、「被曝防護」から「被曝防護せず」への逆転だ。核戦略が「被曝量を軽減させず、住民保護をせず」に転換した驚異の「文明の逆流」に対し、日本の専門家は１人として市民に警告を発する者はいなかった。

これらの陰に隠れて「原発事故はとうの昔に収まった」「復興は進む」として、事故後10年が迎えられた。

事故を起こした炉心の取り出し作業は放射線が強すぎて未だにめどが立たない。放射能は日々、空に、水に、海に放出され続ける。トリチウム入りの汚染水タンクは危険な状態にありながらも、海洋投棄の危険行為が進もうとしている。「原子力損害賠償・廃炉等支援機構」の「石棺」設置構想は福島県知事の「復興を諦めることだ」等の抗議で「石棺」表現を謝罪し戦略プランを修正（『福島民報』）した。世界の市民と環境に対していったい日本政府／日本住民はどう責任を取ろうとしているのだろうか？

　本書はチェルノブイリ以後の国際放射線ロビーの動向、国内における放射能対処、国際放射線防護委員会の防護指針（考え方）と防護体系（防護基準）を科学の目で批判する等、関連する諸問題を論じ、著者としての放射能分野との関連をも振り返る。

　放射線被曝分野の考え方を科学の目で批判し、人道の目で語る。

　放射線被曝防護の考え方とその適用基準は、根本を入れ替えない限り世界の市民の命を守れない。

　核兵器と共に原発を廃止することは民主主義を前提とし、科学を誠実に実施するならば、必然である。

　本書がその根拠を語るところとなれば幸甚である。

　事実認識は民主主義の基本である。

　数々の命を救えなかった痛切な思いを込めて。

2021年3月　　　　　　　　　　　　　　　　　　　　　　　　矢ヶ﨑克馬

第1部

東電原発事故で
住民は
保護されたのか？

§1 住民保護か？ 原発擁護のための「住民保護せず」か？

①チェルノブイリ原発事故後はチェルノブイリ法で住民は年間1mSv以上の汚染で被爆軽減措置がとられた。移住を主たる手段として様々な社会的防護がなされた。

②事故後10年、ＩＡＥＡはチェルノブイリ法の「移住保障」を否定し、「永久に続くと思われる高汚染地域に住み続けさせる」方針を決定。

③2017年ＩＣＲＰは、被曝カテゴリーを「計画被曝」に「緊急時被曝状況」と「現存被曝状況」を追加し、しきい値論に従う線量限度概念に従わない「参考レベル」という名目の線量導入により、最大100mSvまで被曝させることができるという基準を発表。

④ＩＡＥＡは核抑止論と原発推進の国際的まとめ役の機関であり、放射線防護を謳うＩＣＲＰ、ＵＮＳＣＥＡＲ等は核推進の立場にある政府等から派遣された委員によりなり立つ。「猟場管理人と密猟者が同一人物（ベーヴァーストック）」の組織と称される。

⑤チェルノブイリ事故による健康被害をめぐって、健康被害を認めようとしない国際原子力ロビーと住民保護を実施する現地科学者専門家とが対立し、完璧に「科学が二極化」した。

⑥安全神話は「原子力むら」により作られた。学問の自由は現場の専門家・研究者に気骨が無ければ「絵に描いた餅」にもならない。

注）シーベルト：Sv 被曝した場合の被曝の量を示す単位。1Svは質量1kgあたり1J（ジュール：エネルギー単位）の放射線被害エネルギー（原子を壊してしまう作用：電離の量）で表される。

(1) 市民を被曝防護する義務の放棄—国際原子力推進連合体

　原発事故のみならず原子力産業に必然的に付随する放射能被曝を巡る諸問題（事故処理や放射能からの住民保護）は、科学的／技術的な、また人道的課題であると同時に政治問題にあまりにも直結する課題である。

　東電福島第一原発の事故をどのような視点で処理してきたのかの基本は、世界的規模の原子力推進機関の「危機管理方針」に基本的に左右されている。

▶国際原子力ロビー

　原子力ロビーとは「原子力産業の存在をおびやかしかねない状況に対し、世界の原子力産業を支えるために巧みに働きかけを行っている組織」を指して言う通称である。

　国際原子力ロビーの構成は、国際原子力機関：ＩＡＥＡ、国際放射線防護委員会：ＩＣＲＰ、および原子放射線の影響に関する国連科学委員会：ＵＮＳＣＥＡＲ、といわれる。それに1959年の協定により放射線被曝の分野でＩＡＥＡに服従するところとなった世界保健機関（ＷＨＯ）を加える。

　ここで、各組織の紹介を行う。

①国際原子力機関（International Atomic Energy Agency：ＩＡＥＡ）は、国連の保護下にある自治機関である。本部はオーストリアのウィーン。湾岸戦争の1998年まで国連安保理事会の核査察活動を担当していた。核不拡散と原発推進の要となる機関だ。

②国際放射線防護委員会（International Commission on Radiological Protection：ＩＣＲＰ）は、専門家の立場から放射線防護に関する勧告を行う民間の国際学術組織である。「勧告」を出し各国の政府がこれを採用するという仕組みが成り立っている。イギリスの非営利団体（ＮＰＯ）として登録されている。科学事務局の所在地はカナダのオタワ。ＩＣＲＰに対する助成金の拠出機関は、原子力産業と国際原子力機関や経済協力開発機構などの原子力機関をはじめ、世界保健機関、放射線防護に関する学会、イギリス、アメリカ、欧州共同体、スウェーデン、日本、アルゼンチン、カナダなどの各国内にある原子力機関である。

③原子放射線の影響に関する国連科学委員会（United Nations Scientific Committee on the Effects of Atomic Radiation：ＵＮＳＣＥＡＲ）は、電離放射線による被曝の程度と影響を評価・報告するために国連によって設置された委員会である。

④世界保健機関（World Health Organization：ＷＨＯ）は、人間の健康を基本的人権の一つと捉え、その達成を目的として設立された国際連合の専門機関（国際連合機関）である。ＷＨＯはＩＡＥＡと1959年5月、協

定「WHA12-40」を締結した[2]。この協定によるとWHOは「ＩＡＥ
Ａ（原発推進を掲げている）の許可なしに、放射線の影響における科学
論文を公表してはならない」となっている。WHOがＩＡＥＡに従属
していると言われる所以である。

▶核推進の立場にある者が規制を行う構造

　これらの組織は、その目的とするところと利益相反の関係にある核推進の
機関から派遣された核推進の任務を帯びた者により業務が展開されるもので
ある。キース・ベーヴァーストックは「猟場管理人と密猟者が同一人物であ
る」[3]と喝破している。

　例えばＩＣＲＰは「放射線防護」をタイトルとしているが、常に核推進の
立場と時代時代の反核運動・放射線防護の国際的見識の間を揺れ動き、科学
的・人道的基準ではなく、「社会的・経済的基準」に堕さざるを得なかった[4]。
ここに「社会的・経済的」とは国際原子力ロビーの特殊用語であり、「核推
進の政府の都合の良いように」、「政府と核産業に過大な負担を掛けないよう
に」という内容の粉飾表現である。

　ＩＡＥＡは1996年の「チェルノブイリ10年─事故結果をまとめる」[5]にお
いてチェルノブイリの次のアクシデントが生じた場合の新方針を打ち出した。
その主目的は、住民保護の観点から施行されたチェルノブイリ法に基づく
「避難・移住」を否定し、情報統制と専門家らの統制が必要なことを合意す
ることだった。それを受けてＩＣＲＰは2007年勧告において[6]、線量区分体
系を改変し、緊急時において最高年間100ミリシーベルト（mSv $= \frac{1}{1000}$ Sv）
に及ぶ大量被曝を住民に及ぼし得る具体策を提案し、各国に勧告した。

　オゾン層を破壊するフロンガス等は禁止された（1987年オゾン層を破壊する
物質に関するモントリオール議定書）。人類の英知がかろうじて発揮されたと言
えよう。ところが何百万人もの被曝をもたらす原発事故が相次いでも、人類
の英知は核戦略と経済権力に飲み込まれてしまう。基本問題の一つはここに
ある。

⑵ チェルノブイリ原子力発電所事故をめぐる科学と人道と政治

▶「科学」の極端な二極化

　チェルノブイリ原子力発電所事故は、1986年4月26日に、ウクライナ・ソビエト社会主義共和国のチェルノブイリ原子力発電所4号炉で起きた原子力事故である。世界で最悪の原子力事故と評され、のちに決められた国際原子力事象評価尺度（INES）[7]では深刻な事故を示すレベル7に分類された（福島原発事故もレベル7）。

　例えばウクライナでは事故前は90％の子どもが健康と見なされていたが、事故後1995年では「健康」といえる子どもの割合が20％しかいない状態となる[8]。健康被害が多発し[8,9]、「ありとあらゆる」と表現して良いほどの病気が記録されている。

　しかし国際原子力ロビー〔国際原子力機関（IAEA）、世界保健機関（WHO）、国際放射線防護委員会（ICRP）、原子放射線の影響に関する国連科学委員会（UNSCEAR）〕は「健康被害は認められない」[9,10]として唯一小児甲状腺がんのみを健康影響として認めた。汚染地の住民の健康を巡って極端な二極化が進んだのである[9]。

　『チェルノブイリ被害の全貌』の著者ヤブロコフは「序論」で語る：

　　　「立場が両極端に分かれてしまったために、低線量が引き起こす放射線学・放射線生物学的現象について、客観的かつ包括的な研究を系統立てて行い、それによって起こりうる悪影響を予測し、その悪影響から可能な限り住民を守るための適切な対策を取る代わりに、原子力推進派は実際の放射線放出量や放射線量、被害を受けた人々の罹病率に関するデータを統制し始めた。放射線に関連する疾患が明らかに増加して隠しきれなくなると、国を挙げて怖がった結果こうなったと説明して片付けようとした。と同時に、現代の放射線生物学の概念のいくつかが突然変更された。……」[9]。

　また、日本語版序：「いま、本書が翻訳出版されることの意味」において崎山比早子氏は

　　　「本報告書に引用されている論文の多くが、英語圏で広く読まれてい

る専門誌に掲載されていなかったことも、健康被害の実態が世界に知られなかった一因であるのだろう。……（この本で）引用された多くの論文において、放射線の線量が正確には分かっていない。放射線の影響を考える場合、線量が正確でないというのは大きな欠陥であり、論文が受理されない理由ともなる。しかし、それだけを取って論文の中身を全て捨ててしまうのも一方的すぎるだろう」[9]

と述べている。しかし、この基準は今も関連学会の査読基準などに定着されている。

ヤブロコフ氏[9]が「序論」で述べているように、ここで引用されるこの状況は福島事故後の事実をありのままに総括する上で、重要な参考例となる。例えば、小児甲状腺がんの事故との関係（後出）、あるいは、「風評払拭リスクコミュニケーション」、官公庁発行「放射線のホント」等々、質的には、我が国でも明確な二極化の現われであり、同様な現象が生じている。量的には核推進の権力がマスコミをも巻き込んで圧倒的な現実勢力となっている。

「学説の異なり」などでは全くない、自然科学上の客観的事実認識が「学術上の違いを装って」二極化されているのは実に恐ろしいことだ。政治支配が「学術体制的隠蔽」を基本とするのだ。「知られざる核戦争」の最前線だ。

「知られざる核戦争」とは著者が呼称する「核推進権力が原爆投下以来一貫して行ってきた放射能物質の存在の否定と、被害の隠蔽と被曝をそのまま住民に続けさせるための情報操作を土台に置く全体系」である。

▶学問の自由などの民主主義の原理的権利は、当事者に気骨がなければ「絵に書いた餅」にもならない

学問の自由は今や世界的に保障されており、日本国憲法でも23条に「学問の自由は、これを保障する」と宣言されている。国などに雇用される研究者が解雇等の脅威を受けることなく専門的職能を自由に遂行しうることが保障されている。しかし、専門的職能を担うものに「学問の自由」を守ろうとする気骨がない限り、いくら自由が宣言されていても絵に描いた餅である。

日常的あるいは事故の際に、健康被害を認めるか認めないかで、国や企業が負担する賠償や補償などの費用が激変する。核産業が維持できるかどうかが問われる。それが「専門家」あるいは「科学者」の「調査結果」等々で軽

減される。実にたやすく政治が科学を支配する事態に反映していくのだ[9, 10, 11]。

　世界的戦略あるいは国策で行われる原発などはその傘下に大量の科学者／技術者がいる。

　放射線被曝の世界では、現象的には、原子力推進の立場にいる一部の人と、住民の健康の上に生じた事実を大切にしようとする科学者との間で、科学として事実をありのままに認める視点／基準に大きな差ができたのである。

　核産業の維持／原発の推進は科学の分野に置いても巨大なゆがみを生じさせているのである[9, 10, 12]。

　我が国の原子力基本法では、原子力開発の３原則として「民主・自主・公開」がうたわれている。しかし「原子力むら」と称される一群の研究者／技術者も含めて、学問の自由・原子力開発３原則がいかに守られるかの成否は個々の科学者／技術者が責任を担っている。すなわち市民が責任を担っていることを銘記されたい。

(3)　住民保護と国家予算と核産業の存亡

▶チェルノブイリ法

　チェルノブイリ原発の大事故の後、周辺３国はチェルノブイリ法[13]により住民の被曝防護を国家責任として行った。この国民防護の基準は国際的な住民被曝限度とされた年間１mSv以上の汚染地帯で移住の権利などを保障すること等、住民の被曝を防護することを趣旨としていた。これらの国での被災者保護は今日まで継続して行われている。特徴は５mSvまでの地域では住民の自主的選択によって「移住」が保障され、５mSv以上では居住も生産も禁止されたことだ。

　この防護は莫大な予算を食い、国家財政を危機に立たせた。同時に世界における原発維持をも危機に立たせた。

　今までの国際原子力ロビー、とくにＩＣＲＰの住民防護策は、原発維持・原発推進とこれに批判的な世論（例えば、ストックホルムアピール署名運動）[14]や、研究（アリス・スチュアート[15]の疫学研究等々）の間の妥協の産物[4]で成り立ってきた。

　しかし国際原子力ロビーは上記のように放射線被曝被害を認めようとせ

ず、かつ住民の放射線防護を放棄した。ＩＡＥＡの1996年会議[5]及びＩＣＲＰ2007年勧告[6]により、原発事故の際には高汚染地帯に住民を住み続けさせる方針が確定したのである。

▶防護政策の転換：ＩＡＥＡの1996年会議「チェルノブイリ10年後」[5]

その結論部分において

> 「通常、人々は日常生活の中でリスクを受け入れる準備ができている。彼らはそのような状況の中で専門家を信じており、当局の正当性に疑問を投げかけていない」

とされた。

従前通りの住民の被曝保護を廃止する方向転換で、強汚染地帯に住民を居住させ続けさせようともくろむに当たって、「リスクを受け入れる準備ができている」とした上で、専門家や情報の統制の必要性がうたわれている。

> 「被曝を軽減してきた古典的放射線防護は複雑な社会的問題を解決するためには不十分である。住民が永久的に汚染された地域に住み続けることを前提に、心理学的な状況にも責任を持つ、新しい枠組みを作り上げねばならない」

と防護指針を抜本的に変えることを宣言したのである。

被曝量軽減を趣旨としてきた「放射線防護体制」が事実上放棄され「高汚染地域に住み続けさせる」という被曝を強制する体制が宣言されたのである。チェルノブイリに続く次の事故が生じた場合の新方針が打ち出されたのである。

その内容は、住民保護の観点から施行されたチェルノブイリ法に基づく「避難・移住」を否定し、「被曝防護せず」としたことだった。

ＩＡＥＡ（国際原子力機関）は、2012年12月に福島県と協力して放射線モニタリングと除染の分野でプロジェクトを実施することを決め（フクシマにおけるモニタリングポストは実際の汚染量の約半分しか示さない〔後出〕）、また、福島県立医大と健康分野での協力も合意した。2013年5月には「ＩＡＥＡ緊急時対応能力研修センター」が福島県自治会館に開設された。ＩＡＥＡが福島の「復興」を指導しているのである。

▶実施基準の転換：ＩＣＲＰ2007年勧告[6)]

　ＩＡＥＡの「防護方針の逆転」方針はどのようなプロセスを経て実現されたのか？

　チェルノブイリ事故から10年後のＩＡＥＡ1996年会議を経て、さらに11年が経過し、2007年の国際放射線防護委員会（ＩＣＲＰ）の勧告でこの「防護」から「防護せず」への逆転方針が具体化された。

　被曝状況という概念が拡大されて、それに伴って被曝線量制限が拡大されたのである。

　今までは①「計画被曝状況」だけであったのに対して、②「緊急時被曝状況」と③「現存被曝状況」が追加された。

　①計画被曝状況は、事故などのない通常運転で常時放出される放射能規制である。法律で許容された被曝線量以下、すなわち防護基準が年間1mSvまででコントロールされる被曝状況（公衆に対しては年間1mSv以上の被曝をさせてはいけない）である。

　　それに対して、2007年勧告は、今まではＩＣＲＰの防護姿勢は「事故などは起こさない」という設定だったのに対して「事故が起こったら」という事故対処概念を新設した。

　②それが「緊急時被曝状況」であり、事故後の高線量状況が「現存被曝状況」である。

　③「緊急時被曝状況」では、事故が生じたときの被曝限度の目安（参考レベル）を20mSvから最高100mSvまでとされたのである。

　④放射線量を「参考レベル」と言い換えているが事実上の「防護基準」である。言葉を「線量限度」から「参考レベル」と言い換えているのは「それ以上被曝させてはならない」線量から「高汚染地域に住み続けさせるための被曝を許容する」線量に変化させているからである。

　⑤ＩＡＥＡの1996年会議で結論づけられた「住民が永久的に汚染された地域に住み続けることを前提に」、住み続ける際の被曝線量目安を設定したのである。その際、従来の「被曝線量限度」（しきい値線量）と区別するために用語を「参考レベル」としたのである。被曝させっぱなしにする基準ができたのだ。線量限度が「しきい値」概念に従う

ものであったのに対して、住民を「高線量地域に住み続けさせる」ための線量の定義は「しきい値」では都合が悪かったのである。

⑥参考レベルは「緊急時被曝状況」と、事故後の高線量期間に適用される「現存被曝状況」に適用される。従来適用されていた日本の法律[6]および計画被曝状況では、市民に対する被曝線量限度は年間1mSv（しきい値線量）であったものを、緊急時被曝状況では最高100mSv（参考レベル）まで被曝させることが可能とされた。

ＩＣＲＰが被曝を受け入れさせるための基準を発表した直後に東電福島事故が生じた。悲しいかな、ＩＡＥＡ、ＩＣＲＰに具体化された国際原子力ロビーの通りの方針が日本の事故に、日本の法律[17]を破って、適用された。

それに日本政府独特の住民「愚民視」と虚偽による「住民の洗脳」が加わる過酷な政治である「知られざる核戦争：日本ファシズム版」が展開した。

▶2007年勧告による被曝状況概念の変更

それまで「計画被曝」だけであった。

①計画被曝：放射線源の計画的な導入と操業に伴う線量限度を設定。公衆（一般市民）に対しては年間 1 mSv。

②事故が生じた際の「緊急被曝状況」：至急の注意を要する予期せぬ状況。参考レベルを導入した。参考レベルは年間20mSv～100mSvの範囲で国が指定する。

③事故後の高線量期間に適用される「現存被曝状況」：管理に関する決定をしなければならない時点で既に存在する被曝状況が追加された。

④日本の法律[6]および計画被曝状況では市民に対する被曝線量限度は年間 1 mSvであったものを、緊急被曝状況では最高100mSvまで被曝させることが可能とされた。

▶線量限度と参考レベル

①しきい値の概念：対象とする事象の発生率が約3％となった時の発生誘導因子量で定義される。公衆に対する線量限度は3％の住民が1mSv以上となる線量。住民保護上での「これ以上ダメ」という線量限度。

計画被曝の線量限度はしきい値の定義に従うものである。放射線被曝

分野では「確定的影響」とされる健康障害はしきい値を持ち、その事象成立の程度が約３％の線量値を定義している。放射線防護においても同じ定義を採用している。

②参考レベル：個人線量（個人線量計で測られる個々の被る被曝線量値）分布の上で目安となる基準線量[16]。基準となる「参考レベル」より多い線量を浴びる住民はそのままその被曝状態に置かれる。

　　新しい緊急時被曝状況などに適用される「参考レベル」は住民に大量被曝を受忍させることを目的にしたもので、汚染地帯に定住させ、大量被曝を受け入れさせるために線量概念を新たにしたものである。「これ以上の被曝は防護いたしましょう」という「線量限度」としての線量を意味しない。

§2　ＩＣＲＰの防護の哲学は人権を否定する「功利主義」

ＩＣＲＰが歴史的に果たした役割
　ＩＣＲＰの歴史的に果たしてきた役割は以下に特徴付けられる。
①それは放射線とその健康被害をありのままに見る科学をせずに、核被害が過小評価できるものの見方を達成することに努めた。
②「放射線の防護」を核戦略・原発遂行の立場で画策した。
③放射線被曝を住民に許容させ、核と経済を優先させる功利主義哲学を防護3原則などとして普及させた。人格権に属する死を含む「健康リスク」と産業営業行為による「公益」を天秤に掛け、営業による人格権の破壊を正当化してきた。
④住民に放射線被ばくを許容させる仕組みを各国の政府に採用させ、核に関する世界的な情報操作を行ってきた。「経済的社会的」要因と称して被曝を可能な限り低減させる道を阻止してきた。また、産業の営業に支障を来さない「線量限度」を設定した。その際は「参考レベル」として100mSvまで許容し、住民保護を放棄した。
⑤ＩＣＲＰはＩＡＥＡ、ＵＮＳＣＲＡＲなどと協力して核体制の維持を図った。「知られざる核戦争」の実行部隊であった。
⑥福島原発事故での住民への被曝防護は、防護基準を20mSv/年までつり上げ被曝を強要した。避難・移住の自由も与えなかった。「放射線管理区域」に相当する地域に居住する人は100万人を超える。政府は、この様な汚染地の中に住民を住み続けさせ、かつ、一旦避難した人々を帰還させようとしている。
　これを合理化しているのが、ＩＡＥＡ、ＩＣＲＰ等原子力産業維持装置なのである。

(1)　ＩＣＲＰの防護の哲学〈人道主義から資本主義への堕落〉

　すべての原子力関係の「被曝防護」に関する取り扱いはＩＣＲＰの防護3原則が適用される。医学、保健学、薬学、工学、核物理学などに関する全ての分野の初期教育には、ＩＣＲＰの理論が用いられ、これらの現場の基準は全てＩＣＲＰの理論なのである。

そこには民主主義概念に反する功利主義が露骨に盛り込まれている。

ＩＣＲＰ2007年勧告[6]「緒言」は以下のように述べている。

> 「委員会の1954年勧告は『すべてのタイプの電離放射線に対する被曝を可能な限り低いレベルに低減するため、あらゆる努力をすべきである』と助言した（ＩＣＲＰ、1955）
>
> このことは、引き続いて被曝を『実際的に可能な限り低く維持する』（ＩＣＲＰ、1959）、『容易に達成可能な限り低く維持する』（ＩＣＲＰ、1966）、またその後『経済的及び社会的な考慮を行った上で合理的に達成可能な限り低く維持する』（ＩＣＲＰ、1973）という勧告として定式化された」

この「緒言」に記述された４つのステップは、原則的立場（可能な限り低く）⇒リスク受忍論（ある程度のリスクを我慢しなければならない）⇒リスク・ベネフィット論（リスクの要因が与える便益優先）⇒コスト・ベネフィット論（命の金勘定：リスクの要因が与える公益のコストを安くするために住民保護経費を低く押さえる）へと変化した歴史を示し[4]、被曝を防護する原則的な考え「人道主義（人間性を重んじ、人間愛を実践し、併せて人類の福祉向上を目指す立場）」から被曝を許容する核産業維持の思想：資本の論理へと堕落して行く過程を示すものである。

ＩＣＲＰの放射線防護３原則はリスク受忍論を元にした功利主義で貫かれている[4]と判断する。個々の人々の人格権が二の次に置かれているのである。リスク受忍論は許容線量という概念に帰結するのであるが、

> 「放射線被害は少なければ少ないほど望ましいが、……あらゆる害から完全に免れることは不合理である。被曝した本人とそれに続く世代の生涯に放射線障害が発生する可能性を含意するものであるが、そのような障害が発生する可能性は極めて小さいので、そのリスクは平均的な人間には容易に受け入れられるであろう（アメリカNCRP）[4]」

というものである。

功利主義はここでは「功利・効用をものごとの基準とする考え方。実利主義」の意味で用いる。資本の論理そのものである。ここでの功利主義は原子力産業を維持させることを目的として倫理面や「社会的・経済的」対応で威力を発揮する哲学：対応指針であるといえよう。

ここでＩＣＲＰが放射線防護の哲学において「社会的・経済的原理」を着々と指針の中に取り入れて、人格権の否定の度合いを深くしていったかをタイトルだけで模索しよう。

1950年　ＩＣＲＰ発足
1951年　内部被曝委員会を封鎖
1954年　ＩＣＲＰ勧告：「被曝を可能な最低レベルまで引き下げるあらゆる努力を払うべきである」。
1959年　リスクベネフィット論（人権を経済活動の下位に置く）
　　　　ＩＣＲＰ勧告「実際的に可能な限り低く維持する」
1966年　容易に達成可能な限り低く見積もる
　　　　（ＡＬＡＲＡ）：As low as readily achievable
1970年　原子力委員会：コスト－ベネフィット論（命の金勘定を宣言）採用
1973年　ＩＣＲＰ勧告「経済的および社会的な考慮を行った上で合理的に達成可能な限り低く見積もる」
　　　　（ＡＬＡＲＡ）：As low as reasonably achievable
1977年　ＩＣＲＰ勧告「防護の３原則」(1)行為の正当化、(2)防護の最適化、(3)個人の線量限度

(2)　ＩＣＲＰの防護３原則

　ＩＣＲＰは、例えば1977年勧告において、放射線防護の三つの基本原則として、(1)行為の正当化、(2)防護の最適化及び、(3)個人の線量限度を導入した。その後の勧告においてもこの基本原則に基づいて放射線防護の具体的指針が示されている。

①行為の正当化　〈人格権と経済的利益を比較する〉
▶異質の概念を比較する

　ＩＣＲＰ2007年勧告「用語解説」によると、行為の正当化とは以下のとおりである。

　　(1)放射線に関係する計画された活動が、総合的に見て有益であるかどうか、すなわち、その活動の導入又は継続が、活動の結果生じる害（放

射線による損害を含む）よりも大きな便益を個人と社会にもたらすかどう
か；

　あるいは(2)緊急時被曝状況又は現存被曝状況において提案されている
救済措置が総合的に見て有益でありそうかどうか、すなわち、その救済
措置の導入や継続によって個人及び社会にもたらさせる便益が、その費
用及びその措置に起因する何らかの害又は損傷を上回るかどうかを決定
するプロセス。

　人が放射線に被曝する行為は、それにより、個人あるいは社会全体に利益
がもたらされる場合でないと行うことはできないとするものである。行為の
正当化を判断するには、被曝させる行為が健康被害（死亡も含む）などの害に
比べて利益（公益）が大きいか、また経済的に適性であるかなどについて検
討される。

　この表現の真実の意味は、害すなわち発がんによる死亡などが生じること
を認知しながら、「害に比べて公益が大きい」あるいは「経済的に適正であ
る」等と一発電産業等の営業行為による経済的利益と、その行為による人の
死亡等に関わる人格権に対する価値判断を対等物として天秤にかけて、産業
の営業行為を優先するというものである。

　「害に比べて便益が大きい」かどうかを天秤にかけて論じるのは功利主義
そのものである。「個の尊厳」や、基本的人権、民主主義の基本理念は否定
されている。天秤に掛ける際には、例えば「リスクの評価」など、科学的な
値であることに見せかけてリスクをいかに低く勘定するかが「科学」陣の役
割であった。異質の概念を比較するのであるから、リスク評価は核権力の支
配の程度に応じていくらでも恣意的に設定できるのである。

▶医療被曝は本人の同意を必要とする

　医療被曝等においては、治療のために被曝を伴う手段を執ることがある。
医師等が「リスクがあるが、治療には必要である。被曝を受け入れるか？」
と必ず当人の承諾を得て実施しているのが現在の被曝の関係に適用される人
権を守るプロセスである。原発において被曝を承認するかどうかを聞かれた
住民がいるであろうか？　原発（や核兵器等）においては有無を言わさない強
制被曝なのである。出発点から人権が無視されているのである。

▶大飯原発差し止め判決

大飯原発3、4号機の運転差し止めを求める裁判で、2014年5月21日、福井地裁の樋口英明裁判長は、住民が請求した運転差し止めを認める判決を下した。判決の一文は次の通りであった。

> 「原子力発電所は、電気の生産という社会的には重要な機能を営むものではあるが、原子力の利用は平和目的に限られているから（原子力基本法2条）、原子力発電所の稼動は法的には電気を生み出すための一手段たる経済活動の自由（憲法22条1項）に属するものであって、憲法上は人格権の中核部分よりも劣位に置かれるべきものである」

この判決は原発と人格権について明瞭な判断を下している。

それだけではない。ＩＣＲＰの防護原則に潜む人格権破壊の精神を見事に喝破しているのである。

▶原発・核産業は堂々と人格権の否定を謳う特殊産業

「個の尊厳」として位置づけられる人格権の否定、基本的人権を否定する概念が堂々とオーソライズされている。原発産業は民主主義に風穴を開けている特殊産業なのだ。民主主義が基本となる近代的社会において民主主義の基本理念を真っ向から否定する考え方であり、民主主義社会としては受け入れてはならない倫理違反である。

②防護の最適化
▶防護も経済の許す範囲でおこなえ

同じくＩＣＲＰ2007年勧告「用語解説」によると以下のとおりである。

> 防護の最適化：
> いかなるレベルの防護と安全が、被曝及び潜在被曝の確率と大きさを、経済的・社会的要因を考慮の上、合理的に達成可能な限り低くできるかを決めるプロセス。
> 放射線防護においては、集団の被曝線量を経済的及び社会的な要因を考慮して、合理的に達成可能な限り低く（ＡＬＡＲＡ：As Low As Reasonably Achievable）保つようにすることをいう。

放射線防護においては、集団の被曝線量を経済的及び社会的な要因を考慮して、合理的に達成可能な限り低く保つようにすることがＩＣＲＰ防護の2番目の基準である。

　「経済的及び社会的な要因」は一見リーズナブルに見える表現だが、ここでは大問題である。「最大限住民を保護するために力を尽くせ」というのではない。国の予算や企業の営業活動に支障が来ない、無理しない範囲で防護したらよい、というものである。

> 　「今日の放射線防護の基準とは、原子力開発のためにヒバクを強制する側が、それを強制される側に、ヒバクをやむを得ないもので、我慢して受忍すべきものと思わせるために、科学的装いを凝らして作った社会的基準であり、原子力開発の推進策を政治的・経済的に支える行政的手段なのである。」（中川保雄『放射線被曝の歴史』）

　核兵器推進の論理的基盤は「核抑止論」である。原発推進にとっての「核抑止論」は「ＩＣＲＰの被曝防護3原則でありＡＬＡＲＡ原則」である。

▶日本政府は市民との約束を破棄して核産業を守った

　例えば、東電の爆発があった直後、政府が防護量を、今まで年間1mSvだった公衆の被曝限度を20倍に引き上げた。これは単にＩＣＲＰの勧告に従って、政府が学問的検討など何もせずに決めたものである。法律的に「防護」するという以上20倍まで被曝許容限度を上げることは、明らかに乱暴な棄民政策である。事故により日本在住者の放射線防護の免疫力が20倍になるのではない以上、住民切り捨てそのものである。

③線量限度
▶線量限度が健康を守る基準ではない

　同じくＩＣＲＰ2007年勧告「用語解説」によると以下のとおりである。

> 　線量限度：計画被曝状況から個人が受ける、超えてはならない実効線量又は等価線量の値。

　放射線被曝の制限値としての個人に対する線量の限度で、ＩＣＲＰの線量制限体系の基本概念である。

　線量限度は、確定的影響に対する線量に対してはしきい値以下で設定され、

がんなどの確率的影響に対しては、しきい値がなく、低線量でも被害が現れることは既知の事実である。そのリスクが線量に比例するという仮定の下に、容認可能な上限値として設定されている。線量限度には、自然放射線と医療による被曝は含まない。

　実効線量と等価線量の限度が、当初は職業人と一般公衆の線量当量限度と表記されていたが、2013年に国際放射線防護委員会（ＩＣＲＰ　Pub. 60）勧告の取り入れにより、「線量限度」に改正された。組織線量当量も同様に「等価線量」に改正された。

　しかしこの基準は健康維持の限度ではない。原発産業が経済的に原発施設などを維持できる「防護最適化」での経済限度である。

　注意点は、線量限度は「計画被曝状況」に限定され、緊急時被曝および現存被曝状況では100mSvまでの被曝が「参考レベル」と名前を変えて許されることだ。今までの線量限度での防護を放棄しているのである。

　福島第一原発の爆発時に設定された年間20mSv等（参考レベル）の限度引き上げは典型的に住民の健康切り捨てである。

§3 東電原発事故処理にいかにIAEA方針が具体化されたか?
——原子力災害対策特措法に従わない「原子力緊急事態宣言」——

①原子力災害対策特措法[18]に基づかない方法で「緊急事態宣言」がなされた。

②特措法に明記されているにも拘わらず、現地災害対策本部から立地町4町を排除した。

③災害防止避難訓練が毎年行われているが、訓練で確認されている手順／組織等が全く無視された。

④広報など特措法で定められている方法を無視して官房長官が行う等、法秩序にのっとって災害対策が行われたとは認め難い。

⑤立地町は、事故以前は「安全神話」で欺され、事故が生じてからは行政的に無視され、法律で規定されている権利・義務が発揮できなかった。二重に欺されたのである。

⑥20mSv規制、SPEEDIの非公開、安定ヨウ素剤の不配布、EPZ (Emergency Planning Zone) は8kmと定められていたにもかかわらず、緊急避難区域を当初3kmとした、双葉病院等の重症者が事前の協議不足／体制未調整で搬出強行されて死亡者を多数出した (現地対策本部等に立地町が排除されていたので周到な態勢の取りようがなかった)、スクリーニング基準を引き上げる (福島県)、年間20mSvを内閣主導で決定する等々の措置が、法を破って地元自治体を災害対策体制から排除するところで実施された。

⑦国として放射能測定体制を整えるのではなく、逆に個々研究チームの測定や研究を規制した。福島県の「不安をかき立てるからやめて欲しい」というクレームにより甲状腺被曝線量の精密測定が阻まれた。

⑧実際の放射線量の約半分しか表示しないようなモニタリングポストを設置した。

⑨広大な面積が「放射線管理区域」の設定基準以上の被曝にさらされた。被曝地域は福島県の約半分、宮城県、茨城県、群馬県に及ぶ。

⑩5mSv/年以上の汚染地での生産は日本独自の内部被曝状況を作った (被曝二次被害の制度化)。

▶法律無視の組織化／原子力緊急事態宣言発令

2011年3月11日19：03、原子力緊急事態宣言を発令した。

特措法[18]によると原子力緊急事態宣言の際に、

一　緊急事態応急対策を実施すべき区域

　二　原子力緊急事態の概要

　三　前二号に掲げるもののほか、第一号に掲げる区域内の居住者、滞在
　　　者その他の者及び公私の団体（以下「居住者等」という）に対し周知さ
　　　せるべき事項

の公示が義務づけられているが、上記一と三は実施されなかった。特に立
地町はその後一貫して連絡対象からさえ除外されていた（井戸川双葉町長〔当
時〕）。

　第一回会議では、菅直人内閣総理大臣から、経済産業大臣の下、「避難対
応を進めるよう」指示があったが、緊急事態の法に基づく手順を無視したも
のであった。以後、地元立地町と協議して決められるべき体制とは程遠い措
置がなされた。

　特措法では、原子力緊急事態宣言が発せられた時から、原子力災害現地対
策本部を置くことになっている。

　その組織には、①原子力災害現地対策本部長、②経産省、③原子力安全・
保安院、④福島県、⑤原発周辺の４町、⑥関係公共機関・地方公共機関、⑦
東電（原発事業所）が加わることになっているところ、①菅内閣総理大臣ら
内閣府被災者生活支援チーム、②総理大臣官邸原子力災害専門家グループ等、
③経済産業省、文科省、厚労省、他省庁、④保安院（事故が生じたとき保安院
本院は保安院の現地対策本部メンバーを避難させて機能不全に陥らせた）、④福島県、
⑤東電、原子力利権集団、⑥ＩＡＥＡ等＋陰の組織（井戸川克隆氏による図式）
の実態となり、特措法で規定されている立地４町がそれ以後一貫して排除さ
れるところとなった。

　井戸川氏はこのため、特措法第五条に定められている「町の住民の生命、
身体及び財産を守れという『責務の遂行も阻まれた』」としている。スピー
ディーの非公開によりプルームの押し寄せている汚染の最も激しいルートに
避難させられたり、双葉病院等の重症者が事前の協議不足／体制未調整で搬
出強行されて死亡者を多数出した等々が現実だった。

　前年2010年に内閣主導で実施した避難訓練で確認した手順と組織等が全
く無視され、法に規定されている組織すべき各機能班が組織されなかった。
例えば、報道は広報班が担当するとされているところ枝野（当時）官房長官

がもっぱら報道に当たるところとなった。緊急時避難地域（ＥＰＺ：周辺住民等の被曝を低減するための防護措置範囲）は半径８〜10kmの地域と規定されていたが、３kmから始まった。

　基本的な防護線量基準など事実上どこでどう決まったかなどが不明である。20mSvの高線量、スピーディーの非開示、安定ヨウ素剤の不配布等などがこうして決められた。

　こうして歴史に残る「高汚染地域に住民を住み続けさせる」という悪基準が反故にされ、国内に何の抵抗もないままに決められたのである。

　特筆すべきは、原発立地町は、事故が生ずるまでは、安全神話の何重にも渡る安全論で欺され続けてきた。事故が生じた途端に今まで「事故避難訓練」などで法律的に約束されてきた「地元自治体の参加の下での事故対策」が、一切地元抜きで対策／対応が進んだことである。立地町は「蚊帳の外」に置かれた。住民安全保護の権限が奪われ、住民安全確保のための権利行使が一切できなかった。情報も与えられず、放射性プルームの最も濃い方角に町民が避難ルートを選んでいたことなどが後日判明した。事前の地元自治体の主権行使の約束が極めて露骨な「ペテン」に終わったことである。一切の約束事が反故にされた。これは日本市民の悲劇の重要な一エピソードに過ぎない。

▶緊急事態宣言の住民切り捨て

　通常時の日本の法律[17]は年間１mSv以上の被曝を住民にさせないこととしている。しかし日本政府は「原子力緊急事態宣言[18]」（原子力施設で重大な事故が発生した際に、原子力災害対策特別措置法に基づいて内閣総理大臣が発出する：2011年3月11日発令、菅直人総理大臣）を出すことにより20mSv/年を設定した。この値はＩＣＲＰ2007年勧告の「緊急時被曝状況」で設定された値であるが日本の法律には反映されていない。原子力災害対策特別措置法[18]の下に原子力緊急事態宣言は発せられるのであるが、その目的とは「原子力災害が放射能を伴う災害である特性に鑑みて国民の生命、身体及び財産を守る」ためとうたわれている。国民の生命、身体及び財産を守るとされながら、放射線被曝に関しては20倍の被曝限度線量が設定されたのである。

　①20mSv/年以上の汚染地域にいる人は居住することが禁止された

が、それ以下の汚染地にいる住民に対しては例えば「1mSv/年以上では避難の権利を認める」等というきめ細かな配慮は無く、一切を20mSv/年で仕切るものであった。チェルノブイリ法では居住制限の1〜5mSv/年の汚染領域では住民の意志に基づいて移住が保障され、年間5mSv以上のところでは移住の義務が課されたのとは大違いである。

今まで法律で保障されていた線量以上の高線量地域の住民に対する内部被曝防止の配慮も無く、居住し生きるためには生産せざるを得ない状況を住民は強いられた。

法律は国民との約束事項であるが、緊急事態宣言を出すことにより、いともたやすく約束を20倍の被曝量に変えてしまったのである。従来、法律により守られてきた人権が削られたのだ。

②これと同様な事態が放射性廃棄物の制限にも出現した。従来の法律では100Bq/kgであったものが8000Bq/kg[19]までとされたのである。

③緊急スクリーニングの基準も順守されなかった。「原子力災害対策指針」は避難住民に対してスクリーニングの基準を「体表面等に付着した放射性物質の除染基準」ＯＩＬ4（Operational Intervention Level 4）と指定している。

運用上の介入レベル（Operational Intervention Level：ＯＩＬ）は、事故直後では40,000cpm（120Bq/㎠）、1カ月後では13,000cpm（40Bq/㎠）と指定されている。しかるに福島県は事故直後に100,000cpmを基準とした[20]。

④日本の法律では住民に対する被曝規制[17]は、外部被曝に関しては身体に到達する線量すべてが吸収線量となる事を大前提に数値が定められている。にもかかわらず政府は実際上の住民の生活パターンを仮定して空間線量の60％だけを算定するように「指導」した[21]。すなわち人は8時間戸外にいて、16時間戸内にいる。戸内での被曝量は外部被曝の40％の被曝量とする（これで計算すると外部被曝の60％の値が得られる）、というものである。これにより住民は法律量の1.7倍の空間線量で被曝させられたのである。

§4 東電事故とチェルノブイリ事故の住民保護の違い

①チェルノブイリ事故と福島事故の違いについて

　1．チェルノブイリは原子炉1機、福島は4機。

　2．チェルノブイリは操作ミスによる核爆発、爆発高度6000mの大爆発。
　　　福島は地震で細管破断によるメルトダウン。核燃料の高温化によるジル
　　　コニウム—水反応により生成された水素の爆発または核爆発？（3号機）。
　　　噴出高度は100m（3号機は600m）。

　3．放射能放出量は政府発表は「福島はチェルノブイリの10%程度。この値
　　　は部分的データのみによる。放射性キセノンは福島がチェルノブイリの2.4
　　　倍。山田等は総合して「チェルノブイリの2倍〜4.4倍」としている[27]。

②チェルノブイリの住民保護と日本の住民保護の格差

　1．チェルノブイリは4つの基準で汚染区域を設定。その内吸収線量基準で
　　　は内部被曝も考慮。日本は吸収線量だけであり、外部被曝のみによる基
　　　準。さらに日本の線量はモニタリングポストによるが、モニタリングポス
　　　トの表示値は真値の約半分しかなかった。

　2．チェルノブイリは1mSv/年から「移住の権利」を与え、住民保護。日
　　　本は20mSv/年から。法律で決められていた1mSv/年が線量限度である
　　　にも拘わらず移住/避難について市民に選択の自由を与えなかった。

　3．日本ではチェルノブイリでは居住を禁止された「5mSv/年」以上の汚
　　　染地に100万単位の住民が居住している。そこで生産される作物により内
　　　部被曝の拡大再生産が行われ、日本中が内部被曝被害に晒された。

(1) 東電事故とチェルノブイリ事故について

▶爆発形態・規模の違い

　チェルノブイリ原発事故と東電福島原発事故は爆発の仕方と規模、事故原
発の数、噴出核種濃度等の違いがある。

　チェルノブイリ事故は原子炉1機、福島は4機が破壊された。チェルノブ
イリ爆発は約6000mまで吹き上げる大核爆発（急激な核分裂連鎖反応）であっ
たのに対し、福島事故1、3、4号機は水素爆発であったとされる（3号機

は、他の爆発が100ｍ規模であったのに対し、およそ600ｍまで吹き上げるなど他の原子炉の爆発と異なる爆発をしており、核爆発ではなかったかとの疑念が抱かれる）。２号機は炉心損傷後、格納容器も損傷し水素や放射性物質が外部に流れたとされる[22]。

水素爆発は炉心の冷却水の循環が止まり、水が無くなって、核燃料が高温になり、主としてジルコニウム・水反応で発生した水素が建屋内に溜まって爆発したものだ[23]。

放出された核種は、チェルノブイリでは炉心の全核種が放出されたが、福島では炉心でガス化あるいは溶液化されていたヨウ素、セシウム、希ガスキセノンなどが主であった。従って、燃料棒内に留まっていた核種であるストロンチウムやプルトニウムは日本の噴出量は少ない。原子炉の運転時間に依存するセシウム137と134の比率はチェルノブイリではほぼ２：１、福島では１：１である[23, 24]。これらの核種の測定は日本に比してチェルノブイリではそれぞれの土壌汚染測定が系統的になされた。

▶放出放射能の量

放射能放出量は、東電のデータで旧保安院が使用したのは「チェルノブイリの１割前後」[25]。例えばヨウ素131ではチェルノブイリ1800ペタベクレル（ＰＢｑ）[26]、福島は保安院推定で130ＰＢｑ等となっている。

注）ベクレル（Bq）は毎秒の崩壊数。崩壊は放射能原子が放射線を放出して他の原子に変化する、あるいはエネルギー状態を変化させること。通常は1秒あたりの放射線数を数える。ベクレル数を勘定する最も単純で簡略な場合は毎秒のガンマ線の放射線数の計測である（例：航空機モニタリング）。ペタ（peta：P）は10×15乗、千兆倍。

これらの放出量算定には、後に東電敷地内に蓄えられることとなった汚染水や直接海水に流失した汚染水、太平洋側に流れた大気放出量等が反映されていない。

CTBT（包括的核実験禁止条約）の地球規模放射能監視ネットワーク測定データと大気中輸送シミュレーション結果とから放出源強度を逆算したストール等は、最も多量に放出された希ガスであるキセノンを１万5300ＰＢｑとしている[24]。保安院の推定値は１万1000ＰＢｑ。チェルノブイリでは6500ＰＢｑ[26]とキセノン放出量は、福島がチェルノブイリの2.4倍である。

報告されているデータを総合して検討した山田耕作等は「総放出量はチェ

ルニブイリの2倍〜4.4倍」としている[27]。

　東電事故についての事故の経緯や技術的・管理的側面についての詳しい状況は国会事故調報告書や政府事故調報告書などを参照されたい[22]。

⑵　東電事故とチェルノブイリ事故の住民保護の違い

　チェルノブイリ法[13]の汚染区分は表1のように4つの要素からなる。

　年間等価線量（吸収線量：外部被曝と内部被曝の合算）と3種類の核種の汚染区分を持ち、どれでもその区分を突破するとその地域の汚染区分は上のランクに位置される。

　チェルノブイリ法[13]では、年間等価線量区分で言うと、1mSv/年以下の値で（0.5mSv/年で）まず警戒ゾーンが敷かれ、市民に対する制限線量の国際基準1mSv/年で市民の被曝軽減措置が始まる。これを「移住の権利ゾーン」という。5mSv/年以上では居住が禁止された（移住義務ゾーン）。

　チェルノブイリと日本の汚染区分の違いを表2に整理する：

　日本の規制は20mSv/年で始まる。表2では同じ指標の中で区分したが、チェルノブイリでの等価線量（吸収線量）は外部被曝と内部被曝の合算から

表1　チェルノブイリ法の汚染区分

汚染ゾーンの区分	年間等価線量	放出された核汚染レベル		
		Cs137	Sr90	Pu238、Pu239、Pu240
	mSv/年	kBq/㎡（Ci/㎢）		
定期的に汚染検査する居住ゾーン	<1	37〜185（1〜5）	5.55〜18.5	0.37〜0.74
移住の権利ゾーン	1<〜<5	185〜555（5〜15）	18.5〜74	0.74〜1.85
移住ゾーン	5<	555〜1480（15〜40）	74〜111	1.85〜3.7
移住優先ゾーン	5<	1480<	111<	3.7<
居住不可ゾーン	チェルノブイリ原発30kmゾーン1986年5月に撤退			

表2　チェルノブイリと日本の汚染区分

汚染強度 吸収線量（mSv/年）	チェルノブイリ	日本
0.5程〜1	管理強化	
1〜5	移住権利	居住・生産
5〜	移住義務	居住・生産
	強制退去	居住・生産
20〜（早期に20以下となる見込み）		避難指示解除準備区域
〜50		居住制限
50〜		帰還困難

日本の避難指示解除準備区域は早期に20mSv/年以下になる見込みの地域

成り立つ。しかし日本の基準は外部被曝のみによる。チェルノブイリ区分で年間等価線量が1〜5mSv/年と5倍になる間にセシウム137の土壌汚染量は3倍になっている。これを考慮すると日本の20mSvはチェルノブイリ法ではおよそ33mSvである。

　日本では5mSv以上20mSvまでの汚染地域に100万人オーダーの人が住み、作物を生産し続けた。食べて応援で全国の人が被曝した。これはチェルノブイリではありえなかった制度的／強制的な2次被曝被害である。日本全市民の被曝が大問題であるが、健康被害は汚染地域の生産者が最も危険にさらされる。

▶移住の権利規定の大きな意味

　チェルノブイリ法では年間1mSvで「移住の権利」を認めた。単に規制数値が日本では20倍になっているだけの違いではない。人格権を現場で重んじるか、認めないかの違いがこの1mSv規定に良く現れている。政府には、住民をまもる責任があるという意識の表れであり全てを象徴している。

　チェルノブイリでは明瞭に「住民の権利」として位置づけられた「住民の意思による移住」が、日本では、法律で約束されてきた年間1mSvという住民保

表3　チェルノブイリと福島第一事故の比較

	チェルノブイリ	日本
線量規制	外部被曝＋内部被曝	外部被曝：ＭＰでほぼ半分に
住民の意思	尊重：住民が移住を選択できる	考慮せず：強制的
規制の始まる線量	1 mSv/年（外部＋内部）	20mSv/年（外部被曝のみ）
規制内容	等価線量＋Cs137＋Sr90＋Pu	空間線量：外分被曝のみ
5 mSv/年以上の汚染区域	居住制限 生産なし	100万人居住 生産継続
国内法に比較		市民線量限度[18]　　　　20倍 作業者限度[17]　　　　2.5倍 廃棄物規制限度[19]　　　80倍 　（再利用資源として使用） 個人除染レベル[20]　　　8倍 安定ヨウ素剤　　　配布せず 　　　　　（特措法違反）
内部被曝	規制値に取り入れる	完全無視
爆発	核爆発 （1基）	水素爆発＋核爆発（隠蔽？） （4基）
爆発規模	6000 m上空まで	〜100 m〜600 m
放射能放出量 希ガスキセノン （ストールら）	6500ペタベクレル	チェの2〜4.4倍（山田ら） 日本政府：7分の1 15300ペタベクレル（チェの2.4倍）

護があるにも拘わらず考慮さえされなかったのである。

　人格権、生活権は憲法に保障されているにもかかわらず福一原発事故においては毫も反映されていない。住民の権利を認めるか認めないかは、原子力災害対策特措法の規定にも拘わらず規定どおりに処理せず、原子力基本法をはじめとする法律にも住民保護が明確に記されているにも拘わらず、住民の人格権はほとんど無視された。「子ども被災者支援法」の条文にも拘わらず法の精神は封殺された。住民間の反目：「おまえは俺たちを見捨てて逃げた

んだ」、「あなたは逃げられて幸せだね」等々の分断も人格権がきちんと認められている状態では決して生じないことである。

憲法

第十一条 国民は、すべての基本的人権の享有を妨げられない。この憲法が国民に保障する基本的人権は、侵すことのできない永久の権利として、現在及び将来の国民に与へられる。

第十二条 この憲法が国民に保障する自由及び権利は、国民の不断の努力によって、これを保持しなければならない。又、国民は、これを濫用してはならないのであつて、常に<u>公共の福祉</u>のためにこれを利用する責任を負ふ。

第十三条 すべて国民は、個人として尊重される。生命、自由及び幸福追求に対する国民の権利については、公共の福祉に反しない限り、立法その他の国政の上で、最大の尊重を必要とする。

第二十五条 すべて国民は、健康で文化的な最低限度の生活を営む権利を有する。

② 国は、すべての生活部面について、社会福祉、社会保障及び公衆衛生の向上及び増進に努めなければならない。

表3に住民防護と事故規模等についてのチェルノブイリと日本の比較を示す。

①モニタリングポストは福島県中心に約4000台設置された。モニタリングポストの値が正式値とされた
②著者等は258カ所のモニタリングポストを測定した。
③モニタリングポストの表示は周辺が汚染されていない場所では、周辺住民の受けている線量の58％、除染されている場所では52％しか示さなかった。
④約半分しか示さないことの原因は「政府あるいは福島県による不正な感度調整」以外には推定困難である。

　原子力施設の周辺住民等が放射線被曝年間1mSv以下の環境で安全に暮らせるように、という目的でモニタリングポスト（以下MPと略記する）は設置されている。事故後は放射能環境を住民に知らせ、汚染環境の公式データとして諸方面に情報を提供するものとして設置された。

　MPはガンマ線の空気吸収線量率（グレイ毎時：Gy/h）を測定・表示し、緊急事態発生時は1mGy＝1mSvとすることとされる[28]。

　2012年2月時点でMPは福島県内だけで固定式が2700台、リアルタイム線量測定システムが545台設置されていた。2017年2月1日時点では公共施設に628台、学校や保

図1　モニタリングポストは約半分の値しか示さない [29]

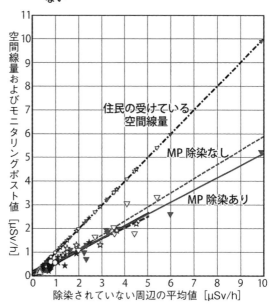

§5　不当なモニタリングポストの数値—実際の半分しかない—　　37

育所公園等に3099台設置されている[29]。

　筆者等は2012年9月13日からほぼ1カ月かけて福島県内各地に分散する142カ所で測定した。筆者等の測定の後、国はＭＰの修正（内部機材の位置変更）を行ったが、結果的にはほとんど表示値の変化はもたらされなかった。国の修正後の確認測定も入れると合計258カ所のＭＰを測定した（図1）。

　一番上の直線が実際に住民の受けている空間線量（筆者らの測定）、2番目が周囲が除染されていないＭＰの値（実際の58%）、一番下の直線が周囲が除染されているＭＰの値（実際の52%）。

　日本政府は放射能モニタリングポストを正式な記録とするとしているが、筆者らの調査[29]によれば、モニタリングポストは正確な吸収線量の約半分の値しか示さない。

　ＭＰの周辺が除染されているものと除染されていないものがあるが、その両者の差がわずかしかなく、両者ともに半分近くである。この巨大な狂いの原因については、メーターの感度が不正に設定されていること以外には推定困難である。なお筆者らの測定誤差は10%以内である。

　公式発表の20mSv/年は実質約40mSv/年であるのが実態である。

　その上、チェルノブイリの等価線量には内部被曝が考慮されているのに対し、日本政府の値は外部被曝のみである。政府発表の20mSvはチェルノブイリ基準にして正確な値として勘定し直すと67mSvとなる（ＭＰの20mSvは半分だから実際は40mSv。それに内部被曝の40×2/3=26.7mSvを加えると約67mSvと

なる）。チェルノブイリ基準で算定すると実に巨大な線量の下に住民が「住み続けさせられた」のである。ＩＡＥＡ会議[5]での言葉を借りると「永久に続く汚染地域」に、である。

　原発事故以来10年が経過した。セシウム137の強度が10分の1になるまで100年が必要だ（物理的半減期が約30年）。事故後10年は、たった10年しか経過していないのである。多量の汚染生産物が流通した。

§6 日本の放射能汚染の危険な現状

①放射線管理区域は（α線を出さない場合は）４万Bq/㎡以上の汚染のあるところである。居住はおろか、飲食・娯楽・勉学等々の生活行為は許されない。事故後、「放射線管理区域」基準以上の汚染地域が膨大な面積を占める。福島県、宮城県、茨城県、栃木県、埼玉県に及ぶ。

②2016年での農民連測定による福島県北部地域果樹園の放射能測定では、162カ所の測定の内、放射線管理区域以下の汚染場所はたった１カ所であった。

③食品基準：100Bq/kgは安全というべきでなく、「流通上やむを得なく決めた値であり、放射線感受性の強い方、子ども、病人、お年寄りは命に関わることもあり得ます。『どうぞリスクをご承知の上、お覚悟を決めて召し上がってください』」というべきである。「日本の安全基準は世界一」（『放射線のホント』：復興庁）は危険な誤報である。

④事故前の2008年での日本分析科学会の日本各地での測定によれば、多くの食品のセシウム137含有量は平均で0.01Bq/kgのオーダーであり、この汚染状況が日本市民の基準として参考すべき値である。例え１Bq/kgでも事故以前の100倍の汚染である。

⑤９年経過した後の作物汚染状況は、福島県の米全袋検査ではほぼ全てが25Bq/kgの測定限界以下の値となっている。しかし未だに東日本全域で多数の食品に放射能高汚染が認められる。特に山菜、淡水魚貝類、獣肉等に強い汚染が残存する。山海の珍味は要注意である。

⑥ウクライナでは、わずか数Bq/Lの尿中量でセシウム137が膀胱がんの明瞭な発がん原因と認められた。内部被曝に要注意である。

⑦日本の農家等は「作らねば保障せず」と政府の政策下で、売らねば食っていけない状況に追い込まれた。放射能被曝被害の代わりに「風評被害撲滅」が現実となり、「食べて応援」に支えられざるを得なかった。

⑧「永久に続く高汚染地域に住み続けさせる」ＩＡＥＡ等の方針を実現するために、「先祖伝来の土地を守らなければならない」などの住民の願いが巧みに利用された。国内外の政府／産業筋の「心理学的ケア」の働きかけと住民自身の運動に見せかけた働きかけが入り乱れた。

⑨国際原子力ロビー主導の「住民の被曝を軽減しない（住民を被曝させっぱなしにする）」戦略に惑わされずに、人権を守る観点が大切である。決して「汚染地の生産者対消費者」、あるいは「避難者対残留者」などの被害者同士の

係争に堕してはならない。

⑩他のあらゆる疾患・災害等に対しては感染防止、住民防護が徹底される。が、放射能被曝から住民を守ることはなされなかった。逆に「笑っていれば放射能は来ない」、「食べて応援」、「健康被害は一切ない」と被曝に対する警戒心は解かれ、被曝が強制された。この逆現象の根源は何か？　住民は賢くならねばならない。

図2　4万Bq/㎡以上の汚染範囲 [31, 35]

セシウム137の土壌沈着密度40,000Bq/㎡以上の範囲
【作成】沢野伸浩氏（金沢星陵大学女子短期大学部教授）
【出典】今中哲二『放射能汚染と災厄―終わりなきチェルノブイリ入り事故の記録―』明石書店
【編集】川根眞也

表4　福島県北地域の果樹園の放射能汚染

汚染区分（万Bq/㎡）	果樹園数
2.7	1
4≦～＜10	4
10≦～＜20	28
20≦～＜30	50
30≦～＜40	43
40≦～＜50	23
50≦～＜80	13
（計）	162

(1)　農地／居住地の汚染

簡便な放射能測定として文科省による「航空機モニタリング」が行われた [30]。各都道府県庁所在地での放射能の定点測定も行われており、全国各地に福島から放出された放射性物質が認められる。

「放射線管理区域」の区分は1㎡あたり4万Bqである（図2 [31, 35]）。

「放射線管理区域」とは、人が放射線の不必要な被曝を防ぐため、放射線量が一定以上ある場所を明確に区分し（境界内に人がみだりに立ち入らないようにするための進入防止施設を設ける）、人の不必要な立ち入りを防止するために設けられる区域である [33]。

管理区域内では飲食や喫煙は禁止され、1㎡当たり4万Bqを超えて放射能で汚染さ

れたものは管理区域外に持ち出してはならない。「人間の住むところに４万Bq/㎡以上の汚染物があってはならないというのが、日本の法律です」（小出裕章氏）。学童などの常時滞在などもってのほかのことである。

福島原発事故後の汚染状況を見ると、「放射線管理区域」基準以上の強度を持つ地域がかなりの広い範囲で存在するのである。

「放射線管理区域」とは以下の被曝量あるいは汚染を超える区域を言う。

①外部放射線については３カ月で実効線量が1.3mSv。

②空気中の放射性物質濃度については３カ月で限度の10分の１。〈例〉ヨウ素131ならば100Bq/㎥

③放射性物質によって物の表面が汚染されている場合はアルファ線を出す場合は4000Bq/㎡、アルファ線を出さない場合は４万Bq/㎡。〈例〉セシウム134、セシウム137だけならばアルファ線を出さず、ベータ線とガンマ線を出す。管理区域が指定される表面汚染は４万Bq/㎡である。

④外部被曝（①の場合）と内部被曝（②の場合）とが複合する場合は線量と放射能濃度のそれぞれの基準値に対する比の和が１。〈例〉３カ月で0.625mSv（1.3mSvの半分）とヨウ素131が50Bq/㎥（100Bq/㎥の半分）[34]。

セシウム137による汚染量で放射線管理区域基準以上の汚染地域を図２に示す[31,35]。非常に広範囲な土地が「放射線管理区域」に相当する汚染なのである。実に広大な面積を占め居住する人は100万人を超える。生活も生産も続けさせられているのだ。政府は、このような汚染地の中に住民を住み続けさせ、かつ、一旦避難した人々を帰還させようとしているのである。

表４に2016年に福島県農民運動連絡会の皆さんにより測定された福島県北部地域の果樹園の土壌汚染データを示す[32]。農民連が2016年に福島県北部の果樹園の汚染を調査した結果である[32]。セシウム137と134の合算値である。農家が除染を施した後の数値だが、残存汚染はなお高い。

４万Bq/㎡は「放射線管理区域」（一般人の立ち入り禁止、飲食禁止）の法定線量であるが、管理区域指定値と同等以上の汚染は測定地点162カ所中161カ所であり、それ以下の汚染はわずかに１カ所だけであった。

周辺の地域は同様な汚染状況である。

周辺の空間線量の記録を見るとかなり急速に汚染が低減しているように見

える。放射能微粒子は降雨により徐々に土壌深く沈下していく。アルファ線は放射能粒子が土壌表面にあるとき以外は外に出ない。ベータ線は2mm以上深くなると外に出ない。ガンマ線は10cmの深さで半分以下になる。ここに土地汚染が減少しないにもかかわらず空間線量が減少する理由がある。空間線量が軽減していても土壌汚染の減少を意味しない。

(2) 流通機構と食べて応援

表5に2012年の福島県産米の都道府県別消費量のランキング[36]を示す。沖縄は消費量3位にあるが、4位の大阪府に比較して1人あたりの消費量はオーダーとして一桁大きい。2011年〜2014年にかけて、筆者の体験であるが、沖縄県民4家族からそれぞれに「髪が脱毛してしまった」という連絡／相談が入り、状況を調べるといずれも福島あるいはその近県産のお米を食べており、食するのをやめるとしばらくして快復した。内部被曝により脱毛が生じた可能性が高いと見ている（尿検査などしていないので断定することはできない）。また、2011年以降の老衰等の死亡率の急上昇も原発事故以前以後で沖縄では年間死亡率が10倍にもなり、事故との相関が懸念される（後出図11）。

放射能の被害は、極く小数の例外を除いて、臨床的には決して「放射能の影響」ありと判断することはできない。これが放射能被害を特定するためには巨大な壁となっている。免疫力の弱い、あるいはもろいお年寄りが命を奪われる可能性を意識して予防医学的に対処すべきである。

表5　2012年における福島県産米消費量上位4都府県

順位	消費量（トン）	人口（千人）	1人あたり消費量
東京	46.097	13,515	3.41 kg
兵庫	15,081	5,534	2.73
沖縄	3,300	1,434	2.30
大阪	2,741	8,839	0.31

(3) 東日本全域に及ぶ食品放射能汚染

2020年9月6日、厚労省から「食品中の放射性物質の検査結果について

（1200報）」が発表された。223検体の内タケノコ、ウナギ計7検体から、いずれも10Bq/kg以下の汚染が確認された以外は、いずれも検出限界内の値であった。検出限界は後出(6)の事故前の汚染状況に比較すればたいそう大きな値である。最近は検体数も減少しており、全体の動向がつかみにくい。この2〜3年に現れた傾向を報告し危険の所在を認識したい。

　福島県の米の「全袋検査」は2012年8月から実施されてきた。測定限界を25Bq/kgとするが、現在では測定値のほとんどが測定限界内の値となっている。農家の方の誠実な「いかにして作物に汚染が移行しないようにするか」という篤農の結果である。隣接する他の県ではこのような取り組みをしていない。

　日本の食品汚染の現状[38]の2017年版を紹介する（厚労省測定：2017年、ホワイトフード地図化）：「2017年上半期カテゴリー別放射能汚染」（市町村別）。

　実に沢山の品目から放射能が検出された。2781検体から汚染確認。

　　検出品目（あいうえお順）：アイナメ、アユ、あんぽ柿、イシガレイ、イノシシ肉、芋がら、イラクサ、イワナ、ウグイ、ウコギ、ウスヒラタケ、ウスメバル、ウド、ウナギ、ウワバミソウ、大葉ギボウシ、カナガシラ、カルガモ、キジ肉、キツネメバル、ギンブナ、キンメダイ、クサンテツ、クルミ、クレソン、クロソイ、ゲンゴロウブナ、コイ、コゴミ、コシアブラ、コモンカスペ、コンニャク、サクラマス、サクラ豆、サヤエンドウ、サワラ、サンショウ、シイタケ、シカニク、ジャガイモ、ジュース、ショウサイフグ、シロザケ、シロメバル、スケトウダラ、スジエビ、スズキ、スルメイカ、以下略

　静岡以東、東日本全域から放射能汚染が検出されており、福島地域だけを放射能含有危険地域と認識していることは極めて過小評価であることが分かる。現在は大方の検査では「検出限界以下」、時々汚染検出。特に多いのは淡水魚、山菜・キノコ・タケノコ、野獣肉などである。

　上記(1)農地／居住地の汚染に見るように依然と土地の汚染は継続し、諸作物への放射能の移行は免れない。

　自然食品通販のホワイトフードHP[38]にはこう書かれている：「検出限界値の平均は22.7Bq/kg。　検出限界値がとても高いにもかかわらず、計2,781検体から放射能が検出され、国の基準値100Bq/kgを超える放射性物質を検

出した食品だけでも110検体に及んだ」。なお、ホワイトフードＨＰには測定数値もグラフ化されているので参照されたい。

　より健康を重視した基準１Bq/kg程度を検出目標とするならば（ホワイトフードは最も厳しい基準値として0.5Bq/kgとしている）、夥しい数の食品汚染が報告される。この状況は、国の基準値以上の検出数は激減しているものの、現在も基本的に同じである。ホワイトフードは「厚生労働省が発表しているデータを見ると、食品の放射能汚染は、まだまだ深刻な状況であると言えるのではないかと思います。特に小さなお子様や妊婦様のいるご家庭では、ぜひ、放射能汚染地図をご参考にしていただき、少しでも放射能を体に摂りこむリスクを回避していただけますと、幸いです」としている。

⑷　山海の珍味の汚染

　海の汚染についての非常に深刻な汚染状況を表す証拠写真がある[39]。2018年７月31日に気仙沼漁港に水上げされたイワシ[39]を魚屋で８尾買った方が、異常を感じて骨を露わにしたところ、すべてのイワシの背骨が湾曲していた。

　イワシは海水中表層に生息し、プランクトンを食す沿岸回遊魚である。背骨湾曲の原因については特定できないが、健康防護の観点から放射能を含む可能性のあるいずれの汚染原因についても有害と判断するのが妥当だろう。

　沿岸漁業については今なお、試験操業であるが、福島県ＨＰを見ると以下のような状況である。

　　「平成24年６月に３魚種を対象に始まった試験操業は、毎週200検体前後のモニタリング検査結果により安全が確認（安全基準は100Bq/kg）された魚種が対象として選定され、平成29年１月までに97魚種が対象となりました。平成29年３月に、福島県漁業協同組合長会議において、平成27年４月以降のモニタリング検査で基準値を超える魚種は認められず安全が確認されていることから、出荷方針が改正され、試験操業対象種の表記が『すべての魚介類（出荷制限魚種を除く）』に変更されました」[40]。

　つまり試験操業ではあるが、全ての魚介類が漁獲され出荷ができるようになった。

2019年時点で、浅海漁場では全ベータ線の汚染が確認され、すべての海底についてはセシウム137（最大値～350Bq/kg）、134（最大値～20Bq/kg）共に残留汚染が確認されている[41]。イワシに限らず汚染海域に生息する魚貝類については低線量汚染が続いていると見なければならない。

　新聞に掲載された最近の食品規制のニュースをいくつかピックアップする。

　2017年4月　過去最高のストロンチウム90　福島沖　クロダイ　　　30Bq/kg

　2019年5月　コモンカスベ　　　　　　　　　　　　　　　　　　　161Bq/kg

　2019年6月　クロソイ　　　　　　　　　　　　　　　　　　　 101.7Bq/kg

　2019年10月　きのこ出荷制限（山梨県：福一から300km）

　2019年10月4～7日と10～19日、野生キノコ26検体採取中食用キノコ21検体から基準値を上回る放射性セシウム137が検出。最高は富士河口湖町で採取したショウゲンジ　　　　　　　　　　　　　　670ベクレル

　2021年2月　クロソイ　　　　　　　　　　　　　　　　　　　　500Bq/kg

　このような状況の中で農林水産省の「食べて応援」キャンペーンの一環として「秋のキノコツアー」「春の山菜ツアー」なども企画されている。山海の珍味を愛する方は要注意である。

⑸　食品100Bq/kg以下は安全か？

　食品汚染規制に関し、政府は「基準値100Bq/kg以下は安全である」と言う。

　しかし2011年以降、死亡者の異常増加が分析された[42]（後出）。もし事故で放出された放射能が関与する可能性を認めるならば、この基準以下で全国的に「食べて応援」した結果と関連する。

　食品放射能基準は「社会的・経済的基準」である。健康上安全であるというのではなく、社会生活上やむを得なく実施しなければならないという基準である。

　汚染された食品を食することによる内部被曝は必ずリスクを伴う。食品放射能基準は「リスクはありますが、流通させざるを得ないので承知してください。免疫力が弱ければ命を奪われることもあります。どうか覚悟して召し上がってください」と言うべきものである。

　多くの国は異常事態時と通常時の二重の基準を持っている。日本政府は

「日本は世界で最も厳しい基準を設定」すると記述する[43]。しかし、復興庁発行「放射線のホント」に提示されている比較表は間違っている。例えば飲料水については、日本の現規制は10Bq/Lである（L：リットル）。これに対してそれぞれが通常時規制する値は、アメリカでは4.2Bq/L（Safe Drinking Water Act），EUでは8.7Bq/L（COUNCIL DIRECTIVE 2013/51/EURATOM）。コーデックスには飲料水基準はない（CODEX STAN 193-1995）。また、ウクライナは2 Bq/L、ベラルーシは10 Bq/Lである。原発事故を経験したウクライナとベラルーシの通常時規制の一部を表6に示すが、日本が世界一であるとするのは明らかに事実ではない。

　ここでも日本政府の不当な比較が人々の判断を狂わしている。

(6)　事故以前の日本の食品の放射能汚染

　表7は日本分析センター調査による2008年時点での食品の放射能汚染状況[44]である。

　全国47都道府県の衛生研究所等および日本化学分析センター独自に採取した試料の測定結果である。表7より各資料の数値単位に注意しながら、上水、精米、根菜、葉菜、牛乳、日常食、海産生物などの、特にセシウム137の平均値を確認していただきたい。細かい数値そのものよりも桁を比較することにより2011年以降の食料の放射能基準が事故前に比べていかに大きいものであるか理解できる。また、現実に1 Bq/kgという食品汚染があったと仮定して、事故前の汚染度の桁数と比べてその違いを認識していただきたい。精米で83倍（1÷0.012）、水で25倍、貝類で56倍……といった倍率である。

(7)　低線量被曝による発がんが証明された：チェルノブイリ膀胱がん

　本論では放射線被曝の原理的メカニズムは論じないが、低線量被曝で発がんが誘起されることの生理学的探求結果を紹介する。

　極めて低線量と言われる状況下でチェルノブイリ膀胱がんが発生した。その尿中セシウム137はたった1.223Bq/L以上であったが、非汚染地あるいは事故以前と比較して、発がん抑制遺伝子p53[*]、炎症拡大遺伝子等の変化と相

表6　日本、ウクライナ[17]、ベラルーシ[18]の食品放射能基準

ウクライナ	Cs137 Bq/kg	ベラルーシ	Cs137 Bq/kg	Sr90 Bq/kg	日本	Cs137 Bq/kg
パン・パン製品	5	飲料水	10	0.37	一般食品	100
ジャガイモ	20	ミルクとミルク製品	100	3.7	乳児用食品	50
野菜（根菜、葉菜）	20	パンとパン製品	40	3.7	牛乳	50
果物	10	ジャガイモ	80	3.7	飲料水	10
肉・肉製品	20	（調理済みの）幼児用食品	37	1.85		
魚・魚製品	35					
ミルク・乳製品	20					
卵（1個当り）	2					
飲料水	2					
コンデンスミルク	60					
粉ミルク	100					
野生イチゴ・キノコ（生）	50					
野生イチゴ・キノコ（乾燥）	250					
薬草	200					
その他	200					
幼児食品	5					

表7　事故前2008年時点での食品の放射能汚染状況[44]

試料名 （単位）		分析 試料数	⁹⁰Sr		¹³⁷Cs	
			平均値	範囲	平均値	範囲
大気中浮遊じん（mBq/㎥）		140	0.00062	0.00000～0.0026	0.00018	0.00000～0.0013
降下物　（mBq/㎡）		585	0.019	0.0000～0.23	0.016	0.0000～0.61
陸水 （mBq/L）	上水	60	1.1	0.000～2.5	0.040	0.000～0.25
	淡水	9	1.6	0.000～3.1	0.20	0.000～0.91
土壌 （Bq/kg乾土）	0～5(cm)	50	1.8	0.000～8.6	11	0.048～61
	5～20(cm)	50	1.5	0.000～6.6	5.5	0.000～24
精米（Bq/kg生）		66	0.0072	0.0000～0.021	0.012	0.0000～0.17
野菜類 （Bq/kg生）	根菜類	37	0.0051	0.0000～0.19	0.0082	0.0000～0.097
	葉菜類	37	0.059	0.0050～0.33	0.016	0.0000～0.087
茶（Bq/kg）		21	0.29	0.032～0.98	0.24	0.0084～0.82
牛乳（Bq/L）		53	0.017	0.0000～0.044	0.012	0.0000～0.080
粉乳（Bq/kg粉乳）		12	0.10	0.0061～0.37	0.20	0.0027～1.2
日常食（Bq/人/日）		103	0.031	0.0090～0.082	0.019	0.0004～0.066
海水（mBq/L）		30	1.2	0.74～1.6	1.5	0.02～2.2
海底土（Bq/kg乾土）		15	0.094	0.000～0.17	0.80	0.090～2.4
海産生物 （Bq/kg生）	魚類	27	0.0063	0.0000～0.018	0.091	0.040～0.22
	貝類	10	0.0071	0.0000～0.023	0.018	0.011～0.037
	藻類	11	0.026	0.012～0.051	0.019	0.0097～0.029
淡水産生物（Bq/kg生）		7	0.15	0.0000～0.56	0.079	0.018～0.13

環境試料中の⁹⁰Sr、¹³⁷Cs濃度（平成20年度分析分）

関があることが判明した。この尿中セシウム137の低線量被曝濃度は、福島の母親の母乳や多くの人々の尿中セシウム濃度に匹敵する[45, 46]。

＊ここで、**p53遺伝子**とは、一つ一つの細胞内でDNA修復や細胞増殖停止、アポトーシス（多細胞生物の体を構成する細胞の死に方の一種で、個体をより良い状態に保つために積極的に引き起こされる、管理・調節された細胞の自殺すなわちプログラムされた細胞死）などの細胞増殖サイクルの抑制を制御する機能を持ち、細胞ががん化したときアポトーシスを起こさせるとされる。この遺伝子による機能が不全となるとがんが起こると考えられている、いわゆるがん抑制遺伝子の一つ。p53のpはタンパク質（protein）、53は分子量53,000を意味する。

ウクライナでは膀胱がんが1986年には26.2人（10万人当たり）だったものが2001年には43.3人、2005年には50.3人となった。慢性膀胱炎の膀胱の壁を調べると、

①土壌汚染がなかった地区の33人（尿中セシウム137：0.29Bq/L）では、がんの発生が０％、

②汚染が0.5〜5 Ci/k㎡（１万8500Bq/㎡〜18万5000Bq/㎡）地域の58人（尿中セシウム137：1.23Bq/L）は、がんが64％（37人）、

③汚染が5〜30Ci/k㎡（18万5000Bq/㎡〜11万Bq/㎡）地域73人（尿中セシウム137：6.47Bq/L）ではがんが73％（53人）であった[45]（これらの土壌汚染を表4の汚染と比較していただきたい）。

Romanenko等やMoriangara等の研究は、チェルノブイリ事故が起きた1986年から2001年にかけてウクライナで64％増加した膀胱がんの放射線起因性について、がん抑制遺伝子と炎症反応因子がセシウム137濃度に関連していることを発見した。上記のごとくセシウム137の尿中濃度は発がん率と関連する。

炎症反応に深く関与するNF-kB（nuclear factor-kappa B）のp50・p65の量および、がん抑制遺伝子であるp53遺伝子の変異の量がセシウム137汚染地と非汚染地とで異なり、汚染地で事故前16.7％だったがん抑制p53遺伝子変化が事故後　54.4％と変化した。尿中セシクムの汚染量と、p53（がん抑制遺伝子）の変化と膀胱がん発がんの相関を見いだし、膀胱がんの放射線起因性を確認したのである。チェルノブイリ事故後20年も経た後である。

p53の放射線による変化はがん一般に関与する。強調すべきは、発がんとがん抑制遺伝子等の変異との因果関係が、わずか数ベクレル／リットルの尿中セシウム137汚染の中で見いだされたことである。

⑻　放射能被害に対処するのに厳しい現実

　福島原発事故直後から政府の政策により、農民は作付けしなければ一切の補償は受けられない状況に追い込まれた。「被曝させる作物を作ってはならない」という志と「作らなければ食っていけない」現実のどうしようもない矛盾を突きつけられる。

　著者が2011年3月25日に福島入りし、各地を測定した結果、典型的な測定例で表面は5μSv/h。地表を覆う撒きわらと雑草を除去するだけで汚染量は半減した。順次土を掘って測定したが、3cm土を掘ると0.2μSv/h、という汚染軽減を確認した。

　「今の農地の汚染は表面から3cmほどに押さえられている。今年は作付けせずに農地の表土5cmほどを剝ぎ取り、作付けは1年後にお願いしたい」、「100年の規模で農作物の危険が軽減できる」と各方面に訴えたが、政府から「作付けした者に昨年との差額を補塡する」という政策が早い段階で出され、放射能汚染物質は優良な農地の20cm深くまで鋤き込まれることとなった。

　ごく少数の農家の方が部分的にこれを実施してくれただけである。

　「安全な食材提供ができなくなった」として農業から撤退した農民も少なからずいる。

　原発事故と苛政により農民が自らの天命（安全な食物供給）を維持できない‼　何という人権抑圧が事故によってもたらされたか！

▶高汚染地帯に住み続けさせるための住民統治

　国際原子力ロビーの住民被曝防護の方針が変更されたことは既に述べたが、これらの「機関」としての公式な方針転換と平行して、その方針を住民に直接働きかける運動の一つとして「エートス」プロジェクトが進められた。

　「福島のエートス」（ETHOS IN FUKUSHIMA）[47] は、会則の目的に「本会は、ベラルーシでチェルノブイリ事故以降行われたエートスプログラムを参考としながら、住民が主体となって地域に密着した生活と環境を回復させていく実用的放射線防護文化の構築を目指す」とある。2019年末の「Ethos in Fukushima」では「原子力災害後の福島で暮らすということ。それでも、こ

こでの暮らしは素晴らしく、よりよい未来を手渡すことができるということ。自分たち自身で、測り、知り、考え、私とあなたの共通の言葉を探すことを、いわきで小さく小さく続けています」と謳っている。

コリン・コバヤシは[48]「その正体はそれとは正反対の、被害者の更なる身体的・遺伝的犠牲の上に、似非復興と賠償・補償コストの削減や、原発過酷事故被害の責任のあいまい化・うやむや化、更にはこれからの原発・原子力推進の円滑化を狙った、文字通りの『悪魔の施策』です」と看破する。

ベラルーシのエートスプログラムは、原発事故の被害を極力小さく見せること、住民が移住しないことを自主的に選んだように見せかけながら住民を留まらせたことなど、で知られている。

「避難せずに周囲の人々のために奉仕する」ことが美徳としてたたえられる反面、避難などは復興の妨げではないかと考える。絆が重視される。支え合いがじっと我慢をするど根性と合体する。「放射能被害はない」という言葉に頼みを置き、「被害はありません」の大キャンペーンを心強く思う。隣人が亡くなっても「放射能が関連しているのでは？」などの懸念を口には絶対出さない。健康被害が一番厳しいところで、必死で生きている方々の深刻さが表現されないのは一番悲しいことである。純朴で我慢強い市民を権力が思うように操ろうとする。

住民の被曝防護か汚染地永住なのかを巡って、住民の知らないところで国際的国内的政治意図が働いているようである。

▶本来求められる政策

日本の政府に本来求められる政策は「汚染地内の農民にも、汚染地外の消費者にもともに危険を知らせ、被曝を避ける最大限の防護策を講じる」ことであった。

放射能問題を風評被害[49]と呼び、食べて応援[50]の大合唱が政府主導で起き、復興庁による「放射線のホント[51]」は放射能被曝が事実上安全と語られている。実害が語られることはない。

しかし現実には放射線の作り出す酸化ストレスによる機能不全が全身に及び、多種類な疾病を誘発し、放射線関連死は従来の概念をはるかに超えることなどが最近の病理学では明瞭になってい[52]。

「風評被害」は生産者の皆さんには死活問題で「売れなくなる」大打撃がある。しかし、本質は風評による被害ではない。実害であり、生命／健康への脅威である。

　確実な実害として放射能汚染が生産物に及ぼされ、それを食する人々を内部被曝させる。実害が発生する。その恐れがあるから人々はそれを摂取するのを避ける。

　食材の選択は、食することで命を保つ人間の、市民の、基本的人権に属する権利だ。

　生産者の皆さんにとっては、「売れなくなる」ことを心配しなくてはならない。同時に自身と家族の健康を心配しなければならない。

　安全な食材の生産をして、食する全ての市民の健康を守ることが生産者の倫理だ。生き方に関する基本的大問題が「風評被害」で片付けられて良いものだろうか？

　「100mSv/kg以下なら安全」では全くない。放射能は全ての人を傷つける。低い線量でも危険があることは世界では既に当たり前の事実だ。

　強い人はピンピンしていても、弱い人は命を落とす場合があることは事実だ。

　食料の放射能汚染制限は、「健康上リスクはあります。場合によっては命を失うことがあるかもしれません。でも社会的関係でどうしても流通を許可させねばならない事情があります。皆さん、そのことを承知の上でお召し上がりください」というべき事柄だ。

　食べて応援は誤りである。「応援」の中身は場合によっては命を賭すことになるのだ。

　「安全だ」と大宣伝しながら「食べて応援」を呼びかける。そんなキャンペーンは人道上あってはならない。新型コロナウィルス等、他のあらゆるリスクとは真逆のキャンペーンだ。

　政治の貧困からもたらされる「助け合い」＝「犠牲になり合う」ことだと理解する必要がある。この「絆」を強めてはならない。悲しい背景が放射能にはつきまとう。

　周囲の人が病気になったり、亡くなったりしている。健康が維持できなくなる時、病が「放射能でやられました」と看板を掛けて訪れるのでは決してない。通常の病名や具体的疾病名で、病気や死亡原因が記述される。それら

の原因には放射能が絡まっている可能性がある。そのリスクを増大させることを許してはならないのである。

　被災者同士の「汚染地農民」対「全国消費者」の利害相反の争いとしてはならない。ともに<u>手を携えた連帯</u>を示さなければならない。これが民主主義国家の民の力となる。お互いの人権を支え合うことこそが自らの力で民主主義を維持するところとなる。

§7　原発事故の真の原因が明らかにされているのか?

①津波による全電源喪失がメルトダウンの原因であると、各種事故調査委員会
　は結論を出したが、東電が関係資料を提供していなかったためである。真相
　は地震によって冷却水循環監視用の細管が破断して冷却水自動循環が止まっ
　たことが原因とみられる（元東電炉心スペシャリスト木村俊雄氏）。
②福島第一原発の設計基準地震動耐震基準は600ガル。東日本大地震の振動加
　速度は2933ガル（宮城県栗原）。細管破断の必然性を物語る。
③原発再稼働等の基準は「対津波」でなされているが、地震による破断が原因
　だと桁違いに強度が要求される。真の原因に対して誠実に対処しなければな
　らない。

▶地震直後の配管の破断が原発事故原因か

　福島第一原発は2011年3月11日に生じた東日本大震災により発生した津
波により全電源を喪失してメルトダウンしたとされている。しかし地震直後、
配管破断により冷却水流量を失うドライアウトが生じた記録が残る。メルト
ダウンの第一原因は津波ではなく地震動だった可能性が極めて高い」[1]（木村
俊雄：福島原発は津波の前に壊れた）。東電技術者として東電社内でも数少ない
炉心エキスパートとして働いてきた木村俊雄氏が自身で入手したデータを解
析して重大事実を発表した。

　メルトダウンの原因は「津波による全電源の喪失」とされるが、「実は『津
波』が来る前に『地震動』により福島第一原発の原子炉は危機的状況に陥っ
ていた[1]」。地震による細管の破断による冷却水の循環停止である。

　東電が正確な事実資料を提出しなかったことから、国会事故調、政府事故
調、民間事故調、東電事故調では事故原因は「想定外の津波により全電源が
失われたためとしている。真相は地震によりジェットポンプ計測配管の断裂
により発生後1分30秒で炉心冷却水循環がストップしたことによるのであ
る。電源が喪失しても冷却水の自然循環が維持されることが知られている。

　福一第1号機の過渡現象記録装置の記録は、地震前は毎時1万8000トン

の炉心冷却水が循環していたのだが、地震発生後1分30秒ほどで冷却水全流量が停止したことをデータとして語っている。「ドライアウト」にいたるプロセスの監視記録が残っているのであり、その記録から木村氏がグラフ化した[1]。

　その図を見ると、地震発生数秒後に炉心冷却水が減少し始める。図中地震発生から65秒ほど後のＡ点で一次電源が失われてマイナスの値となるが直後にＢ時点で補助電源が作動しパルス状に値が大きくなる。これらの変化は電源の喪失と回復による。およそ1分30秒後のＣ時点で冷却水循環が完全に停止している。地震発生後およそ1分30秒後である。初期の地震動がいまだおさまらない時間帯である。「沸騰水型原子炉（ＢＷＲ）では電源喪失でポンプが止まっても原子炉内の自然循環が行われている限り約50％出力まで熱を除去できる。自然循環がなくなれば、炉芯内燃料ペレットパイプの表面に気泡が張り付き冷却することができなくなる。燃料が壊れて（ドライアウト）しまう。図のデータからは地震のわずか1分30秒後にドライアウトが生じていた可能性が高い[1]」と木村氏は説明する。津波の襲来は地震発生後41分であり、津波によって補助電源がすべて失われたのは事実であるが、原発の冷却水自然循環喪失は、電源喪失によるのではなく、地震後わずか1分30秒なのである。配管が地震に対して耐久性がなかったことを示すデータであり、「地震には耐えたが津波でやられた」ということにしている事故原因認識が虚構であることを示している。地震列島日本には原発は不可であることを示すデータである。現状では事故原因の真相は、日本での原発維持のために、永久に語られないのであろう。

▶事故原因の正確な把握なくして安全対策などありえない

　原発の安全規制については、福島原発事故以前は、経産省の下に「原子力安全・保安院」、内閣府 に「原子力安全委員会」が置かれていたが、実態は経産省の原子力安全・保安院による、一元的規制制度になっていた。経産省には、資源エネルギー庁という原発政策を推進する部門もあり、アクセルとブレーキが同じ官庁にあるということが問題となっていた。

　事故後の2012年9月、原子力安全委員会と原子力安全・保安院、文科省の原子力規制にかかる部署もすべて統合した「原子力規制委員会」が環境省

の外局として発足した。しかし原発再稼働を進めるこの委員会を「原子力寄生委員会」と称する声もある。東電事故の真相も究明されないうちに次々と原発再稼働を許している姿勢故に「原発推進機関」と見なされ、このように揶揄されるのであろう。

　現在、原子力規制委員会により、福一のメルトダウンの原因は津波による電源喪失によるという前提で「再稼働」審査が進められている（2020年4月1日現在稼働中原発：玄海3・4号機、川内2号機、大飯3・4号機、高浜4号機）（合格・再稼働準備中（高浜1・2号機、美浜3号機、柏崎刈羽6・7号機、東海第2、女川2号機、柏原発6・7、大飯原発3・4、高浜4）。その安全基準は地震によって細管が破断したことに対応していない。木村氏は「事故を教訓に十分な安全基準を設けることが最重要になるはずです。……私が分析したように、『自然循環』停止の原因がジェットポンプ計測配管のような『極小配管の破損』にあったとすれば、耐震対策は想像を絶するものとなります。細い配管すべてを解析して耐震対策を施す必要があり、膨大なコストが掛かる。おそらく費用面から見て、現実的には原発は一切稼働できなくなるでしょう」、「この問題は決して過去の話ではありません。不十分な事故調査に基づく不十分な安全基準で、多くの原発が、今も稼働をし続けているからです」と訴える。

　ちなみに、東電福一の設計基準地震動耐震強度は600ガルであるのに対して、東日本大震災の振動加速度は2933ガル（宮城県栗原市）を記録した。なお、2020年12月4日、大飯原発に関して大阪地裁（森鍵一裁判長）は過去の地震動の平均加速度を基準地震動とする設置許可を違法として取り消す判決を下した。

　事故原因の正確な把握なくしては安全対策などありえない。

§8　日本の人口激減について
──厚労省人口動態調査[53]データを分析──

　著者等は現在、厚労省の人口動態調査[53]を元に数値解析を進めている途上で、以下に既に得られた結果を示す。

①総人口の変化は自然増減（出生数から死亡数を引いたもの）と社会増減（外国人の日本在留と日本人の海外在留の差）の和である。2011年を境に総人口激減の要因は自然増減の激減と社会増減の2011年以降の急減による。それに加えて、2011年以降の異常な死亡増加・異常な出生減少が加わったものである。異常減少は全減少の4分の1程度である。4分の3は少子高齢化による死亡増である。

②少子高齢化の傾向は2010年以前の年次変移を直線で近似できる。2011年〜2017年の7年間で直線近似から上にずれる死亡の異常増加の総増加数は約27.6万人に上る。この値は5％程の過大評価を含む可能性がある。

③死亡者の異常増加は全国規模でも確認されたが、福島県の死亡率増加と南相馬市の2015年以降の死亡率急増は極めて深刻である。分析対象は、全国以外は福島県と南相馬市に現在は限られる。

④この死亡率の異常増加は、年齢調整の死亡率年次変化や、平均寿命の年次依存にも現れている。

⑤チェルノブイリ周辺国では事故直後から出生率の激減が記録されているが、我が国でも同様で、事故後7年間の出生数の異常な減少の総数は27.1万人が得られた。

⑥総死亡や多種の疾病の異常死亡増加や患者数の増加などの原因については特定するに至っていない。多種の原因が予想される。しかし強い蓋然性をもって、放射能被曝、特に内部被曝が死亡の異常増加と出生の異常減少の原因に関わる可能性があると推察する。

(1)　日本の総人口の年次推移を自然増減と社会増減に分解する

▶日本の全人口

　図3で、総人口を示すカーブ（最上カーブ■印線）は厚労省の統計そのもののプロットである。2010年までは増加の一途を辿り、2010年を頂点として2011年以降急減少する。

図3 2003年以降の日本の人口[53]、自然増減を積算したもの、および社会増減数。
自然増減の積算値と社会増減数を合わせたものが総人口である。

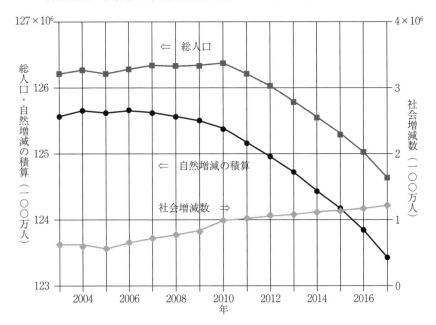

　２番目の自然増減を示すカーブ（●印線）は、厚労省データ数値から著者等が数値積分し算出したものであり、社会増減（最下部：◆印線）は上記２者の差である。

　すなわち自然増減で得られる人口と社会増減で得られる人口の和が総人口である。このようにして日本人口の年次変移の構造が分解された。

　ここで自然増減は毎年の出生数から死亡数を差し引いたもの、社会増減は毎年の外国人の日本在住者と日本人の海外在住者の差である。

　自然増減のグラフは（厚労省データにより）2005年付近で正から負に変わる。

　この自然増減値を数値積分して自然増減による人口を得た。図３では●印線で示され「自然増減」と記される。この際、積分の定数値は2017年の社会増減の値と総人口を整合させて値（積分定数）を得ている。

　社会増減の人口は2010年まではかなり大きい年々の増加を示しているが、2011年以降増加の勾配が急に小さくなっている（図３）。社会増減の増加傾向の減少は原発事故が生じた際、多くの国が日本在住者の帰国を命じたり派遣

を取りやめたりすることが集中し、その後も来日数の増加が鈍ったことによる。

　2010年以前は少子高齢化による人口減少より社会増減による増加が上回り、以降は自然増減の減少が基本的であることが分かった。

　以上のように2010年を境界としてそれより後で急激に増から減に変化する基本構造が理解できたが、さらに2011年以降の急減のメカニズムを少子高齢化による成分と2011年以降に示される異常な減少の成分に分解・解明した。得られた結果が示すものは、死亡数の異常な増加と出生数の異常減少に少子高齢化による減少が加わり、2010年より後の年次で急減したためである。総人口の年次変化の基底は少子高齢化である。それに2011年以降の異常が加わる。

(2)　自然増減の解析1

　自然増減は出生数から死亡数を差し引いたものである。

　第2次ベビーブームといわれる1973年以降、自然増減は大局的に見て直線的減少と言われている。部分部分で直線的近似が当てはまるが長期的には直線で近似すると誤差が大きい。2000年以降を見ると2005年がワンポイントで異常減を示しているが、2005年を除いて2000年から2010年はほぼ直線的である。2011年以降は系統的に直線から下方にずれて減少している。

　2011年で原発事故が発生しており「2011年以降系統的にずれる」という傾向がどのような実態を示すかを調査目的とした。自然増減は死亡者数と出生者数の2者からなるので、それぞれに分けて考察する。

▶死亡数の異常増加

　(A)戦後の死亡数の年次変移は3つの区間に大分けできる（図4(A)）。①1960年以前の激減時代、②1960年～1980年のほぼ一定時代。③1995年以降のほぼ直線的な増加時代。

　(B)死亡率において2011年以降、系統的な異常増加が直視的に認められる（図4(B)）。

1990年ほどからは死亡者の増加がワンポイント的に見られるが、2011年以降の増加は系統的にずれている。2011年以降の死亡率がそれ以前の直線近似からどれほどずれているかを読み取り、そのずれの値を「異常増加」とした。

直線近似が可能な区間は図4(A)から1988年以降の2010年まで区間程度と読み取れる。今回の最終年が2017年であるのでそれ以前の30年間が近似可能区間であると判断したが、直線近似区間を長く採用すると誤差も大きくなる。そこで、①2017年以前の20年間を、分析を行う調査区間とし、そのうち1998年から2010年の13年間を参照区間（直線近似区間）とし、2011年から2017年の7年間を対象区間（直線からずれがどれほどであるかを調べる

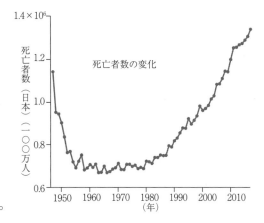

図4(A)　1947年以降の死亡者の年次変移

死亡者数の変化

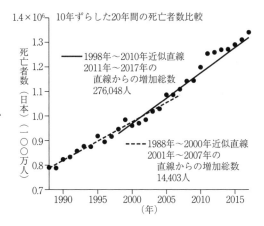

(B)　死亡率の1988年以降30年間の年次推移

10年ずらした20年間の死亡者数比較

―――1998年～2010年近似直線
2011年～2017年の
直線からの増加総数
276,048人

------1988年～2000年近似直線
2001年～2007年の
直線からの増加総数
14,403人

区間）とした。このずれを死亡者の異常増加とした（図4(B)）。

なお、この参照区間の直線近似がどれほどの誤差がありうるかを推定するために、②上記区間を10年間前にずらした1988年から2007年までの20年間の調査区間において上記と全く同様な数値計算を行い、①で設定した区間の近似直線の誤差の程度を確かめた。

参照区間では原発事故の影響はなく、ばらつきはアトランダムの白色誤差であると仮定し、参照区間の傾きを少子高齢化の年次推移とした。

それぞれの20年間では区間はじめから13年間を直線近似区間とし、残り

の7年間を直線からのずれを見いだす検討対象区間としたのであるが、前側の対照区間②では1988年から2000年までの13年間を直線近似区間として2001年から2007年までの7年間を検討区間（直線からのずれの総計算定区間）とした。その結果2001年から2007年までの7年間の直線近似からの増加量は総計1.4万人であった。

　後側期間①では、1998年～2010年までの13年間を基盤的直線と見做して2011年～2017年までの異常増加を評価した。その結果は27万6000人であった。

　前側②の数値解析（1.4万人増）では、直線近似よりわずかながら勾配が上昇している。すなわち、直線近似の直線の勾配は両期間で比較すると後ろ側①の勾配が大きくなることを裏付けている。従って、上記27万6000人は5％程の過大評価を含むものである。

　2011～2017年の区間の検討対象区間としている7年間の積分値は10年前にずらした区間の対象区間の約20倍の値であり、2011年以降の増加が異常であることを示すものである。かつ、全体の傾向がわずかに上向きの傾向があることを示し、検討対象区間での評価は1万人程度の過大評価を含む可能性があると判断した。

　この増加は統計的に有意であると判断される（表8）。この値は地震津波による犠牲者約1万5000人を含む。

　ここで粗死亡率として、死亡者の異常増が確認できた。この作業に当たっては厚労省人口動態年次調査の小柴信子氏による地道な整理に大きく依存している。年齢調整後の死亡率の明瞭な異常増加が確認できる。また平均寿命にも明瞭に異常が現れている（後出、図6）。

　異常増加の原因として何が関与しているかは特定していない。原発事故が関与していることは強い蓋然性を持って関与が推察されるが証明されてはいない。労働条件の悪化などを強力に進めた安倍政治も2012年に始まっている。死亡率の年次依存は、様々な疾患の患者数および死者数の増加が事故が生じた前後でトレンドが変化するという相関を示す（その一部が後出）が、ここの患者増や死者増が放射線の関与があることは臨床的には証明できない。しかしあらゆる疾病の悪化を放射線被曝がもたらすことはチェルノブイリ事故を経た経験的事実である。

表8　福島県と全国の2011年以降の死亡者の異常増加数。異常増加は統計的に有意に増加していることが示される。

年	福　島				全　国			
	実際値	推定値	異常増加量	95％信頼区間	実際値	推定値	異常増加量	95％信頼区間
2011	26,211	22,195	4,016	3,696〜 4,335	1,269,519	1,207,442	62,077	55,021〜 69,134
2012	23,503	22,302	1,201	821〜 1,580	1,272,730	1,225,633	47,097	37,094〜 57,100
2013	23,721	22,549	1,172	731〜 1,613	1,285,725	1,244,363	41,362	28,417〜 54,307
2014	23,592	22,813	779	278〜 1,281	1,291,328	1,263,064	28,264	12,385〜 44,143
2015	24,315	22,952	1,364	805〜 1,923	1,308,687	1,282,042	26,645	7,835〜 45,455
2016	24,357	23,252	1,104	485〜 1,723	1,327,709	1,300,779	26,930	5,199〜 48,661
2017	24,910	23,339	1,571	899〜 2,244	1,362,470	1,318,798	43,672	19,040〜 68,303
合計			11,207	7,714〜14,700			276,048	164,991〜387,104

数値は図5の死亡率に人口を掛け、小数点以下を四捨五入して得ている。

チェルノブイリ事故ではこの健康被害を巡って原子力推進派と多くの地元科学者との間で見解が二極化したことは既に述べた。チェルノブイリでは唯一原発事故の影響と認められた小児甲状腺がんでさえ、日本では「原発事故は関与しない」とされる（前記および後出）。

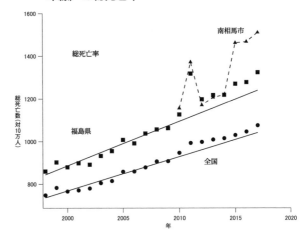

図5　全国（●印線）、福島県（■印線）、南相馬市（▲印線）の総死亡率

長期にわたる少子高齢化の傾向は基盤となる直線近似で代表されるものであり、全人口変化の内の少子高齢化傾向の数値を与えるものである。

▶総死亡率―福島県と全国の死亡率

　図5は1998年から2017年まで（20年間）の全国、福島県、南相馬市の総死亡率の年次変化である[53]（南相馬市は2010年以降）。

図6　男女別平均寿命

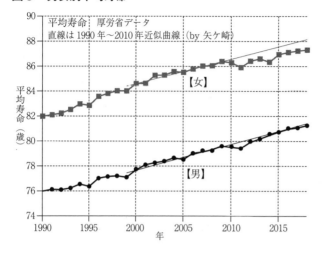

■印線の直線（上側の直線）及び●印線（下側の直線）の直線は1998年から2010年までの年次変化を直線近似したもので、それぞれ福島県、全国の近似直線である。近似直線は最小二乗法で求めた。

　福島県、全国の場合ともに、2010年以前の死亡率は図4、図5に示すように直線により概略近似できる。この近似直線を少子高齢化の年次変移と見なした。

　少子高齢化の傾向が2010年以前の直線変化に現れていると仮定する。少子高齢化の直線近似からどれほどずれる（増加する）かを死亡者の異常増加と呼ぶことにする。福島県の2011年以降の死亡率は少子高齢化傾向を大幅に上回り、異常な増加率は全国の異常な増加率を遙かに上回る。

　さらに2015年以降の福島県の3倍にも及ぶ南相馬市の異常増加は不気味である。死亡率の異常増加は確かであるが、死亡原因については放射能汚染地域および人々の避難／帰還との関わりも含め、特定するに至っていない。

　福島県と全国の2011年以降の死亡率増加の内の異常値の予想からのずれを異常増加死者数として、その異常増加数を表8に示す。

　表8の「実際値」は厚労省人口動態調査の値、「推定値」は1998年～2010年の直線近似式（少子高齢化年次変移）を2011年以降に外装した場合の予想値である。「異常増加量」は実際量と推定値の差。「95％信頼区間」は標準偏差をσとして$\pm 2\sigma$の値を用いた。95％信頼区間の値は全て正であり、いずれも2011年以降の「異常増加」は有意であることを示す。なお、図5の縦軸は総死亡率であるが、表8の値は各年の人口に基づく人数である。

2011年〜2017年の7年間の異常増加死亡者数は福島県で1万1207人（95％信頼区間7714人〜1万4700人）、全国で27万6048人（95％信頼区間は16万4991人〜38万7104人）である。

　この異常死亡増加数は、各種の死因が一斉に2011年以降異常増加をするなどの特徴がある。それらが小柴の集計[53]、日本における死産と周産期死亡、乳児死亡[54]、複雑心奇形[55]、停留精巣[56]などの先天的奇形等で示され、それらと増加年等が強い相関を持つ。もたらされる共通の原因として強い蓋然性を持って「放射能被曝による因子がある」と推定されるが、証明されてはいない。2012年以降年々の通常死亡率（2010年以前の直線外挿値）からの異常増加は福島県で3％程度、南相馬の15年以降は10％にも及ぶ。

　さらに2011年の突出的死亡増を検討すると、福島県では地震津波関連死1607人、行方不明207人とされている（警視庁資料）ところ、上記異常増加死者数は4016人と計算され、地震津波関連死のおよそ2.5倍の死亡者異常増が浮かび上がる。地震・津波のストレス、仮設住宅でのストレス、放射線被曝等々の要因が推察される。

　南相馬市立総合病院副院長の及川友好医師が2013年5月8日、衆議院の東日本大震災復興特別委員会に参考人として出席し、原発事故後の患者の健康管理などについての現状報告の中で明らかにしたことは「まだ暫定的ではあるが、恐ろしいデータが出てきています」「われわれの地域での脳卒中発症率が65歳以上で約1.4倍、35歳から64歳までの壮年期では3.4倍に上がっている」と公表した[57]。これは氷山の一角とみられるがこのように急増した疾患の死者が上記異常増加死者数の内容となると推察される。

　以上に粗死亡率の動向を調べたが、男女別年齢調整死亡率[59]においても明瞭に3.11以後の死亡者増加が見て取れる。粗死亡率が上昇し、年齢調整死亡率が下降するのは少子高齢化の特徴を表している。男女別年齢調整死亡率では死亡率は男性が大きい。男女共に明瞭に2011年以降の系統的増加を示しているが、女性の死亡異常増が男性の死亡異常増より大きい。

　図6に男女別平均寿命を示している。女性の平均寿命が男性より大きく、2011年以降は直前の近似直線より下に大きく系統的にずれている。男性の2014年以降は2010年以前の近似直線に戻っている。今後、年齢階層別の死亡率の年次変移などの調査を進め、死亡率の年齢や男女別の関わりなどを明

らかにする予定である。

▶南相馬市の死亡率

南相馬市の死亡率は図5においてプロット（▲）で示す。市の死亡者数を市の住民登録数で除して10万人当たりに基準化したものである。

2014年までは福島県の死亡率とほぼ同じであるが、2015年で急増する。2015以降を2014以前と比較すれば率にして10％ほども増加している。

南相馬市立総合病院院長及川友好氏は同病院ＨＰ[58]で「南相馬市の実人口は住民票数に関わらず2011年には周辺への避難により1万人を切るまで減少」という趣旨を述べ、2013年5月8日の衆議院震災復興特別委員会の参考人として「壮年層の脳卒中患者が震災前の3.4倍に増加」等と証言していることはすでに触れた[57]。

住民票の登録数は2011年の約7万人から2017年の約6万人に漸減している。市民の自主的避難と平行して、南相馬市の居住制限区域及び避難指示解除準備区域は2016年7月に解除され、現在は小高区を除いて避難指示などが解除されている。住民実人口は2013年頃から急速に回復している。なお、避難指示が解除された区域のうちの1中学校と3小学校が放射能基準値をオーバーしているために近接地域の学校で授業を行っている。

市の死亡率は住民票を母数として算出されている。大多数の市民がいったんは避難し時間とともに帰還してきたという事実から推定すると次の仮説が成り立つ。

2011年から2014年まで、ほぼ死亡率が福島県のそれと同じなのは市の多数の人が避

図7　1988年以降の出生数と特殊出生率

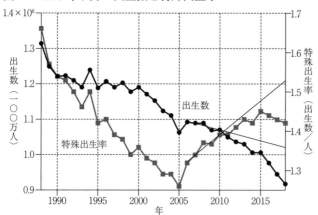

難して、より放射能汚染の低い土地（福島県内のより汚染が低い場所あるいは他府県）を目指して避難した条件下の人も含めている状況で、死亡率が福島全県とほぼ同率だった。なお、南相馬市の2015年以降の死亡率激増は、住民登録数減少による見かけ上の増加ではないことが確認されている。

　2015年以降なぜ死亡率が高くなったか？　原因の分析はできていないが、高汚染地域への帰還の危険性が関与している可能性を懸念する。

(3)　自然増減の解析2

▶出生数の減少

　図7に1988年以降の出生数と特殊出生率（1人の女性が子どもを産む数の平均）を示す。出生数は長期的に減少傾向を保つ。特殊出生率は2005年に鋭く折れ曲って極小値を示し、出生数も同じ年に異常極小が見える。

　出生数は迷信による出産控えや社会条件・政策等を反映しやすく、死亡数に比べれば短期間で変動し長期間での直線近似は当てはまらない[53]。

　2005年に特殊出生率が最低になり、それ以前のモードとそれ以後のモードが異なることを示しているので、2011年以降の異常を判定するために、2006年〜2010の平均直線化が、短期間ではあるが、唯一意味あるものとなる。2010年までの直線近似に対して2011年以降は勾配を急とする。

　2005年の異常点より後の2006〜2010年を直線近似の基盤として、この直線近似を少子高齢化の傾向を示すものとして扱った。この分析により2011年から2017年までの異常な出生数減少（図7では直線からの減少）が**総計27.1万人**に及ぶ数値が得られた。死亡者の異常な増加数と合わせると実に54万7000人に及ぶ。

　チェルノブイリ原発事故の1986年を境界として周辺国では、それ以後の出生率が明瞭に著しく減少した[60]。日本では少子高齢化を反映して出生数も1973年以来一貫して減少しているが、2011年を境界としてさらに鋭く落ち込んでいることが図7で見て取れる。

　図8は出生数に強く関わる死産者と周産期死亡者の年次変移である。周産期死亡は後出するが（汚染の高い地域で死亡率も高くなっている）、2011年以降系統的にそれ以前の直線から外れている。総死産の数も2011年以降系統的に

図8　死産および周産期死亡

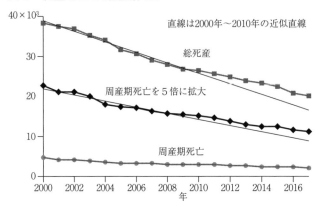

直線は2000年〜2010年の近似直線

総死産

周産期死亡を5倍に拡大

周産期死亡

図9　死亡者の異常増加と出生者の異常減少

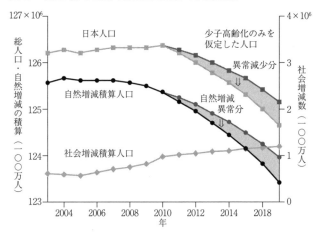

日本人口

少子高齢化のみを
仮定した人口

異常減少分

自然増減積算人口

自然増減
異常分

社会増減積算人口

増加している。グラフは2010年以降異常が生じているようにも見えるが、2010年の変化はそれ以前の直線近似上の「ばらつき範囲」とも取れ、今後のデータ追加で見極める必要がある。いずれにせよ2011年以降の異常増加に影響を与えるものではない。

▶2011年以降の異常人口減少

　以上の計算により、2011年以降の死亡者の増加と出生数の減少を計算した異常人口減少量を、図3に加えて記したのが図9である。少子高齢化に関する人口減少を2010年以前の直線近似したものであるとし、それからはみ出す減少分を異常減少とした。このように区分すると人口減少の内およそ75％は少子高齢化により、25％ほど（図中の灰色部分）が2011年以降の異常な減少によることとなる。

§9　2011年以降の危惧される健康問題

①国際原子力ロビーはチェルノブイリ事故後、小児甲状腺がんだけを唯一の放射線被曝被害と認めた。日本では多発する小児甲状腺がんさえ「原発事故に関係ない」と結論する。

②福島県「県民健康調査検討委員会甲状腺検査評価部会」は、検査開始から甲状腺がんと確認するまでの時間が全く考慮されていないのが致命的な誤りである。確認期間の長短の差を1年あたり、あるいは全区域で同じ期間内などに規格化することがなされていない。なにゆえ統計を取る上で科学のイロハに当たることが実施されていないのか?

　確認時間の調整を行うと見事に罹患率の汚染度に対する直線的依存が明瞭になる。有病率は外部被曝と罹患確認までの経過時間に比例する(豊福正人氏)。国および福島県は科学を誠実に実行しないのである。

③早期死亡と周産期死亡は高汚染県と中汚染県で、地震後10カ月でそれぞれ12.0%、8.4%突然増加し、以後その割合で増加したままである。低汚染県では増加しなかった。これらのオッズ比は直線的関係を示す。死産の増加およびトリミソーの増加はチェルノブイリ事故後ヨーロッパでも量反応関係が見いだされている。

④先天的奇形の複雑心奇形は、外部被曝依存は確認されないが、2011年以降全国的に各地で増加している。

⑤周産期死亡と同様に、停留精巣は2012年以降増加が確認されている。

⑥老衰や認知症の死亡率は2011年以降急増している。また、難病患者も2011年以降急増が認められる。2011年以降東京都など各地で、外来患者急増も報告されている。

　チェルノブイリ事故後において報告されている最も懸念すべき健康被害は子どもに出ている被害であろう[8,9]。

　ここでは福島原発事故後に日本の子どもの健康について調査されたレポートのいくつかを紹介する。また、いくつかの健康不良・疾病についての年次依存を紹介する。

⑴ 多発する小児甲状腺がん

▶時間経過を考慮しない分析

　規模も条件も異なる多数の区域に属する物理量を比較するには規模や条件についての規格化が必須である。単純に出てきた数だけで比較することは、それぞれの母体数や条件が異なるので「率」などといわれている統一基準で比べるように「規格化」が必要である。甲状腺がんの場合、計測単位とする集団の人数や、患者などを確認するに至った期間（以前の測定からの期間）である「確認期間」が異なる。だから人数は10万人あたりの数に規格化する。確認期間も例えば1年あたりに規格化する必要がある。規格化は比較の上（統計を取る上）で常識であり必須の事柄。福島県「県民健康調査」検討委員会は時間の規格化をしないという手段で「原発事故とは関係ありません」と結論を誘導している。不当な取り扱いだと思う。

　多発する小児甲状腺がんは福島県内だけで、2019年9月30日現在で237人に及んでいる。そのうち187人が手術済み[61]。多発する小児甲状腺がんについてはスクリーニング効果だとされる反面、いくつかの科学論文[62]が出され、いずれも放射線被曝による発症率増加と結論している。

　福島県「県民健康調査」検討委員会はそれまでの「小児甲状腺がんと原発事故との間には関係が見いだせない」としてきたところを、2019年「関係がない」と断言した[63]。

　福島県「県民健康調査」検討委員会甲状腺検査評価部会でのデータ処理の詳細は一切明らかにされていないが、検査開始から甲状腺がんと確認するまでの時間が全く考慮されていないと推察される。確認期間の長短の差を1年あたり等に規格化することがなされていない。例えば有病を確認するまでの経過時間は、高汚染の川俣町、浪江町、飯舘村は9.5カ月、最も低汚染の会津若松市は35カ月である[62]。これらが考慮されていない。事故との無関係を「科学的に粉飾」させるという政治目的を察せざるを得ない。何とお粗末なことであろうか？

　一般に病気の発症率などは一定の期間内に発症した人数を確認して発症率などを導いている。福島県小児甲状腺調査は線量の高い地域から始められ、

線量の低い地域の調査にはより多くの確認基盤となる時間が掛かっている。

　発症率については検査開始から発生を確認するまでの時間を考慮した「単位時間あたりの発生率」、あるいは「全検査終了時まで等の統一した期間での全発生率」を比較の基準化としなければならない。検査までに経過した時間依存を考慮しなければ科学的考察をしたとは言いがたい。なぜならば、時間単位で同率の発生数があるとすると観察期間が２倍になれば罹患者は２倍になる。観察時間を無視して数だけで見てはならない。

　　①甲状腺がん発症率などは、確認時間と被曝線量に依存するはずである。
　　②検査は常に土壌汚染が強い地域から汚染の少ない地域に順に検査している。汚染の少ない地域ほど検査開始から長時間が経ており、当然発生件数も時間が長いだけ累積しており多数の発生数が記録される。
　　③にもかかわらず時間を考慮しないで集計すると汚染依存そのものがないかのごとく見える結果となる。
　　④時間依存を無視して放射線量だけとの関係を求めれば、当然、有意な関係として発症率などと線量依存関係が出てこない恐れが十分ある。
　　⑤「単位期間に基準化されていない発症率」と「被曝線量」の相関が認められなかったと言って、「事故との関わりを否定する」ことは科学的姿勢ではありえない。
　　⑥たった１回の検討で判断しているのではないのであるから、「事故との関わり」を否定するのは、「科学的無知」による結果ではなく、国家的行政的経済的権力意図があると理解しなければならない。少なくとも「専門家」を名乗る者が倫理を捨てて、権力意図に従うことは「知られざる核戦争」の戦闘員になったことであり許されるものではない。

　人数と時間の両者を規格化して統計を取った１例を紹介する。豊福正人氏の研究である。

　図10は豊福正人氏[62]による研究結果であり、時間補正した有病率が外部線量に比例することが示される。小児甲状腺がんの発症率は外部被曝量と罹患確認までの経過時間の両者に依存する。豊福氏による調査で次式が得られた

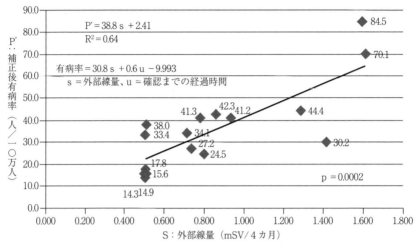

図10　豊福正人氏 [62] による小児甲状腺がん発生率と外部放射線量と経過時間依存

図中、左上の式のP'は時間補正後の有病率。図中の直線はこの式（P'=38.3 s + 2.41）で表される直線。図中の◆とそれに伴う数値は発表された有病率を時間補正したものである。さらに、図中2番目の式は有病率を外部線量と経過時間の関数として表現したものである。

（図中2番目の式）。

有病率 = a_1*外部線量　＋a_2*確認までの経過時間　＋　a_3
係数値：　　a_1=30.8　　a_2=0.6　　a_3=－9.993
有意確立　　p=0.0002

　有病率は土地汚染度と検査開始から実施までの経過時間に比例している。上式は明快に土地汚染と単位期間内の甲状腺がん発症率の因果関係を証明するものである。福島県「県民健康調査」検討委員会は少なくとも科学的見地に立って事実をありのままに認識する科学を実施しなければならない。

　後出の第5部§3に記述した「弘前大学のチームが正確な測定装置を使用して、子供たちの甲状腺線量測定を開始しようとした。これは62人の測定記録が残されている [64]。しかし、これに対して福島県が「市民の不安をあおる」と抗議し、調査は停止してしまったという事実を「科学的事実の確認」が阻止された恥ずべき例として受け止めなければならない。

▶早期死亡（12週以後の死産と周産期死亡）

Scherb等、ドイツと日本の研究者は、全国を高汚染県（茨城県、福島県、宮城県、岩手県）、中汚染県（東京都、埼玉県）、低汚染県（前二者以外）」に分けて早期死亡全体（妊娠満12週以後の死産から生後1歳未満の死亡）に関してトレンド解析を行った[54]。その結果の示すところは、2011年3月に日本を襲った震災と原発事故の被害を受けた都県で次のようになった。

①高汚染県（茨城県、福島県、宮城県、岩手県）においては、放射能放出後9カ月ないし10カ月経った後に早期死亡と周産期死亡が地震・津波・原発事故直後に一時的に21.5％上昇し、10カ月過ぎて（2012年1月）からは12.0％の統計上有意な上昇[54]を示した。

②中程度に汚染された2都県（埼玉県、東京都）においては地震・津波・原発事故後10カ月以降8.4％の死亡率上昇を確認した。

③残りの低汚染区域における周産期死亡の年次経緯、死亡率の上昇は観察できない[54]。

④低汚染地域、中程度汚染地域、高程度汚染地域の3区分において、周産期死亡は土地の放射能汚染と相関して生じていることが解明されたことを示す。年間線量1mSv当たりの死産の相対的リスクが、オッズ比：1.12（12％上昇）、95％信頼区間（1.035、1.209）としている。

⑤汚染された都県では2015年までに自然死産で今までより過剰に亡くなった乳児は1140人と研究は報告している。

自然死産率の上昇はチェルノブイリ事故後のヨーロッパでも観測されている。チェルノブイリ原発事故後、ドイツでは放射性物質の降下量と、トリミソー、死産および先天奇形の間にはっきりした環境上の量反応関係が観察された[65]。

▶先天的奇形

上述のように、周産期死亡は地域の放射能汚染と明瞭に関連していたが、先天的奇形は2011年ないしは2012年から増加し、土壌汚染程度にあまり依存せず、全国的に展開していることが特徴である。

①複雑心奇形

　複雑心奇形は心臓発生の早期段階の障害が原因となる様々な心臓の奇形を指して言う。

　名古屋市立大学の村瀬ら[55]は「Journal of the American Heart Association」において、

　　　　「日本胸部外科学会が福島原発事故前から集計している先天性心疾患に関する手術データに着目し、本研究では2007年から2014年までの手術件数を使用して解析を行いました。このデータには、日本における46種類の先天性心疾患に関する手術件数がほぼ全て含まれています。私たちは、心臓の発生の早期段階の障害に起因する、高度な手術治療を必要とする複雑な先天性心疾患（複雑心奇形・29種類）に着目し、事故前後の手術件数の変化を解析しました。……福島原発事故後に14.2％有意に増加したことを確認しました」

　と述べている。

②先天性心疾患の手術件数出生

　患者数（対10万出生）（図からの読み取り）

　　①［「早期」発達段階疾患］39種の疾患。2007〜2010年度は240〜260人の範囲の変動、2011−2014年は280〜288人の変動であり、明瞭に2011年以降増加している。

　　②［「ほぼ」発達期疾患］7種の疾患。2007〜2011年度は155〜172人、2012〜2014年度は182〜186人の変動範囲であり、2010年から増加している。

　　③［「複雑な」疾患］29種の疾患。2007〜2011年度は210〜225人、2012〜2014年度は245〜255人の変動範囲であり、2010年から増加している。

　　④［10の「非複雑な」疾患］は患者数の「増加」は認められない。

　Early（早期）とComplex（複合）が2011年以降急増しているのが認められる。上記周産期死亡率と異なり、全国的展開を示している。

　複雑心奇形（29種類）のうち有意に増加したものを表9に示す。9種類の奇形が約18％〜48％であり、手術件数が有意に減少したものは皆無であると

している。

②停留精巣

　停留精巣は陰嚢内
に精巣（睾丸）が下
降しない状態をいい、
男児の生殖器の異常
としては最も多い疾
患である。停留精巣
も同様に手術・退院
の統計が報告されて
いる。

表9　複雑心奇形のうち2011年以降有意に増加した症状

複雑心奇形のうち有意に増加した症状	増加
完全型房室中隔欠損＋その他合併	47.7%
完全大血管転移Ⅲ型	35.0%
大動脈縮窄複合＋単心室	34.2%
肺動脈閉鎖＋心室中隔欠損	33.0%
総動脈幹	31.4%
Fallot四徴症	27.2%
左心低形成症候群	20.9%
単心室	18.5%
完全型房室中隔欠損	17.9%

　名古屋市立大学の村瀬等[56]は「Urology」に 2018年5月8日に掲載され
た「Nationwide increase in cryptorchidism after the Fukushima nuclear
accident」において、震災前後における手術退院件数の変化として

　　　「停留精巣は生後半年以上経過してから診断されることを踏まえると、
　　震災の影響が手術退院件数に主に反映されるのは2012年度以降であ
　　ると考えられました。そこで、2010〜2015年度の6年間を集計した
　　データ（35県94病院）において、2010〜2011年度を震災前、2012
　　〜2015年度を震災後として比較すると、13.4%（95%信頼区間：4.7%
　　〜23.0%）の有意な増加が認められました。2008〜2015年度の8年
　　間を集計したデータ（25県40病院）においても、12.7%（95%信頼区間：
　　2.1%〜24.4%）の有意な増加が認められ、6年間データと同様の結果と
　　なりました。なお、6年間データについて3歳未満の推定手術件数を用
　　いた場合は16.9%（95%信頼区間：2.9%〜32.4%）の有意な増加と推定
　　されました」
と述べている。
　停留精巣の手術は2012年に増加が始まった。この異常増加の始まりは周
産期死亡の異常増加の始まりと同じタイミングである。

　停留精巣の手術退院件数の推移[56]は、対人口1000万出生の患者数として、

⑤2010〜2015年度（6年データ、35県94病院）は2011年以前は255〜250だったものが、2012年以降は290〜310へと変化している。

⑥2008〜2015年度（8年データ、25県40病院）は上記同様〜170が〜197へと変化している。

停留精巣の各県別上昇率も示している：福島原発事故現場周辺も多いが、増加率の多い県は遠く九州・沖縄地区にもおよび、全国に展開している。

周産期死亡の場合は強汚染地域、中汚染地域、低汚染地域で明瞭に土壌放射能汚染と相関が示され、低汚染地域では異常死亡率増加が認められなかったが、停留精巣の展開は全国に渡っており、周産期死亡率の分布とは明瞭に異なる。後述するが、お年寄りの「老衰」死の激増も全国くまなく展開している。

彼らは「停留精巣のリスクファクターである低出生体重児や早期産の割合は調査期間中においてはほぼ一定であり、**原発事故の関与が主要な原因**として考えられました。しかしながら、本研究ではそれを証明するには至っていません」としている。

▶精神神経系死亡・障害と老衰等

「お年寄りは放射能に影響されない」などの俗論があるが、お年寄りは免疫力がバランスを崩すと回復しにくく、脆い特徴があり、逆に一番影響される年齢帯ではないかと危惧される。免疫力や体力に脆さがあるとされるお年寄りが被曝した場合に、被曝は総合的に体力や免疫力を弱めるので、多大な死亡率増加などが予想される。そこでこれらに関するデータを収集した（著者等）。老衰による死亡率の変化を図11に示す。ただしこれらはいずれも年次推移であり、放射能内部被曝などとの量的因果関係についての情報は得られていない。

放射能の脳機能への打撃は大きいことが予想される。その根拠は：

①心臓とともに血液が一番集中する臓器であること。内部被曝の場合、水溶性放射性物質と微小な放射性微粒子は血液などに乗って全身を循環することとなるが、血液が集中する心臓や脳に対する被曝が大きい。

②脳組織は新陳代謝が非常に少ないと言われているが、脳神経組織に電離・分子切断が生じると蓄積効果となって現れる。ここで電離とは、

放射線によって打撃された原子の電子が吹き飛ばされることであり、分子切断は電離により原子と原子の結合の原因となっている電子同士のカップリングが破壊され、原子と原子の結びつきが解除されることを言う。

③腸内優勢細菌バクテロイデスとアルツハイマー・認知症などの相関が確認されている[66]。健全な人にはバクテロイデスが多く、アルツハイマー／認知症患者は少ないのである。放射線が活性酸素を

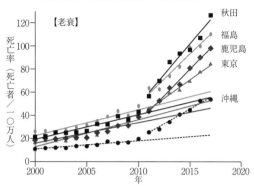

図11 老衰による死亡率変化（秋田県、福島県、東京都、鹿児島県及び沖縄県）

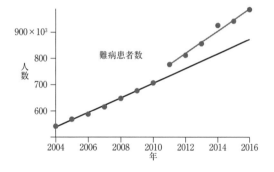

図12 難病登録数の年次変化

生成し、嫌気性菌であるバクトロイズムの活性状態に影響を与えると生命組織の相互依存で脳神経組織の伝達機構などに影響を与え、脳神経系の疾患や死亡率が増大すると予想される。事実、アルツハイマー、認知症などは老衰同様の死亡率の変化を示す。

2011年以降の異常な増加が特に多く見られた事象を以下に示す[42]。

①死亡（全死亡者、周産期死亡、乳児死亡、幼児死亡）、②死因別死亡（老衰、アルツハイマー、認知症、精神・神経系疾患、急性心筋梗塞、等々）、③死産（自然死産、人口死産）、④奇形（先天性心奇形、先天性停留精巣）、④特別支援学級児童生徒数[67]（全児童数は減少傾向が一貫しているのに対し、特別支援学級児童数は増加傾向が一貫している。2010年以前は非常に良い直線

的増加を示しているが、2011年以降急増）、学生の精神疾患、精神疾患患者数、難病総数、等々、⑤運転中の運転中止、事故（数年遅れで激増）

　図12に難病死亡者数[68]の年次依存を示す。2011年を境界として急増傾向を示す。

　難病の登録された人数の変化に付いて、2009年以来、指定難病数は変わっていない。2011年で急増して変化傾向は2010年以前の直線的変化から値も勾配も突然上昇する。ここでは難病のみを取り扱うが、多くの疾病患者数、病院の患者数が2011年以前より増加している[27]。

§10　福島被曝
——チェルノブイリでは現れなかった福島独特の被害——

①チェルノブイリ周辺では「移住義務」とされた5mSv/年以上の汚染地域に、日本では100万人オーダーの住民が住み、生産活動を続けるところとなった。

②チェルノブイリではあり得なかった高汚染地域（福島、宮城、栃木、茨城、埼玉など）での食物生産とその流通により、日本全土に内部被曝を拡散するところとなった。この被曝の拡大再生産は日本独特の被曝被害である。

③高汚染地域に居住するところとなった住民のために「除染」が行われ、大量の汚染度が蓄積した。政府は放射能汚染廃棄物の基準を100Bq/kgから8000Bq/kgへ引き上げ、かつその処理を全国の公共工事などで利用させようとしている。汚染土による2次被害が憂慮される。これが第2の日本独特の放射能被害となる。

④チェルノブイリでは爆発した炉心を7カ月後には石棺で覆い、基本的には外部に放射能が飛散しないようにした。日本では炉心の汚染を外部の空気あるいは水と遮断しないまま、廃炉作業を進めようとしているが、炉心近辺が高汚染過ぎて作業のめどは立たない。環境と人々は継続して放射能汚染に晒される。これが第3の日本独特の被害である。

⑤さらにトリチウムその他の放射能に汚染した大量の汚染水を蓄えるタンクが膨大な量に登り、これを海洋投棄しようとの計画が進んでいる。

　強調すべきはチェルノブイリと福島とでは、住民被曝量軽減の量的規制に大差があり、「日本独特の強制被曝状況」と表現できる実態があることだ。

▶住民保護の違い

　チェルノブイリ[13]では年間1ミリシーベルト以上では当該政府が「ここは危険です。移住を希望する人があれば政府が面倒を見ます」、5ミリシーベルト以上では「ここには住んではいけません。生産もしてはなりません」、「移住は政府が責任を持ちます」と、文字通りの放射線防護の基本線に沿った住民保護を行った。33年経った今でも子供の保養などを筆頭に市民生活が被曝から保護されている。

　日本では2012年に成立した、通称「子ども被災者支援法」[69]はチェルノ

ブイリ法と同様な被災者支援の精神を謳っている。法によれば、「被災者生活支援等施策は、被災者一人一人が支援対象地域における居住、他の地域への移動及び移動前の地域への帰還についての選択を自らの意思によって行うことができるよう、被災者がそのいずれを選択した場合であっても適切に支援するものでなければならない」とされているにも拘わらず、チェルノブイリでは「チェルノブイリ法」が施行されたと同じタイミングの事故後5年で、「避難指示区域」などの縮小削減が始まり「指示区域外避難者」への住宅供与が停止された。

　法律で規定されている保護基準の年間1ミリシーベルトは「原子力緊急事態宣言」でそれより20倍も高い20ミリシーベルト基準で規制が行われていることは既に述べた。

▶日本独自の被曝の拡大再生産のメカニズム

　日本独自の社会的問題がいくつか生じている。

　その一つはチェルノブイリでは年間5ミリシーベルト以上の汚染地では居住も生産も禁止されたが、日本ではその汚染地域で20ミリシーベルトまでの地域に大量（100万人規模）の住民が住み、食料を生産し、「売らなければ食っていけない」状況に追い込まれた。そのために、チェルノブイリになかった「汚染地での生産」が行われた。それによりシステムとして「被曝の拡大再生産」が展開する状況に置かれた。汚染地居住の住民だけでなく全日本の市民を被曝させるメカニズムが徹底された。

　セシウム137による汚染で、「放射線管理区域」（4万Bq/㎡以上）に相当する地域に居住する人は100万人を超える。生活も生産も続けさせられているのだ。政府は、このような汚染地の中に住民を住み続けさせ、かつ、一旦避難した人々を帰還させようとしているのである。

　第2の特徴は、住み続ける条件として行った居住地周辺「除染」の結果集積された大量の「除染廃棄土」が生じた。「除染廃棄土」を政府は公共事業等への再利用で全国に拡散して減少させようとしている。2次被曝を全国に拡散する。そのために放射性廃棄物の制限では従前の法律では100Bq/kgであったものが8000Bq/kg[19]までとされたのである。

　第3の日本の特徴といえるのは、チェルノブイリでは事故後7カ月で石棺

により基本的には放射能物質の環境への拡散は極力抑えられたが、日本では大量の地下水により汚染水が海に放出され続け、空中への放射能放出も深刻に続いている。トリチウムと他の放射能が大量に含まれたタンクの汚染水が海に廃棄されようとしている。メルトダウン炉の封じ込めに成功しておらず、生活環境と自然環境を汚染し続けている。人と環境への放射能汚染についての対応措置は日本とチェルノブイリでは大きく異なる。

　国際原子力ロビーは、次の原発事故が生じた場合「住民はリスクを受ける用意があり、汚染地で住み続けることを望んでいる（1996年ＩＡＥＡ会議[5]）」として、「避難や移住をさせない」方針を打ち出したが、その具体策がＩＣＲＰ 2007年勧告[6]によって明確に打ち出された直後に東電事故が生じた。「住民を高汚染地域にとどめ置き、健康被害の事実を認めず（例えば小児甲状腺がん）、チェルノブイリで行った住民への保護施策は日本では取られなかった。原子力緊急事態宣言を出して従前の市民に対する被曝限度を20倍にした。この数値は日本市民の人権の低さの象徴となった。

　チェルノブイリでは、国際原子力ロビーと地元の科学者・専門家との間で、原発事故後の健康被害を認知するかどうかをめぐって「科学」が両極化し[9, 10]、激しいせめぎ合いが生じた。日本では、原発廃止の声はかなり強く「再稼働」を批判する声は大きい。しかし、小児甲状腺がんの起因性判定を含めて、住民の健康問題に関しては、圧倒的に原子力推進側の勢いが強い。それがチェルノブイリ法で保護された周辺国住民と日本住民の人権の差をさらに拡大する。

　2012年4月には早くも避難指示区域等の見直しが始まり、20mSv/年を越えることが予想された「緊急時避難準備区域」は2014年末までに全て解除された。避難指示区域外からの避難者に対するみなし仮設住宅支援が、2017年3月末で打ち切られた。これらはチェルノブイリ法による住民保護の継続に比べて極めて短期間の保護打ち切りである。

§11 核戦略推進者と放射線被曝管理者が
同一人物となっている

原子力むらは、誠実に事実の探究を行わないばかりか、世界を欺くようなデータ操作を行う。猟場管理人と密猟者が同一人物であるが故になせる技である。全て密猟者の目線である。

この事故の放射線被害をめぐって特徴的考察を指摘する。

(1)「国際原子力むら」の支配について

▶原子力むらのデータ操作

『チェルノブイリ原発事故がもたらしたこれだけの人体被害』（核戦争防止国際医師会議ドイツ支部著、合同出版）は第1章の前に『Note』を設けて次のように言っている。

『WHOとIAEAが公表するデータは信頼できない』

2005年9月に開かれた「国連・チェルノブイリ・フォーラム」（Chernobyl Forum of the United Nations、WHOとIAEAの共催）で発表されたチェルノブイリ原発事故がもたらした健康影響に関する報告内容には深刻な矛盾がある。

たとえば、WHOとIAEAの公式発表は、もっとも被曝線量の高い集団から、将来がんと白血病によって最大4000人の超過死亡が発生するだろうとしている。しかし、この報告の根拠となったWHO報告書には、死亡者数は8930人と記載されている。この数字はどの新聞にも掲載されなかった。しかも、実際にWHO報告書が引用した研究論文を読んでみると、がんと白血病による超過死亡数は1万人から2万5000人の間であると記載されている。

そうであるなら、WHOとIAEAの報告は自分たちの出したデータをごまかして発表したことになる。チェルノブイリ原発事故の健康影響に関する彼らの発表には、真実味がまったくない。

このチェルノブイリ・フォーラムの報告は、旧ソ連以外のヨーロッパ地域の集団線量〔放射線影響の大きさを表す代表的な計測値。人・シーベルトで表示〕がチェルノブイリ周辺地域の値よりも高いという、「原子放射線の影響に関する国連科学委員会」でさえ公表している推計値を考慮していない。チェルノブイリ原発事故で放出された放射能の集団線量の分布は、ヨーロッパに53％、ソ連に36％、アジアに8％、アフリカに2％、アメリカに0.3％とされているのだ。

　2005年、S. Pflugbeil（放射線防護協会会長）は、WHOとIAEAの公式発表、WHOの報告書、そこに引用されている文献（Cardis ら）との間に食い違いがあると指摘している。しかし、現在に至ってもチェルノブイリ・フォーラム、IAEA、WHOは、これまで彼らの発表した数字の2倍から5倍も、がんと白血病が将来発症するという、元はと言えば彼ら自身の分析から導き出した推計値を公表する必要性を認めていない。

　さらに6年経った2011年でも、国連のどの機関もこれらの数字を訂正していない。「原子放射線の影響に関する国連科学委員会」の最新のチェルノブイリ原発事故の影響に関する出版物にも、被曝3カ国で公表されている数多くの調査研究データは引用されていない。国連科学委員会は、6000人の子どもと思春期の若者が甲状腺がんを発症したこと、リクビダートルの白血病、白内障に関してのみ、報道機関へ見解を発表している。

2011年「国連科学委員会」の声明

　　「この20年間に行なわれた諸研究の知見と前回の報告書に基づき、国連科学委員会は、大部分の住民はチェルノブイリ原発事故によって深刻な健康リスクを受けるという心配をする必要はまったくない、という結論に達した。例外は、子ども時代あるいは若者時代に放射性ヨウ素に曝された者と、高濃度の放射線に曝されて大きな健康リスクを背負わされたリクビダートルである」（同書16頁）。

▶密猟者と猟場番人が同一人物の群れ

　WHOやIAEAの理論的支柱となっている国連科学委員会（UNSCEAR）について、ベーヴァーストックは、「UNSCEARは科学の全一性を保たない。それは『圧倒的な委員が利益相反行為を行うからだ』としている」。

「UNSCEARに専門家を派遣しているのは、ほとんどが原子力を推進利用している国である。いわば、密猟者と猟場番人が同一人物という形である」（キース・ベーヴァーストック：福島原発事故に関する「UNSCEAR 2013年報告書」に対する批判的検証、科学1175（2014）https://www.iwanami.co.jp/kagaku/Kagaku_201411_Baverstock_r.pdf）と断じる。同委員会が国際原子力推進ロビーの理論的支柱であることを喝破しているのである。

　同様に民間団体である国際放射線防護委員会（ICRP）は原発推進企業および機関からの基金で全面的に運営されている。典型的な「密猟者と猟場番人が同一人物」の集団である。

(2)『チェルノブイリの長い影』(Dr. 01ha V. Horishna) ii

序文で次のように指摘している。

　　「本書の主な目的は、人体に及ぼされる放射線の危険な影響を明らかにし、チェルノブイリの被災者の実際の健康状態に関する信頼性の高い有効データを提供するとともに、このデータと、国際原子力機関（IAEA）、チェルノブイリフォーラムおよび国際放射線防護委員会などの機関から得られた楽観的な予後診断との間の不一致を明らかにすることである。以上のような機関は、影響を受けた人々の健康問題への対処に必要とするさまざまな積極的措置を妨げることになっているため、われわれは、これらの機関が示した見解について、単に誤りであるというだけでなく、危険なものでもあると考えている。2005年9月の国連報告書は、放射線の影響への理解に大きく貢献している世界各国の科学者らが実施した、数多くの貴重な査読済み科学研究調査の結果を考慮したものではなかった。……」(Chornobyl's Long Shadow: Children of Chornobyl Relief and Development Fund, Kyiv, Ukraine(2006))。

§12　政治権力により事実は曲げられてきた

①放射線被曝に関する歴史は権力支配による虚偽と棄民の歴史である。
②原爆投下直後のファーレル准将の「広島・長崎では、死ぬべき者は死んでしまい、9月上旬現在において、原爆放射能で苦しんでいる者は皆無だ」という記者会見での言明はその後の米軍の被曝管理の基本となった。
③安倍首相の東京オリンピック招致決定の後の記者会見での言明「健康に対する問題は、今までも、現在も、これからも全くないということははっきりと申し上げておきたいと思います」はその後の福島原発放射能と健康被害処理の大基本となった。
④こともあろうに、独立国であるはずの日本において、米軍占領下の日本と同様な事態が繰り返されるのだ。まさに恥ずべき形で歴史は繰り返されようとしている。
⑤このような歴史の中で、日本の国が立憲民主主義の国であるのか、事実と道理が守られる社会が維持されるのか、「一人一人が大切にされる社会」が日本に実現されていくのかどうかという問題が、日本市民全員の課題として深刻だ。
⑥核推進の国家が派遣する人物らによる「放射線防護」の本質を知ることにより、活路は見いだされる。

(1)　ファーレル准将の言明

　原爆投下直後1945年9月2日の日本の降伏文書調印を取材に来た新聞記者が、アメリカとイギリスでヒロシマを報道し「まったく傷を受けなかったものが1日100人の割合で死んでいる」等の報道をした。それを否定するために、6日、マンハッタン計画副官ファーレル准将が東京入りして「広島・長崎では、死ぬべき者は死んでしまい、9月上旬現在において、原爆放射能で苦しんでいる者は皆無だ」と宣言し、その後は占領軍等によりファーレル言明に従う「調査」「処理」がなされ、「公式見解」が作られた。

　ファーレルの政治的言及はずっと日米の公式見解とされてきた。

1968年、日米両国政府が国連に共同提出した広島・長崎原爆の医学的被害報告のなかには「原爆被害者は死ぬべきものはすべて死亡し、現在、病人は一人もいない」と書かれていた。

　1975年末に原水爆禁止運動の代表として第一回国連要請団が国連に要請書を提出しようとした際には、上記報告書を理由に事務総長はそれを受理しなかったことが報告されている（故肥田俊太郎先生）。

　この被害事実の封じ込め、すなわち「知られざる核戦争」はその後の人道を求める巨大な声に押されてほころびが出るに至っている。国連核兵器禁止条約が圧倒的な多数で採択されるに至り「核兵器は人道に反する禁止すべき兵器」とされた。

⑵　安倍首相の言明

　東京オリンピック招致決定直後、安倍晋三首相は記者会見した。原発事故に関して、「健康に対する問題は、今までも、現在も、これからも全くないということははっきりと申し上げておきたいと思います。さらに、完全に問題ないものとする抜本解決に向けたプログラムをすでに政府は決定し、すでに着手しています。私が、責任をもって、実行して参ります」と言明。

▶安倍言明の実施部隊は誰でしょう？

　今回の執行部隊は占領軍ではない。日本の官民挙げて（政府、行政、司法、地方自治体、多くの市民が）首相言明どおりの事故処理の「抜本解決」を執行しようとしている。特にマスコミの屈従ぶりはひどい。もちろん背後には国際原子力機関、国際放射線防護委員会、原子放射線の影響に関する国連科学委員会が大本営を構成している。

　官庁あげて（内閣府他11省庁）「原子力災害による風評被害を含む影響への対策タスクフォース」を実施し、環境庁「風評払拭・リスクコミュニケーション強化戦略」や「放射線のホント」は「福一事故後に放射線健康被害は一切ない」という大うそと市民への被曝強制である「食べて応援」をキャンペーンしている。

　被害住民としても、例えばトリチウムとその他の放射能入り貯水タンクの

水を「海に捨てる」と政府が強行しようとするとき、言葉として「風評被害」を心配する市民の声が上がるが、「魚介類の放射能汚染」を指摘する声は皆無と言って良い。これほどに文化統制は行き渡っている。放射能や被曝があたかも「敵性用語」となってしまっている。現場の生産者の猛烈な努力で放射能の生産物へのより少ない移行を工夫し実現している。その市民の努力に報いるには、正確な事実認識と誠実な政治が必要である。真の害を見えなくする「精神コントロール」は「百害有って一利無し」である。

参考文献

1）木村俊雄：文藝春秋2019年9月号、p.170-

2）WHA12-40（WHOとIAEA間の協定）https://en.wikisource.org/wiki/Agreement_between_the_World_Health_Organisation_and_the_International_Atomic_Energy_Agency. Independent WHO https://independentwho.org/en/

3）キース・ベーヴァーストック：福島原発事故に関する「UNSCEAR 2013年報告書」に対する批判的検証、岩波科学 84 1175、2014

4）中川保雄：増補 放射線被曝の歴史―アメリカ原爆開発から福島原発事故まで―（明石書店）

5）ONE DECADE AFTER CHERNOBYL: Summing Up the Consequences of the Accident, Proceedings of an International Conference, Vienna, 8-12 April 1996, IAEASTI/PUB/1001.

6）国際放射線防護委員会の2007年勧告 日本アイソトープ協会http://www.icrp.org/docs/P103_Japanese.pdf

7）国際原子力事象評価尺度：https://ja.wikipedia.org/wiki/国際原子力事象評価尺度

8）ウクライナ緊急事態省：チェルノブイリ事故から25年：将来へ向けた安全性
2011年ウクライナ国家報告2016（京都大学原子炉実験所翻訳）

9）A.V.ヤブロコフ等：チェルノブイリ被害の全貌（岩波書店、2013）

10）ウラディミール・チェルトコフ監督：真実はどこに（原題：核論争）、https://www.bing.com/videos/search?q=%e7%9c%9f%e5%ae%9f%e3%81%af%e3%81%a9%e3%81%93%e3%81%ab&docid=608028490929212060&mid=DA3B9D13D78B9A00F24ADA3B9D13D78B9A00F24A&view=detail&FORM=VIRE

11）矢ヶ﨑克馬：隷従の科学（長崎被爆体験者訴訟甲A133,2014）

12）矢ヶ﨑克馬：放射線被曝の健康被害（長崎被爆体験者訴訟甲A156,2015）

13）①The Law of Belorussian SSR - "On Social Protection of Citizens Affected by the Catastrophe at the Chernobyl NPP" from the 12th of February 1991,
②The Law of the Ukrainian SSR - "On Status and Social Protection of Citizens Affected by the Accident at the Chernobyl NPP", and The Law of Russian Federation - "On Social Protection of Citizens Affected by Radiation in Consequence of the Accident at the Chernobyl NPP" from the 15th of May 1991,
③The Russian federal Law - "On Social Protection of Citizens Who Suffered in Consequence of the Chernobyl Catastrophe" adopted on the 12th of May 1991.
日本語では：「ウクライナ国家法」（衆議院チェルノブイリ原子力発電所事故等調査議員団報告書：http://www.shugiin.go.jp/itdb_annai.nsf/html/statics/shiryo/201110cherno.htm ）

14）https://ja.wikipedia.org/wiki/ストックホルム・アピール

15）Alice Stewart　https://en.wikipedia.org/wiki/Alice_Stewart）

16）ICRP Publication 103（日本語訳）2007年勧告、6.3.現存被曝状況p.71、図４、(6.3現存被曝状況)

17）実用発電用原子炉の設置、運転等に関する規則、労働安全衛生法、電離放射線障害防止規則（電離則）、等（「実用発電用原子炉の設置、運転等に関する規則」の規定に基づく線量限度等を定める告示によれば、住民の居住する「周辺監視区域」とは、「管理区域の周辺の区域であって、当該区域の外側のいかなる場所においてもその場所における線量が経済産業大臣の定める線量限度を超えるおそれのないものをいう（規則第１条）」。その線量限度は（実効線量として）「一年間につき一ミリシーベルト（１mSv）」と定められている（告示第３条）。

　　ここで重大なことは線量限度が設定されているその線量は地域についての環境量としての線量である。ここで用いられている実効線量の内容はアルファ線汚染の場合は放射線荷重係数を加味するという内容である。

18）原子力災害対策特別措置法

19）放射性物質汚染対処特措法に基づく指定基準

20）https://www.pref.fukushima.lg.jp/site/portal/ps-iryou-screening.html

21）文科省：「福島県内の学校の校舎・校庭等の利用判断における暫定的考え方について」（平成23年4月19日 原子力災害対策本部）
　　https://www.mext.go.jp/a_menu/saigaijohou/syousai/1305173.htm

22）東京電力福島第一原子力発電所事故調査委員会（徳間書店、2012年9月30日）、
　　東電福島原発事故調査・検証委員会（http://www.cas.go.jp/jp/seisaku/icanps/
　　藤原節男：「福島第一原発３号機は核爆発だった」https://dot.asahi.com/wa/2020030600008.html?page=3

23）①東電：福島第一原子力発電所　東北地方太平洋沖地震に伴う原子力施設への影響について、2011年9月
　　②今中哲治：チェルノブイリと福島：事故プロセスと放射能汚染の比較、科学86　No.3　252-、2016（岩波出版））

24）USSR State Committee, "The Accident at the Chernobyl Nuclear Power Plant and Its Consequences", August 1986.
　　Stohl et al.: Atmos. Chem. Phys. Discuss., 11, 28319（2011）
　　ＵＮＳＣＥＡＲ（国連科学委員会）2013年報告書

25）保安院：東北地方太平洋沖地震による福島第一原子力発電所の事故・トラブルに対するINES、2011年4月12日

26）Chernobyl Forum.　ＩＡＥＡ , 2005

27）①渡辺悦司ら「放射線被曝の争点」（緑風出版、2016）
　　②山田耕作・渡辺悦司：福島事故による放射能放出量はチェルノブイリの2倍以上
　　　http://acsir.org/data/20140714_acsir_yamada_watanabe_002.pdf

28）環境放射線モニタリング指針：原子力安全委員会、原子力規制委員会：https://www.nsr.go.jp/data/000168451.pdf

29）矢ヶ﨑克馬：日本の科学者 53　100（2018）

30）原子力規制委員会：https://radioactivity.nsr.go.jp/ja/list/258/list-1.html

31）https://radioactivity.nsr.go.jp/ja/contents/6000/5847/24/203_0727.pdf　北海道、東日本全域H24年7月27日

32）http://www.taro-yamamoto.jp/wpcontent/uploads/2018/03/fc5c748244a84f0c0924211b775d0009.pdf

33）https://ja.wikipedia.org/wiki/放射線管理区域

34）放射線を放出する同位元素の数量等を定める件（平成十二年科学技術庁告示第五号）最終改正

平成二十一年十月九日　文部科学省告示第百六十九号　第四条）

35）放射線管理区域４万ベクレル/㎡以上に汚染された市町村マップ　http://www. radiationexposuresociety.com/archives/5934　この図は　沢野伸浩氏が文科省航空モニタリングの結果から作成し、「内部被曝を考える市民研究会」が紹介している）

36）福島県ＨＰによるが、今は削除されている

37）琉球新報、沖縄タイムス　2013年2月8日（全面広告）

38）https://news.whitefood.co.jp/news/foodmap/8295/

39）小野寺晶：個人的情報交換、2018年

40）http://www.pref.fukushima.lg.jp/site/portal/list274-860.html

41）http://www.pref.fukushima.lg.jp/sec_file/monitoring/k-1/kaisui200106-200122.pdf

42）矢ヶ﨑克馬：ヒバクと健康特別号、被曝と健康研究プロジェクト、2019年7月1日

43）復興庁発行「放射能のホント」

44）平成20年度日本分析センター年報　https://www.jcac.or.jp/uploaded/attachment/57.pdf#search=%27%E6%97%A5%E6%9C%AC%E5%88%86%E6%9E%90%E5%8C%96%E5%AD%A6%E3%82%BB%E3%83%B3%E3%82%BF%E3%83%BC%E5%B9%B4%E6%88%9020%E5%B9%B4%E5%BA%A6%E4%BA%8B%E6%A5%AD%E5%A0%B1%E5%91%8A%E6%9B%B8%27

45）①Romanenko et al.:Carcinogenesis vol.30 no.11 pp.1821-1831, 2009,
　　②Morinaga et al.:Oncol Rep., 11:881-886, 2004

46）児玉龍彦：内部被曝の真実（幻冬舎新書、2011年11月）

47）https://ethos-fukushima.blogspot.com/2019/

48）コリン・コバヤシ：「DAYS JAPAN」2014年6月号

49）復興庁：風評払拭リスクコミュニケーション強化戦略
　　http://www.fukko-pr.reconstruction.go.jp/2017/senryaku/

50）農林省「食べて応援しよう」https://www.maff.go.jp/j/shokusan/eat/

51）復興庁「放射線のホント」

52）吉川敏一「酸化ストレスの科学」診断と治療社（2014）

53）日本人口は総務省統計局：https://www.stat.go.jp/data/jinsui/new.html
　　死亡率は厚労省人口動態調査、総務省統計局：https://www.stat.go.jp/data/jinsui/new.html
　　政府統計の総合窓口：https://www.e-stat.go.jp/
　　福島県人口、南相馬市人口死亡数は福島県ＨＰ：https://www.pref.fukushima.lg.jp/sec/11045b/16890.html
　　　以上のデータは基本的には毎年ごとのデータとして掲載されており、それぞれの項目別にピックアップして年次依存のデータ等を得ることとなる：死因部類別統計にまとめたものは、小柴信子：https://yahoo.jp/box/aPQLvU、https://yahoo.jp/box/7aVNQ1
　　　参考にすべき論述は、矢ヶ﨑克馬：「南相馬市の死亡率増加は『帰還』の危険性を物語るのか？」https://www.sting-wl.com/yagasakikatsuma30.html

54）①Scherb, H.H., K. Mori, and K. Hayashi:「Increases in perinatal mortality in prefectures contaminated by the Fukushima nuclear power plant accident in Japan: A spatially stratified longitudinal study.」:Medicine (Baltimore), 2016. 95(38): p. e4958.
　　②ハーゲン・シェアブ、森國悦、ふくもとまさお、林敬治、クリスティーナ・フォイクト、ラルフ・クスミーアツ：ドイツの放射線防護専門誌「放射線テレックス（2017年2月）(Strahlentelex)」№.722-723 / 02.2017 www.strahlentelex.de

55）村瀬ら：Complex congenital heart disease operations in babies increased after Fukushima nuclear power plant accident、「Journal of the American Heart Association」に2019年3月13日掲載

Nationwide Increase in Complex Congenital Heart Diseases After the Fukushima Nuclear Accident, Journal of the American Heart Association, J Am Heart Assoc. 2019;8:e009486. DOI: 10.1161/JAHA. 118.009486.）

56）村瀬ら：「Nationwide increase in cryptorchidism after the Fukushima nuclear accident.」「Urology」、2018年5月8日掲載

57）衆議院インターネット審議中継 http://www.alterna.co.jp/11008

58）南相馬室総合病院ＨＰ　http://m-soma-hsp.com/about/inchou/

59）「公衆衛生がみえる」2018-2019 p.48（医療情報研究所：2018/3/9

60）ウクライナとベラルーシの人口変動：http://www.inaco.co.jp/isaac/shiryo/genpatsu/ukraine1.html

61）第37回福島県民健康調査委員会、福島原発事故と小児甲状腺がん　https://www.sting-wl.com/category/

62）①Tsuda et al.Epidemiology 27 316-(2016)、津田俊秀ら：甲状腺がんデータの分析結果、科学 87(2)124-（2017）

　　②松崎道幸：福島の検診発見小児甲状腺がんの男女比（性比）は チェルノブイリ型・放射線被曝型に近い

　　③豊福正人：「自然発生」ではあり得ない〜放射線量と甲状腺がん有病率との強い相関関係〜
　　　https://drive.google.com/file/d/0B230m7BPwNCyMjlmdTVOdThtbEE/view

　　④矢ヶ崎克馬：福島の甲状腺がんはスクリーン効果ではない
　　　https://www.sting-wl.com/category/福島原発事故と小児甲状腺がん

　　⑤矢ヶ崎克馬：多発している小児甲状腺がんの男女比について
　　　https://www.sting-wl.com/yagasakikatsuma21.html

63）2019年7月8日開催：第35回検討委員会：「甲状腺検査本格検査（検査2回目）結果に対する部会まとめ

64）福島原発事故の真実と放射能健康被害 「ＳＰＥＥＤＩ甲状腺被曝調査の致命的ミスを今、暴露する！　実測結果まとめ」 https://www.sting-wl.com/speedi100msv.html

65）ヤブロコフ：チェルノブイリ被害の全貌（岩波書店、2013）同上、pp.65, 131, 165, 169等

66）N. Saji: Scientific Reports volume 9, Article number: 19227（2019）

67）福島県ＨＰ学校基本統計

68）国立難病情報センター　https://www.nanbyou.or.jp/

69）東京電力原子力事故により被災した子どもをはじめとする住民等の生活を守り支えるための被災者の生活支援等に関する施策の推進に関する法律（平成24年）

70）2013年9月7日 https://www.kantei.go.jp/jp/96_abe/statement/2013/0907argentine_naigai.html

71）避難者通信57号 2019年2月14日（つなごう命の会、矢ヶ崎克馬発行）
　　原発事故避難者通信67号《医療支援拡大》2019年8月26日

72）沖縄原発事故避難者アンケート委員会：原発事故避難者アンケート報告集（2015年）
　　原発事故被災者に人権の光を！　つなごう命の会：原発事故避難者アンケートⅡ報告集（2018年）

第2部

科学を踏まえた放射線防護の考え方

ＩＣＲＰは科学体系ではない

自然科学の対象は、客観的に存在する物質である（ここでは物質を広い意味で使用しており客観的実在とも表現している）。その物質に何かが作用したときに、作用の具体的現れを作用の帰結として因果関係を明らかにするものが科学である。因果関係が法則的に捉えられたとき、科学的に解明されたという。

1．**[具体性の捨象]** 放射線の害悪の根源は原子の結びつきを破壊すること（電離）である。ＩＣＲＰは電離の具体性（電離の空間的密度・分布・範囲、時間的継続性等）を捨象し、生体の修復能力が電離の具体性に依存することを不問に付し、具体性がない抽象量であるエネルギーだけを取り扱い対象とする。そのうえ、電離を受けなかった大量の細胞を「吸収線量」計算に参入させることを制度化する。この制度化はさらに具体的探究の道を閉ざす。その方法として、臓器／組織あるいは全身での吸収エネルギーを質量で基準化している。それが「吸収線量」である。

2．**[科学の方法論]** 有効な科学は、まず具体的な被曝実態を捉える。これが科学の最も重要な第一歩である。その具体的事実を整理する過程で具体性を捨象し、抽象化・平均化／単純化を行うことで法則などの全体的特性を見いだす。その際の具体性の捨象・抽象化・単純化は科学方法論として有効である。

3．**[被曝の科学]** ①電離、分子切断等の物理的素現象を具体的に捉え、②それに対する生命体の反応を具体的に捉えることをし、③出力としての健康被害のメカニズムを検討しなければ、被曝防護科学の体系となれない。

4．**[ＩＣＲＰは科学の体を成していない]** ＩＣＲＰは吸収線量を被曝の影響を捉える唯一の因子とする。ＩＣＲＰは最初から抽象化物理量を扱っており、ＩＣＲＰ体系は科学としての出発点を持たないことをまず指摘する。その上で「吸収線量」の彼らの扱いが科学の背骨を抜き去る「非科学」であることを明らかにする。それは、①物理量として「吸収線量」を定義しながら定義どおりに使用しないこと、②計測単位を臓器／組織毎とすること、である。

5．**[自ら定めた定義を定義どおりに使用しない]** 放射線被曝の被害の程度を定量化する物理量はＩＣＲＰ体系では唯一「吸収線量」である。ところが、ＩＣＲＰは物理量を定義通り使用しない。吸収線量を照射線量で置き換えている。薄い媒体に照射すると放射線の大部分が背後に通過する。厚い媒体では背後に通過する量は少ない。1cm線量当量など吸収線量を詳細化しようとする全てのテクニカルに決める量は照射線量（その層の表面に届いた線量）である。吸収線量を定義どおりテクニカルな定義としたものは一切ない。最初から「科学を放棄している」としか言いようがない。似非科学に陥落する最初のからくりである。定義どおりの吸収線量で評価するとＩＣＲＰのしきい値など諸線量は数値的信頼根拠はない。

6．**[作業現場と科学]** 医療や作業現場の患者や実施者を保護する上で「安全

側」に倒すという意味で照射した線量が全て吸収されると仮定することは、過剰被曝防止という側面で便宜的取り扱いになり得ても、科学的探求場面でこれをやると一切の数値的整合性は失われる。吸収線量に該当する物理量でなければ科学にならないのである。

7．[吸収線量概念さえ破壊する似而非科学の恐ろしさ]　細胞等の培養実験、動物実験等の結果は全て放射線の危害を過小評価する方向で整理される。被曝被害の過小評価を「体系的に」導くことになる。「100mSv以下の被曝は安全である」との虚構は吸収線量と照射線量を混用することから始まった。照射された線量全体を吸収線量とする取り扱いは、背後に抜ける放射線量を完全に無視する。この取り扱いは一切の科学を破壊する。山下俊一グループの培養実験では、Ｘ線が99％以上背後に突き抜けてしまう薄い培養膜の照射線量で扱い100％が吸収されるとして取り扱う。正確には「0.7mGy（〜1mGy程度）までは放射線によるＤＮＡ損傷は快復した」と言うべきところを100mGyまでと言い、「1.7mGy（〜2mGy程度）ではＤＮＡ損傷は快復しなかった」と言うべきところを250mGyと言い換えた。吸収線量で表現すれば2mGy程度で危険領域に入ることをいかに巨大な線量に置き換えていることか！　定義に忠実でない似而非科学は融通無碍に被害を隠蔽する「科学」へと発展する。

8．[因果律の破壊：インプットとアウトプットを合体させる]　科学体系としての背骨を抜くに値する「因果律の破壊」をシステムとしている。これが実効線量体系である。具体的には①生物学的等価線量（放射線加重係数）、②組織加重係数。吸収線量と同じ単位系で「実効線量」と名乗る。

　健康被害の大きい放射線に対して被害の大きい分だけ入力（としての放射線エネルギー）が大きいことにしようと約束して真の吸収エネルギーを放射線加重係数倍する。出力（健康被害）が大きいことを、照射された物体（生命体）の反応に求めず、入力エネルギーが大きいことにする。完全に科学の記述から離れる。電離の具体性と生命体の修復の機序を科学化することを完全に放棄しているのである。この手段で一切の科学的プロセスが思考対照から除外される。

9．[数学的合理性・科学の基本精神の合理性を破壊した「実効線量」]　吸収線量を組織加重係数により臓器に分割する。そもそも臓器ごとの吸収線量は足し合わせたりできる物理量（示量変数）ではない。示強変数なのである。人口も居住面積もまちまちな自治体の「人口密度」を足し合わせて全体の人口密度にしようとするようなものである。ＩＣＲＰは科学以前の体系となる。これにより健康被害を事実上「がん」だけに限定するという被害の過小評価を体系化する。

10．[ブラックボックスに閉じ込める成果]　ＩＣＲＰは以上のように科学をすることを排除した体系となる。生体の反応に対する科学／事実はブラックボッ

クスに押し込められた。放射線による健康被害は活性酸素症候群と呼ぶべき大量の症候群を成す。しかしＩＣＲＰはブラックボックスに閉じ込めることによって、事実上がんと少数の臓器の健康不良にとどめている。

　科学をする手段を放棄して生命体の反応をブラックボックスに閉じ込めた方法故に出力として被害を限定できた所以である。

11. **[便宜は科学を保障せず]** この手段は医療現場や放射能環境での作業などに基準適用の簡素化を図る便宜を与えているかも知れないが、それを科学に用いることは科学を破壊することである。

12. **[科学性ではなく政治権力]** 正しい科学はそれ自体で秩序をなす。しかしこのつじつまの合わないことを全世界の「専門家」に押しつける力は科学の合理性でなく政治権力なのである。「原子力むら」として知られる「学問の自由」を剝奪している核維持・原発産業優先の権力が被曝版「天動説」の根源である。自由を奪うだけでなく、科学を歪める。

13. **[内部被曝隠蔽の手段]** ＩＣＲＰは「吸収線量」の計測単位を臓器あるいは組織ごととする。内部被曝の場合、圧倒的に多量な「電離を受けない細胞」を含めて平均化する手法で、電離の具体性を数値上で隠蔽する。既述した「科学ではあり得ない諸操作／定義」を含めると、総じて内部被曝を無視する政治的目的意識の具体化である。ＩＣＲＰの非科学性は「知られざる核戦争（被曝隠蔽の情報操作）」の根源である。

14. **[ＩＣＲＰは政治的に君臨する]** 科学の方法論（基本原則）に反し定義を守らず、因果律に反する取り扱いを放射線取扱者・市民全員に強制することは科学を放棄させ、ただ服従することを要求する。ＩＣＲＰが放射線防護学に支配機構として君臨することだけによって維持される政治的メカニズムである。

　ＩＣＲＰは核戦略／核産業の戦略（「知られざる核戦争」）により体系化された、科学ではない「社会的／経済的」体系である。科学の振りをした科学でない体系である。世界市民は、命を守ることのできる誠実な科学的な放射線防護体系を確立することを求めている。また、いかに「学問の自由」が憲法的レベルで認められていようが、「専門家」当事者にその気骨がなければ「絵に描いた餅」にもならない。原子力むらを解体しなければならない。

＊吸収線量：単位はGy（グレイ）。1 Gy= 1 J（ジュール）/kg（キログラム）。質量1 kgあたりに放射線が与えるエネルギー。エネルギーは主として電離作用に費やされるエネルギーである。照射線量は対象とする物体表面に届く線量である。

＊因果律：すべての事象は、必ずある原因によって起こり、原因なしには何ごとも起こらないという原理。科学ではその対象に刺激となる原因が加えられ、対象に刺激に応じた対応が生起し、結果として現象が生じるプロセスを一つ一つ明快に押さえることで、現象が科学的に理解できたとする。

§1 科学的方法の原理

⑴ 基本は具体性、法則への模索は具体性の捨象と抽象化／単純化

▶まず具体的に、その上で抽象化／法則化

　自然科学の対象は、客観的に存在する物質である（ここでは物質を広い意味で使用しており客観的実在とも表現している）。科学が対象とする物質に関わる事実と実態は、科学の不可欠な基盤である。物質の振る舞いは時間と空間の中での変化を具体的に系統的に把握することである。自然科学の対象は物質存在の総体について具体的な事実と実態（以下、具体性）を把握し、それを基盤とした分析と総合を行い、より深部に貫かれている法則性をあぶりだすことにより、物質／自然現象を科学的に理解することが可能となる。

　科学は客観的な実在をいかに正確に認識に反映させるかを課題とする。科学的で体系的な認識は法則あるいは理論などと呼ばれる。存在を論ずるのに、事実と実態すなわち個々に現れる具体的事実の様々な切り口を通しての実態把握が、科学的理解の大元なのである。具体的に対象を把握するプロセスなしには、科学は成立しない。

　具体的に対象を把握するには方法がある。対象を取り巻く環境を一定として対象の時間的変化を観察する、空間的変化を観察する、空間（時間）を固定して時間（空間）的変化を観察する、環境の条件を変えて上記の観察を行う等々、様々な対象の諸要素に対する依存性の把握に適した方法がある。

　そのようにして科学的に把握された具体的諸事実を、具体性の中に内在する個別性や特殊性を捨象し、抽象化するという手段を経由して、個別の事象の運動／発展の基底に存在する共通性を浮き彫りにすることが可能となる。それにより個々の現象に貫かれている法則を因果関係として把握することが可能となる。

▶放射線入射を被害との関わりでどう捉えるか？

　放射線被害のバロメーターとして「吸収線量」が定義されている。単位質

量あたりに電離などで放射線が与えるエネルギーとして定義され、Gy：グレイが単位とされる。1 Gy＝1 J／kg。

　ＩＣＲＰ1990年勧告によれば、「吸収線量はある一点で規定できる言い方で定義されているが、1つの組織・臓器内の平均線量を意味するものとして用いる」。ＩＣＲＰは吸収線量の計測単位を「組織・臓器」と定めているのだ。

　ＩＣＲＰは吸収線量という物理量で、ただエネルギーによる尺度だけで、被曝の程度を定義している。エネルギーは電離状態の個別的具体的要素は捨象しており抽象化された量である。電離の密集度も継続性も具体性は捨てられて、考慮に入れられない。はじめから抽象化量を求めている。

　これにより（計測単位を臓器ごととする手法も含めて）、外部被曝も内部被曝も区別することはなくなる。

　しかし現実はどうか？

　入力としての放射線の被害をどのように見るか？　トータルとしてのエネルギーは一つの柱であろう。しかしこれは多くの要素の中の一つである。

　損傷修復を担う生体酵素は血液やリンパ液に乗って放射線損傷現場に駆けつける必要がある。自然のカリウムの中に1万分の1ほど含まれるカリウム40の被曝／電離作用のように身体全体に広がった損傷は非常に対処しやすい。カリウムは全身全ての細胞にくまなく取り込まれ、決して1カ所に集中することはないのである。

　しかし、人工放射能による電離は、放射性同位元素の臓器／組織に対する化学的生物的親和度が存在する。不溶性微粒子は体内の局所に留まる。電離の集中が特徴的となる。

　局所に集中した大量電離を処理するにはその局所に生体酵素が物理的に集中し、時間的に継続しなければ対処ができない。血液やリンパ液に乗って生体酵素が運ばれる生体の修復作用のメカニズムは、生体酵素が電離の現場に1対1で集中できるかどうかにかかっていて、集中が不足すれば、健康被害の重要な一因となる。生体反応のバロメーターとして電離の均一度あるいは分散度あるいは密集度は被曝被害評価の大きな柱である。

　はじめから抽象量としてのエネルギーだけを限定的に取り扱うＩＣＲＰの方法は、有効に損傷に対処するうえで上述の科学の初歩的なプロセスを実行不可能とするものである。

▶何故そうなっているのだろうか？

　科学の基本作業を放棄する体系を選ぶのは、ＩＣＲＰが科学よりも科学を歪める科学以外の何物かを選択したからである。その選択をさせたキーワードは「内部被曝の取り扱いの拒否」である。原爆以来、核戦略／核産業維持／エネルギー政策振興を図る上で、一貫して貫かれてきた情報操作（「知られざる核戦争」）が内部被曝の隠蔽である。被曝被害の過小評価という目的意識が基礎にあると判断せざるを得ない。

注：現代科学の原理に、「存在は具体、具体なしに存在はない」がある。これは、ニュートン、ヘーゲル、マルクス、アインシュタインらが依拠した原理である。

(2)　ＩＣＲＰの矛盾

▶因果関係の把握手段

　自然現象は生命体に限らず、外からの刺激を受けると個体特有の内的機構を通じて反応を生じる。物理科学では個体に対する刺激である外力を「場（万有引力場、電場、磁場など）」と表現し、個体はその性質に応じて「場」に対する反応を生むととらえる。反応とは外力を受けての個体の特性に応じた場の歪みが生じ、内的機構の歪み、物理的属性の変化をいう。歪み・変化は外力すなわち場によってもたらされるものであるから、「場」を明確にすることによってはじめて反応を科学することができる。反応を論ずることの土台は場を明確にすることなのである。場に応じた物体の属性の歪み／反応を明らかにする。これが科学の基本方法なのである。放射線被曝分野で「場」はＩＣＲＰ体系では「吸収線量」なのである。しかしこれは重要な機能を欠いた一方法に過ぎない。

　たとえば、考察対象の物体に対して外からの刺激が「電場」であったとする。物体はその性質に応じて、電場に反応する。ある物体は、物体中のプラスとマイナスの分子が電気的な配列の歪みを誘起し、誘電分極という現象を生じる。物体が自由に移動できる電子を内包する場合は、物体表面に電場に応じた電荷を生じ、静電分極を生じる、等々である。

　場に対する反応が物体の特性を識別させる。場を認識せずに物体の特性は認識できないのである。

いかなる場合も「場」の性質を質的に量的に確認するところから出発し、物体の性質に応じての対応をそれぞれに論じてこそ、科学となる。「場」と反応をそれぞれ具体的に把握し、個別に分析的に科学し、それらを総合する。そののちに特殊性と普遍性を識別することにより、個別のまた全体の挙動を把握できる。個別の挙動と全体の挙動の構造を深く解明することに成功してはじめて科学的な理解に到達できるのである。

　「場」と対象とする物の「反応」は、明確に異なる概念である。その因果関係の対応を具体的に明確にし、この明快な理解を体系的に普遍化しえてはじめて科学を得る。

　そうであるにもかかわらず、ＩＣＲＰはこの区別を破棄し、混同、混乱の体系に作りかえた。電離放射線は、外部から強制的にもたらされる外力である。内部被曝であろうと外部被曝であろうと生命組織において放射線は外力である。この外力の存在、従ってその認識が第１の出発点である。しかるに、ＩＣＲＰは、定義を立てるに当たって外力を「吸収線量」と定義した。しかもこれを照射線量に置き換えた。それはまず「照射線量」の概念を破棄し、混用がいくらでもできる単位系に変えて、外力の存在を不明確にした。このやり方が内部被曝を本格的に取り扱わない口実：「合理化」の一要素となった。

　培養実験や動物実験において実験対象に作用するのは照射線量ではなく、対象内で吸収された放射線量（吸収線量）でしかあり得ないのに、照射線量を用いて対象内の反応にかかる線量の過大評価を行っている。このことは定義としての照射線量を吸収線量の単位系に還元し同一化することによってもたらされたのである。

　これはＩＣＲＰ研究設計の本質と深くかかわる。すなわち照射線量と人体の反応量である吸収線量などの諸量とを混同させたことにより、放射線防護学を混乱させ、著しく科学から逸脱させた。外からの「照射線量」と内部の「吸収線量」を明確に区別して、そして両者の関係を求めるべきところを、物理法則把握の基本方法を踏襲せず、混同することによって「放射線場」を不明晰にすることに加え、人体の反応をも不明にした。

注：デカルトは、存在を認識の第1の出発点とし、明晰判明を真理の基準とした。現代科学にも通用し、通用させなければならない方法原則である。

▶ＩＣＲＰが科学でない諸要素

　科学体系になりえるか否かの観点から言うと「ＩＣＲＰの放射線防護体系」は、場の概念が恣意的に歪められ、定義どおりに吸収線量が取り扱われなかったり、反応が外力に取り入れられたり、メチャクチャが行われている。何が外力であるかが判断できないようされている。その手法が下記の諸要素に分類できる。

①吸収線量の定義：(i)電離の具体性を捨象し、電離の密集度等を不問に付し、具体性がない抽象量である電離に消費した＝対象に付与したエネルギー総量だけで取り扱う。(ii)その方法として、臓器あるいは全身での総吸収エネルギーを質量で基準化している。「臓器あるいは全身」という計測規模の指定は被曝状況の具体的把握を阻止する（内部被曝を検討させない）手段である。それがＩＣＲＰ「吸収線量」であり、エネルギーという抽象化量のみの取り扱いと、計測単位を巨視的な単位に限定するという方法で被曝の具体性を奪っている。

②照射線量と吸収線量の無分別化。人や実験動物や培養液など厚さの異なるターゲットを同一扱いにすることにより、科学的信頼度がある数値的取り扱いをできなくしている。その結果リスクの軽視というＩＣＲＰの意図する結果を強制導入する手法となる。

③因果律の破壊：反応の大きさは被曝の具体性に起因するという科学的に捉えることを拒否して、生物の反応と場（入力と出力、外力と反応）を一体化させる。健康被害が大きいとそれだけ外力（放射線のエネルギー）が大きいとして、生体反応を外力に取り込んだ。因果関係を記述する科学にとっては致命的な欠陥である。「放射線荷重係数・生物学的等価線量」などがそれである。反応の大きさを入力エネルギーが大きいとして取り扱い機械的に数値で置き換えているので、科学の取り入る余地がない。

④数学的に成り立たない架空の組織荷重係数・実効線量：シーベルト：Svの設定である。足したり引いたりできる性質である示量変数でない物理量を足し合わせる。示強変数に当たる『吸収線量』を足し算するなど、科学的であるべき方法論をおとぎ話的なあり得ぬ話におとしめている。

このようにＩＣＲＰの放射線防護は意図的に科学の思考と方法を捨て去っ

た体系である。

▶吸収線量

　生命体に影響を与えるのは吸収線量である。照射線量はターゲットの厚さ等に依存して一部は吸収線量と成り、残りは透過する。医療現場・作業現場では患者・労働者等を保護するために照射線量全部が吸収されるとして扱う。しかしこれを科学的場面で扱うことは一切の定量的判断を破壊する。山下俊一グループの培養液に放射線を照射する実験での線量計算はこの典型的な誤りであることを詳述（§２、(4)）する。ＩＣＲＰ体系のテクニカルな吸収線量定義は全て対照となるその臓器等まで到達する線量すなわち照射線量をもって定義されている。体系として組織として照射線量を吸収線量として扱っているのである。

　照射線量と吸収線量の無分別化は吸収線量と生命体の反応、さまざまな組織的遺伝子的影響との関係を著しく歪め、影響の過小評価を可能にする。

▶因果律の破壊：放射線加重係数、生物学的等価線量、臓器加重係数

　ＩＣＲＰは放射線の性質に応じて生じる生体の反応の大きさを放射線の強さに持ちこんで架空の放射線加重係数を設定し、発がん率の大きさを放射線の強さに転換して架空の組織／臓器加重係数（実効線量）を設定している。因果律の記述を破壊しているだけでなく、一つの数値で表すことにより一切の具体的メカニズムへのアプローチを破壊している。しかも実効線量を発がんに関するパラメーターとし、がんを被曝被害の「基礎量」と位置づけた。これは被曝被害の極めつき過小評価である。

▶ブラックボックスは政治支配だけによって維持される

　このように内的な反応の大きさを外力側に取り入れて外力を反応量によって歪めることは生命体の反応が何によってもたらされるかをまったく不分明にし、混乱させる。反応の大きさである物理量（健康被害）を、反応をもたらした反応の外力である物理量（吸収エネルギー）の操作に持ちこんではならないという科学の禁則を破っているのである（因果律の破壊）。

　この防護体系の無分別によって、

第1に、反応のバロメーターとなる外力を変形し、このことにより、応答を科学的にとらえる基準をなくした。

　第2に、機械的な数値設定によって、対象の反応を具体的探求によって解明していく科学行為を押し潰した。

　第3に、放射線科学・医学をＩＣＲＰが決めた「教条」に従わせる政治的支配下においた。

注：一般にいうブラックボックスは、入力と出力だけ明るみにさらし、途中や内部構造は外部に閉ざすことであるが、ＩＣＲＰは全過程で重要部を闇に閉じ込めている。

§2 吸収線量から照射線量への恣意的移行

(1) 吸収線量を照射線量で表す

照射線量は被照射体に対して外から照射する線量である。吸収線量は被照射体に吸収された線量である。

放射線は電離しただけエネルギーを失い、被照射体は被照射体内で電離されただけエネルギーを与えられる。背後に透過した放射線は被照射体外でいくらエネルギーを消耗しても吸収線量には関係ないのである。これが被照射体のエネルギー吸収である。生命体の反応即ち健康被害を生じるもとになる外力＝「場」を表す量が吸収線量である。

照射線量は全てが吸収線量になるわけではない。一部吸収されたあとの残りは後方に向かって透過する。透過した量は当該生命体に再度関わることはない。

生命体の放射線影響は吸収線量で引き起こされ、決して照射線量によるのではない。

(2) ＩＣＲＰは1990年勧告で「照射線量」の概念を排除した

1990年以前は「照射線量」は、単位をレントゲン(R)として、「標準状態の単位体積の空気（1㎥）に生じる電荷の量（静電単位esu）」とした。生体の反応を生む前における客観的で、かつ、測定が相対的に容易な外力量として定義されていた。これを標準状態の質量あたりの量に変え、さらに１電離の平均エネルギー（32.5eV）を導入しエネルギーに変換した。新しい照射線量の単位としてGyあるいはSv*を用い、吸収線量などと同じ単位にそろえた。以後、まさに融通無碍に都合の良いように単位の引き回しが始まった。

そして「吸収線量」を次のように定めた。（定義）「吸収線量はある一点で規定できる言い方で定義されているが、１つの組織・臓器内の平均線量を意味するものとして用いる」。

＊実効線量の単位：Sv（シーベルト）、Gyと同じ単位を用いる。実効線量は放射線加重係数や組織加重係数で定数倍された線量である。

　ＩＣＲＰの「線量評価体系」には、客観的外力としての入力：すなわち吸収線量を同定する概念がない。ないのは意図的に破棄したからである。

　それは1990年以降、

①照射線量と混用することによって、薄い照射体など対象によっては非常に大きな誤差を生じることになり、

②放射線荷重係数（生物学的等価線量）や組織荷重係数（実効線量）により何倍かに操作することによって、「客観的」吸収線量が放棄されたのである。

　ＩＣＲＰはJ/kgという同じ単位で、Gy（グレイ）で表される吸収線量を計数倍してSvで表される「現実には存在しない線量」を創作したのである。

　この「自己破綻宣告」は、世界の「専門家」によって追随され／教条化されて、科学的に吟味されることなしに今日に至っている。

⑶　被曝線量（吸収線量）の恣意的過大置換の悪影響（科学の破綻）

　「吸収線量」は本来、電離放射線が個体内で電離を行った量を質量当たりのエネルギーとして概念づけたものである、1990年以降の線量Svによる線量表現がとられるようになって、科学的質的意味が全く異なることになった。

　本来、照射した線量は対象物に全部吸収される訳ではない。

　ガンマ線、X線の場合は対象の物体の層中で確率的減衰を行う。培養実験や動物実験、放射線治療で確認されているように、対象内部に侵入して電離を行いそれだけエネルギーを消失するが、いまだエネルギーを有するまま透過する部分がある。透過した線量は二度と遡行することはない。被曝に関与する量は飽くまで吸収線量である。

　アルファ線、ベータ線の場合は対象物の厚さと放射線の飛程との比較が吸収を判断する条件である。ガンマ線は半価層（放射線強度が半分になる通過距離）の長さと物体の厚さにより判断できる。

　ところがＩＣＲＰは照射線量と吸収線量の分別をしなくなったため、動物実験やバイオ実験の多くで照射線量１＝吸収線量１の取扱いをしている。正

確な吸収線量は照射線量の何％かに過ぎないのに、照射線量＝吸収線量とする反科学的誤りが常態化した。

　例えば、厚さ1mmの培養液に100mGyのガンマ線を照射する場合、培養液媒質での半価層を10cmとすると、厚さ1mmの培養液に吸収される吸収線量はたった0.69mGyほどである。真の吸収線量が0.69mGyであるのにこれを照射した線量である100mGyで置き換えて表現することは、吸収線量を145倍ほどに過大評価する。実質は0.69mGy以上で修復されない損傷が残るのに、それが100mGyと表記される。100mGyまでは安全という、とてつもなく危険な作り話上の安全論を招く。それ以下での線量では被曝被害は生じないと過小評価できることになる。このことの害悪は計り知れない。

　それは、生物の反応：被害が低線量の吸収線量で生じるのに、高線量でないと被害が出ないかのように見せかける、あるいは主張できる方法であることを意味する。科学体系に名を借りた核推進権力の恐ろしい企みが潜んでいる。

　　　注）半価層の概念は、媒質を放射線が通過するときに放射線は確率的に減衰し、放射線強度が
　　　　　半分になる長さは常に一定である。その半分になる長さを半価層という。
　　　　　式で表せば次のようなものである。
　　　　　物質中でのγ線減衰の関係式
　　　　　　　　$N(l) = N_0 e^{-(\log 2/L)l}$
　　　　　　　　$N(l)$：距離 l を通過するときの放射線強度
　　　　　　　　N_0：物質層に突入する直前の放射線強度
　　　　　　　　L：半価層の長さ（半価層は放射線の強さが半分になる長さ）
　　　　　　　　$\log 2 = 0.693$
　　　　　この関係は長さを時間に置き換え、半価層を半減期に置き換えると全く同じ関係が成り立つ
　　　　　ものだ。

⑷　山下俊一らによる似而非科学

　人間、マウス、薄く塗布した培養膜等に同じ照射線量を照射する場合のそれぞれの吸収線量は明瞭に異なる。

　被照射体が同じ媒質であると仮定すれば、半価層が同じであるとすることができ、単純化して計算できる。照射体の実効的な厚さで吸収線量が近似計算できる。真の吸収線量がそれぞれの健康被害に関係があり、吸収線量すなわち電離された数が組織的影響の閾値などに意味がある。被照射体を透過して

背後に抜けた放射線量は被照射体の電離とは何のかかわりを持たない。にも拘らず、照射線量を用いて閾値などを取り扱う場合は、明らかな誤謬を招く。

山下俊一氏は「笑っている人には放射能は来ない」などと虚偽的言辞を弄したことで有名である。「100mSv以下は安全」論を裏付けるとする実験を行っている。山下氏は、ＩＣＲＰに従って吸収線量の代わりに照射線量を用いている。この実験結果は実際に放射線により引き起こされている健康被害を無視する論理的根拠とされているので特別に引用して虚構を暴露する。

照射線量と吸収線量無分別の典型的な例として、山下俊一氏グループによる鈴木正敏ら：『低線量放射線被曝によるＤＮＡ損傷の誘導と排除』（長崎医学会雑誌 87 239（2012））がある。

実験方法は滅菌カバーガラス上に細胞を播種し、Ｘ線200mGy/分の線量率照射などと記述している。

培養膜に吸収されるエネルギーすなわち吸収線量は照射線量の極々一部である。この場合に吸収線量の代わりに照射線量を使うならば、数桁違いの過大な閾値などを計算上得ることとなる。

彼らは考察で、

「放射線被曝によるＤＮＡ損傷の誘発を調べると、100mGyという低線量放射線でも明らかにＤＮＡ損傷の誘発があることが確認できた」「100mGyでは照射6時間後までに大半のＤＮＡ損傷が除去され。さらに、照射24時間後までには照射前の状態にまで戻ることが確認できた。もちろん、照射前からフォーカスが存在していることから、放射線被曝によって誘発されたＤＮＡ損傷が全て排除されたかどうか判断するのは困難であるが、フォーカス陽性細胞の割合や細胞核あたりのフォーカス数も照射前の状態に戻っていることから、単に数的な解析だけでなく、質的な解析の結果も、放射線により誘発されたＤＮＡ損傷が全て修復され排除されたと考えることが妥当であることを示している。

以上の結果から、100mGyの低線量放射線被曝によってできるＤＮＡ損傷は、細胞が対応できるレベルの範囲内であると結論づけた。

それでは、細胞が対応できないレベルの放射線線量はどの程度なのであろうか。今回の結果では、250mGy以上の放射線照射では、照射24時間後でも残存するＤＮＡ損傷が存在することが明らかになった。Ｄ

NA損傷修復の動態を見ると、照射24時間後以降でも若干のDNA損傷数の減少が見られるが、それを考慮しても、250mGyによって誘発されたDNA損傷は全て修復できないことが明らかである

　　したがって、細胞が対応できる放射線のレベルの下限は、100mGyよりも大きく、250mGyよりも小（である）」
と述べている。

▶播種された細胞の膜厚を1mmとすると「100mGyではなく0.7mGy、250mGyではなく1.7mGy」の吸収線量である

　上記引用の鈴木らの考察では「照射線量」との明記はなく、「100mGyという低線量放射線」という表現しかない。この表現はICRPの線量評価の実態をよく反映している。半価層が100mmとし培養液の厚さを1mmと仮定して培養液に吸収される線量を求める。その結果はほぼ完全に「DNA損傷修復」がなされた「吸収線量」は100mGyではなく0.69mGy、損傷の全ては修復できないとする線量は250mGyではなく1.73mGyということになる。

　吸収線量に焦点を絞って表記すると「100mGyではすべて修復し」ではなく「0.69mGyではすべて修復し」、「250mGyでは損傷は修復できない」のではなく、「1.73mGyでは損傷が修復できない」とすべきなのである。

　「0.69mSvの吸収線量ではすべて修復された」、「1.73mSvの吸収線量では修復されないDNAが残存した」というのが彼らの実験の真相なのだ。

　問題はDNAの損傷を実験したとする「カバーグラス上の播種された細胞」に照射した線量を「吸収線量」としていることである。極めて薄い層である細胞に照射した放射線は大部分が突き抜けて背後に出る。細胞組織を電離して細胞にエネルギーを与える量（吸収線量に数えられるエネルギー）は極めて小さいのであるが、彼らが用いているICRP的方法の誤りは、背後に通り抜けた放射線の持つエネルギーをも「吸収された」仲間に入れられてしまっているのである。

　この過誤がICRPの「約束ごと」であり、ICRP体系から強制される必然的な過誤なのである。

　彼らはこのように自ら定義した「吸収線量」の物理的適用を系統的に一貫して誤って使用し、ために上記の例では2mSvに満たない吸収線量でDNA

損傷が残存する事実を、「100mSvまでは安全（ＤＮＡの損傷は残らない）」と大きな虚偽を導いている。

　「100mSv以下は安全」など全く科学的根拠はなく、とんでもないことである。

▶山下らの実験の本当の意味は？

　ＩＣＲＰの理論は、照射線量でまるごと吸収線量を代弁させ、両者を分別しない誤りの典型例である。にもかかわらず、0.69mGyで「ＤＮＡ損傷誘発」が生じ、1.7mGyで「異常ＤＮＡの残存」を実験的に証明した意義は大きい。低線量で障害が生じる証明となった意義をもつ。

　スイスにおける200万人以上の16歳未満の小児を対象とした自然放射線と小児がんの関連研究では全がんのハザード比は外部被曝蓄積線量について1mSvあたり1.04と報告（Spycher BD et al. Environ. Health Perspectives、123、622-628（2015））されているが、鈴木正敏らの研究はこの研究結果の必然性をよく裏付けるものだ。

　山下グループだけでなく、およそあらゆる動物実験、培養実験で同様の手法が行われており、「有害な組織反応」の誘発及び「確率的影響」が現れ始める被曝線量や「閾値」のレベルが過大に評価され、低線量被曝が安全、無害とされているのである。この操作により、現実に被害として生じてきたどれほどの「有害な組織反応」の誘発及び「確率的影響」が無視され、過小評価されてきたか計り知れない。

▶日本ＩＣＲＰ委員などの際だった「事大主義」

　ＩＣＲＰグループは「100mSv以下では影響が出ることが確認されていない」という（国立がん研究センター、2011年3月29日）。しかし彼らが依拠する放影研データ寿命調査第14報（ＬＳＳ14）においては、明確に「全固形がんについてしきい値はゼロ」とデータ分析結果を述べている。

　確率的影響では低線量領域で閾値なし直線モデルが世界的研究の合意点であり、リスクはごく低線量でもあるとしている。しかし、日本の政府及び「専門家グループ（原子力むらと称される）」は確率的影響も組織的影響も100mSv以下の臨床的証拠はないとしている。ＷＨＯが国際的に確認した「公衆の被曝限度は年間1mSv」という国際基準をも無視している。あの保

守的なＩＣＲＰ基準さえも無視して予防医学的精神を真っ向から否定し、国の義務である住民保護を放棄している。

　このことは、10mSv以下の被曝でも大きなリスクが数多くのれっきとした疫学調査により証明されているという科学的知見にも反しており、かつＩＣＲＰ特有の誤った防護体系から派生する深刻な誤りでもある。しかし日本の原子力むら専門家の倫理放棄は際立っている。

　山下俊一氏の、「放射能の影響は、実は、ニコニコ笑っている人には来ません、くよくよしている人には来ます。これは明確な動物実験で解っています」という発言が記録されている。市民を愚民視した、国家と原発産業の都合良い嘘の洗脳を「ドクター」が語っているのだ。この「ドクター」は肩書きかもしれないが、もはや医の心を放棄している。権力に思うように使われる権力機構の一員として発言していると判断する。

§3 具体性の捨象は何を意味するか?

(1)ICRPの被曝評価体系の問題点

問題点は「具体性の捨象」にある。具体性の捨象とは、科学上の事実を具体的に解明していないことである。実態をここに箇条書き的に列挙する。

(1) 放射線の基礎作用である電離の実際を明らかにしないこと

電離は人体組織内の原子に所属する電子を、吹き飛ばす(電離)、よりエネルギーの高い別の状態に移(励起)させて電子の状態を変化させる。これらにより、その原子が他の原子と結合しているリンクが切断され原子どうしの結合が切り離される(具体的には後述)。分子切断が危険の本性だ。

体内の水に当たれば、化学的反応の激しい活性酸素の「基(原子の集合体:O‐H⁻、H⁺等)」を作り、活性酸素は細胞膜を破りあるいはDNAを切断する(間接作用)。人体は組織を問わず、電離により直接的あるいは間接的(活性酸素を媒介)に組織が切断される影響を蒙る。

まずこのことによって、次いで切断された原子をつなぎ返す修復のときに間違いを生ずることにより、健康被害を受ける。ICRPは、これらのことを解明の対象としない。

(2) 人体がどれほどの放射線を受けたのかという、「加えられた放射線の量」をあきらかにしないこと

加えられた外力すなわち吸収線量を明確にしないと「どれだけ、どんな反応が生じたか」という科学は成立できない。この外力を明らかにする科学的特定がなされていない。この手法として、照射線量と吸収線量の混同、放射線加重係数、組織加重係数、実効線量などがある。放射線被害の過小評価に直結する。

(3) 放射線被曝によってもたらされる健康被害は活性酸素症候群といわれる多数の症候として現れる。ICRPは電離の具体性と生命機構の反応

をブラックボックス入れることにより、支配の都合に合わせて、被害を限定する。

　　例えば、がん発生率を反映した組織加重係数を用いた実効線量（物理的根拠のないＩＣＲＰ虚構物理量）により放射線の被害である心臓病、心臓死、脳、神経的な障害等々を過小評価ないし否定する。放射線による倦怠症等を切り捨てる。数えればきりがないほどの健康被害を切り捨てている。

(4)　１細胞内のＤＮＡ損傷が発がんに重要な因子となることの認識を持ちながら、細胞ごとの被曝を捉えずに、臓器ごと単位で、吸収線量を計算する方法をとっている。極めて集中し電離された細胞群の状態を、計算上圧倒的多数の無傷の細胞群を加えて平均化することで、電離密度の高い深刻な状況を隠し去る。

　　生命体は、臓器あるいは身体全体に均等に薄く広く分布された状態の異常細胞の修復において、身体各部の修復素子（生体酵素）が同時に働くことによって修復率を高くすることができる。しかし、１カ所に集中した電離に対しては、局所的に沢山の修復素子が集中することが困難となり、異常細胞の修復率は減少してしまう。

　　この特徴を使って、電離の密集した危険を数層倍、過小評価する。放射線の飛程を考慮しない、放射性微粒子周辺のリスクを考慮しない、内部被曝を外部被曝の体系で扱う、等々の手段による。内部被曝の計算を「実効線量」をもってする方法によって、単一臓器のリスクをも全身被曝量とすることにより極端な過小評価を行う。

(5)　放射線は分子切断する作用を持つので放射線被曝自体が生命体にとって大きな脅威である。ところが健康被害はそれだけではない。放射線によって損傷されたＤＮＡが修復されずに細胞内に生き残ってしまった場合、発がんや遺伝的影響などの被害が発生する。この被害は生命体の修復能力の発揮如何に懸かっている。放射線による健康被害の巨大な一部は生命体の修復機構の作動状況による。修復機構の作動状態は電離が密集しているほど効率が悪くなる。放射線の危害のメカニズムは①電離＝分子切断そのものの破壊作用と②生命体の修復機構の作動状態による。これらが被曝の科学の対象とされるべきである。

(6)　知られざる核戦争

①核戦争は「原爆を落とす」という巨大破壊と大量放射能放出を伴う核戦争である。

②誰でもが認識しているとは限らない。「知られざる核戦争」とは、放射線の犠牲者を「放射線の被害者」として認めないで、核の被害者を隠ぺいするという核戦争である。核推進の権力が市民に対して行う情報操作である。

③欧州放射線リスク委員会（ECRR）は大気圏内核実験等々によりおよそ6000万人が核の犠牲者となったとしている。（ECRR 2010年勧告第14章）

④被害事実を切り捨てるのに、例えば、チェルノブイリ事故後の健康被害を語るロシア語等の論文を言語上の問題や「科学論文に必要な要素を欠く」という理由で健康被害の報告を論文として認めないという手段を駆使した（ヤブロコフら『チェルノブイリ事故被害の全貌』岩波書店）。

⑤また、論理的、医学的に原因のすり替えが行われており、倫理上の大問題がある。「長崎被爆体験者」の健康被害を「あなたは放射線には打たれておりません。放射線にあたったのではないかという精神的ストレスが病をもたらす」という精神的原因に放射線被害をすり替える（『1991年IAEA国際諮問委員会報告書』委員長重松逸造）手段が用いられる。被爆体験者は健康被害に対する医療手当を請求する時に精神神経科や心療内科の通院証明が要求される。しかし精神症はがんを引き起こさないという理由で、当該市民ががんになったら医療手当がストップさせられることになる。何という酷な行政の仕打ちであろうか。人体影響などは客観的事実であるが、これが切り捨てられ、無視される論理である。これは、ICRPの科学的、医学的、論理的体系の特徴が現れる措置である。

⑥それゆえ広島長崎被爆者以来、世界の何千万人もの放射線犠牲者を記録上から抹殺し、切り捨て、認知しないで来た。このことによって、もろもろの健康被害は切り捨てられた。

　ICRPの放射線被害評価体系（ICRP体系）はきりがない誤りがある。そのなかで科学体系としてはありえない基本的誤りに限定し、明確な科学原理違反とそれを可能とした「具体性の捨象」をICRP批判として本書で取

り扱う。

⑵　事実と実態を具体的に把握して科学することからの逸脱

▶組織加重係数など関連物理量の定性的定量的関係を無視して科学的根拠のない恣意的な「定義」を仕上げた

⑴　示量変数と示強変数

　物事の量を示す数値（物理量）には、2種類ある。示量変数と示強変数である。例えば、都道府県ごとの人口、面積、人口密度の関係を例に取ると、人口と面積は互いに加えていくと日本全土の人口と面積となる。加算が適用される物理量で、これらを「示量変数」という。ところが、人口密度は人口を面積で規格化しているもので、「単位面積当たりの人の数」である。面積の大きさ抜きにして人口だけでは人々の集中度を比較できないので、面積当たりという比較基準を作って（規格化して）初めて密集度が比較できる。「面積当たり」という規格化がなされているので互いを比較することができる。この性質の量を「示強変数」という。示強変数を加減算などすると現実に対応する物量のない「架空の物理量」ができてしまう。

　吸収線量はエネルギーを質量で規格化した量であり、それ故に被曝の程度を表し、互いに比較することが出来るのである。吸収線量は示強変数であり、エネルギーと質量は示量変数である。同様にリスク係数は現れたリスク（がん発生数など）を吸収線量で規格化したものである。

⑵　組織荷重係数

　健康被害リスク（一定人数当たりのがんの発生数）は、リスク係数（単位吸収線量当たりのリスク出現確率）掛ける吸収線量である。リスク係数は示強変数である。

　しかるにICRPはがんのリスク発生数を上記関係でその臓器に実際に働く吸収線量によって算出するのではなく、「相対的リスク」として各組織のがん発生率を全がんに対する相対的発生率：すなわち各組織のがん発生の感受性を反映した「相対的組織加重係数」を定義した。組織加重係数は各組織合わせて1と設定されている。示強変数を足し合わせて1となるという"算数行為"を行っている。しかもこのがん発生数に当たる「リスク係数掛ける吸収線量」を

"合せて1"とした量を「実効線量」（示強変数）として定義し、再び足し合わせる。全部足し合わせたら「全身線量」とするのである。

　実態は「全身吸収線量」を各組織に分轄配分して臓器毎の線量を実際より遙かに過小評価させるのである。この「実効線量」が大問題である。ICRPは科学以前の原初的な誤りを犯しているのである。

▶放射線作用の定性的普遍的性質をブラックボックスに閉じ込める

　生物にとって電離放射線の物理的作用がいわゆる「場」となる。ICRPは電離放射線の物理的作用を具体的に論じない。すなわち「場」としての放射線の定性的普遍的性質を論じない。電離放射線の対象に及ぼす作用の現場は、人体の内か外か、臓器の内か外か、ミクロサイズか広域か、継続した被曝か単発かでそれぞれ大きく異なる。にもかかわらずICRPはそれを区別する科学方法をあえて持とうとしない。それは放射線の「場」としての定性的普遍的性質を明確にしないがゆえに区別できる実力を持たないことが根本にあり、それがICRPにとって都合がいいことなのだからである。ICRPは電離放射線の本質的な物理的作用に関する自己の理論を少なくとも対外的に明晰にしない方途を選択することによって、被曝の実態をなす電離作用の有無、電離の分布状況など、具体的状態、状況を一切問題にしないで素通りするブラックボックスを組み立てているのである。

　被曝とその被害状況とそのリスクを知るには、被曝被害の根源である電離の密度、臓器内等での分布状況、時間的な電離の展開状況等を把握すべきである。なぜなら電離の密集度が健康上の被害に直結していることがわかっているからである。しかしICRP体系は、電離の空間分布状況や時間的継続状況などを不問に付し、具体的な探究対象としない。

▶放射線作用のアウトプット、即ち被曝被害の事実解明、線量評価、被害評価をブラックボックスに閉じ込める

　ICRPは電離の具体性を構成する空間的分布、密集度、被曝範囲、時間的継続性など一切を考察の対象から切り捨て（捨象し）、電離の密集態様、密集度に応じた生命体の対応要素を不問に付し、電離に消費した＝ターゲット原子に所属する電子に付与したエネルギーだけを具体性がない抽象量で取り

扱う。

　そのやり方として評価単位を組織／臓器とした。臓器内等での総吸収エネルギーを質量で標（基）準化している。それが「吸収線量」である。科学たらんとするならば、被曝概念を電離、分子切断等の物理的素現象とそれに対する生命体の反応を具体的に解明することを、基本的出発点における常識的基本作業とすべきところをそうしない。

　その具体的状況を抜きにして電離に消費したエネルギーを抽象的に量計算するやり方にした。即ち、電離の微視的構造である空間的分布状況や時間的分布状況を無視して臓器ごとの平均値として単純化するやり方にした。電離の具体性を切り捨て抽象的な「線量」概念にすりかえた。具体的被曝における質的重要性を切り捨てて、量問題に単純化し、平均化したのである。

　単純に抽象量化し、かつ平均化計算し、算術問題化したのである。このように単純化・平均化し、臓器などで吸収されるエネルギー総量にすりかえることによって実態を抜きに算術上の問題にして、科学上の第一義的探究責任を放棄する体系を仕立て上げたのである。

▶事実の回避とごまかしの手段

　ＩＣＲＰは具体的で正確な事実、即ち確実な認識を回避し、それを飛び越えるのに数々の手段を使っている。これによって、リスク（危険）の根源が何であり、どこにあるのか、リスクの現れ方を不明晰にしている。具体的事実の全体像、即ち具体性を解明しないで済ますという方法に都合が良いように、被曝の実態をブラックボックスに閉じ込めた。それによって出力としての被害の事実を恣意的に選択し、都合よい数式計算で科学的、数学的に粉飾できるようにしたのである。放射線の影響をがんと白血病とごく少数の疾病に限定できる体系にした。チェルノブイリその他で、被曝被害の事実をＩＣＲＰ理論に当てはまるかどうかを基準として、統制上の都合に合わせて切り捨てた。

　それには、なにより邪魔になる照射線概念の排除を必要とした。照射線概念を排除することによって吸収線量を照射線量で代弁させることにした。放射線加重係数により刺激と反応の混同を体系化した。

　曖昧化、放射線被害の具体性の捨象によって、その上部構造として公認の

教理体系と権威体制を築いた。そもそもが電離放射線の作用をブラックボックスに閉じ込めたのは核兵器国、原発国、核企業、それにＩＣＲＰ、ＩＡＥＡ、ＵＮＳＣＥＡＲ等が加わった一体機構の反人道的路線を支えるために必要な手段であった。

▶加害者の目線を支える「科学」

　ＩＣＲＰは発電企業に都合の良い基準を、本来命を守ることを意味する防護基準のなかに、それも核心部にすべりこませた。これを人道上の反倫理体制と呼ばずになんと表現しようか。核分裂利用による発電を社会的に受容させる目的の下に、不可避な犠牲の甘受・受忍を市民に体制的に強制する反人道的な「科学」＝偽科学を構築推進しているのである。

　既に述べたように、「正当化」の論理は、放射線被曝を伴う行為はそれによって「放射線リスクより公益が大であればよし」とし、「最適化」は被曝を経済的および社会的な要因を考慮に入れながら合理的に達成できるかぎり低く保てばよい：as low as reasonably achievable ＡＬＡＲＡ思想としたのである。ＡＬＡＲＡ思想は日本国憲法第25条「すべて国民は、健康で文化的な最低限度の生活を営む権利を有する」や13条「すべての国民は、個人として尊重される。生命、自由及び幸福追求に対する国民の権利については、公共の福祉に反しない限り、立法その他の国政の上で、最大の尊重を必要とする」と根本的に明白に相容れない。

　ＩＣＲＰは自然科学上の基本法則、外力と反応との区別を消滅させるのに、異なった量の混然化、具体性捨象を行った。そのことによって核利用即被曝の危険を隠ぺいし、核先進国家及び核依存企業の利益を最優先し、反人道、反科学に徹して、学術研究団体の良識を捨てて、なりふりかまわない奉仕機関に堕した。ＩＣＲＰの疑似科学体系を全面的にもろに駆動させることによって、成り立たせようとしている。

§4　因果律の無視――似非科学に転落させる道――

(1)　出力を入力に乗算する――科学的因果律の記述破壊

　刺激を受けた体（物体）は刺激による反応を生じ、刺激の結果となる現象を生む。

　ここで刺激とは、結果として生じる現象の原因をなす作用である。情報処理プロセスの用語でいえば入力である。

　また、刺激の結果としての現象は、刺激（作用）を受けて生じる結果であり、情報プロセスに例えるならば出力である。

　反応および結果を刺激とのかかわりで論ずるのが科学であり、科学は因果律を表す。ＩＣＲＰ体系はこの肝心な論理が適用されない。

▶生物学的等価線量――被害の大きさを入力エネルギーが大きいことにする

　ＩＣＲＰは放射線の生物学的危険度に関するパラメーターを設けた。これは危害を与える側の放射線自体に、危害を受けた側の生体の反応である異常ＤＮＡの出現などを取込んだ係数である。放射線の電離作用が強く、放射線経路の単位長さ当たりに与えるエネルギー（線エネルギー付与）が大きい放射線に対して、ＩＣＲＰは放射線加重係数wを与える。吸収線量が同じである異種の放射線が生物に等しい危害を与えるとは限らないので、標準放射線（ガンマ線）に対する危害の比率を放射線加重係数として、吸収線量をw倍した線量（実効線量）を生物学的等価線量とする。"生物学的"等価線量はw掛ける吸収線量であり、単位はSvである。wの値はα線で20、β線とγ線1である。α線は真のエネルギーより20倍のエネルギー（架空のエネルギー）を持つとするのである。これは出力を入力に落とし込んでいる（フィードバックする）操作である。そこから導出される「吸収線量」が「生物学的等価線量」なる仮想的物理量なのである。入力すなわち刺激量が現実の事実より大きいものとして「入力を出力倍する」という数値操作は因果律を破壊する。取り扱われる放射線加重係数なるものがいかに機械的なものであるか、現実の諸現象に合わないも

のであるかは、真摯に放射線学を行っている者にとっては明瞭である。一定の数値を持った係数という機械的に固定される量であるから、そこで科学は停止される。

単一放射線の与える電離の密集度は「線エネルギー付与」と呼ばれるが、高線エネルギー付与の放射線は電離密度が高いゆえに分子切断、異常再接合（異常ＤＮＡ）が多くなり、それだけ生命体の受け取る危険度が大きい。危険度は生命体の受ける影響を意味し、アウトプットである。このアウトプットをインプットにポジティブフィードバックしてしまうのがＩＣＲＰである。

▶現場に対する便宜的手段が科学を破壊する

科学的思考を行うべき基本的考え方は、生命体の被る健康被害は入力された放射線に依存して、個々の生命体あるいは個々の臓器の反応の敏感性に依存すると考えるべきである。しかしＩＣＲＰは、ほかならぬ生命体に対しての外力（放射線のエネルギー）に生命体の反応敏感性を一体化させて、放射線のエネルギーが実際より高いとする。このやり方は科学の基本原理、方法に反する。医療や放射線下の労働現場に線量判定の際に便宜を与えるかもしれないが、科学探求に対する決定的な否定行為である。

ＩＣＲＰでは、アルファ線は自然科学的なエネルギーよりも20倍のエネルギーを有するとするのである。危険度は放射線のエネルギーに依存することはもちろんであるが、健康被害の何を比較するかによって危険度は大きく変わる。ＩＣＲＰはまさに千差万別の生命反応の実態を機械的数値により科学的探求から遠のけているのである。

トリチウムのような低エネルギーベータ線放出の場合、線エネルギー付与は非常に高くなる（ブラッグピーク）。さらに、水素結合で結びついている有機物組織の水素とトリチウムが置換する（有機トリチウム）。有機トリチウムが自由水の水素と置換する（詳細平衡）時、質量が重いためにそこから離脱する確率が低くなり結合中のトリチウムが濃縮する。特にＤＮＡに関わる水素結合において、トリチウムが濃縮するとＤＮＡ切断の頻度が増加する危険が指摘されている。トリチウムは二重の意味で危険度が増すのである。しかしＩＣＲＰ派はエネルギーが低いから安全であると言うのだ。

注）ここで詳細平衡とは、熱平衡におけるミクロな状態変化を考えた場合、そこに含まれるどの過

程の起こる頻度も、その逆過程が起こる頻度と等しいことを指す。

放射線荷重係数の極めて機械的（機械的とは、考えることをしないという意味を持つ、中世的伝統的職人差別用語に由来する言葉である）、形式的設定数値が被曝を検証、実証するプロセス全体に押し付けられる。一々考えないで済ませられる機械的な数値ゆえに医療現場や労働現場等の被曝評価に便宜を与え、重宝されている。だがこれを科学に適用すると、途端に大問題が発生する。被曝を科学することを阻む反科学的効能がある。

(2)　臓器単位で計測する——無傷の細胞で希釈する・内部被曝を隠す方法

ＩＣＲＰは臓器ごとという計測単位に固執する。そして全世界的にこの方法を制度化している。これがＩＣＲＰの支配力である。「臓器ごと」に固執するあまり、臓器単位の計測では表しえない現象と直面し、その矛盾を解決するために科学を破壊する。その場逃れのために因果関係を破壊する「放射線加重係数」なるものを導入した背景である。否、内部被曝の危険性を表面化させないための意図的対応であるとみた方が良い。

前述のごとくアルファ線の電離密度が高く危険であることはこの臓器ごとの評価方法では決して評価できない。放射線が通過しない大多数の電離を受けない細胞を、電離を受けたとする母数に組み込んでしまうからである。この現実の電離状況を把握できない方法に辻褄を合わせるために、便宜的に放射線加重係数なる量を導入し、因果律の記述を破壊する。作り出した架空な物理量である「生物学的等価線量」を吸収線量に置き換えて、さらに混迷を深めたのである。

客観的根拠なく科学の方法論を無視して便宜的に導入した「人為的操作」は科学的思考を破壊する。

因果律を破壊する操作は当然ながら科学をも破壊するのである。

そのことは出力を生み出す原因である入力を記述する方法、すなわちエネルギーだけを記述することが現象を記述することに対して不十分であることの証左である。

さらにＩＣＲＰは入力の評価基準を「臓器ごと」としているが、この着目点が不合理で出力としての現象を記述するに事欠く有様であり、これを糊塗

するのにさまざまな恣意的操作を誘引しているのである。電離の実情を反映しない臓器ごとの記述が「全面的でなく、事実に基づかない」ことを意味する。

係数という特定の数値を倍数として乗ずることは、出力自体を「科学抜き」で形而上学的に概念化する。

これらは加害因子（入力：放射線量）の見方と、被害（出力：健康影響）を見る観点の両者が狂っていることを示す。

ここで導入原理としている生物学的等価線量はがん発生率、死亡率、線エネルギー付与、等々のさまざまな現れ方をする諸現象を一律に係数倍して処理することを強要し、まさに具体科学の破棄を招いていることを確認する。

(3) 組織加重係数

ＩＣＲＰ2007年勧告では、「確率的影響の誘発に対し感受性があると考えられる人体全ての臓器・組織に渡って合計する」組織加重係数を表１のように勧告している。組織加重係数の合計は1である。歴史的にその数値は変化してきている。

表1　ＩＣＲＰ2007年勧告における組織加重係数

組織	加重係数	加重係数の合計
骨髄（赤色）、結腸、肺、胃、乳房、残りの組織	0.12	0.72
生殖腺	0.08	0.08
膀胱、食道、肝臓、甲状腺	0.04	0.16
骨表面、脳、唾液腺、皮膚	0.01	0.04
合計		1.00

残りの組織とは、副腎、胸郭外（ET）領域、胆嚢、心臓、腎臓、リンパ節、筋肉、口腔粘膜、膵臓、前立腺（男性）、小腸、脾臓、胸腺、子宮／頸部（女性）である。

組織加重係数で規定される実効線量は全ての臓器組織の組織加重係数にそれぞれの組織に働く吸収線量を掛け合わせ、合計したもので与えられる。個別組

織ごとの線量を意味しない。実態的には、全身吸収線量を加重係数の重みを付けて各臓器に分配するものとなっている。

　前述のように、吸収線量（実効線量）は示強変数である。それを示量変数のごとく加算操作をすると、出てくる「物理量」は現実世界を反映していない架空物理量となる。そのような物理量を合算させることは科学論の基本原則に合わないのである。結局、組織加重係数および実効線量は、まさにICRPの都合に合わせた恣意的な架空の物理量であり、実効線量は自然科学に従わない蜃気楼的「線量」である。蜃気楼は何の害もないが、実効線量は内部被曝を隠し、被害を過小評価するという巨大な悪徳がある。

　がんなどの被害（出力）の大きさを入力としての「吸収線量まがい」に倒しこむ。さらに本来組織ごとに配分するような性質を持たない吸収線量を意味不明な算数を用いて組織ごとに分割する。実効線量は「線量とは似て非なるまがいもの」としか言いようがない。非科学の上に建てられた「約束ごと」であり、ICRPが政治的支配力に任せて恣意的にゆがめてきた似非科学がここに象徴される。

　以下にICRPの体系において、①入力の記述、②放射線被曝した身体の放射線を受けて生ずる対応、③出力の誤り、について具体的に記述する。

⑷　臓器吸収線量定義も全て照射線量

　ICRPは照射線量と吸収線量の分別を単位系の上でなくした。それをてこに事実上、照射線量と吸収線量を混用し、動物実験やバイオ実験を含め、ほぼすべての場合において吸収線量の代わりに照射線量が使われている。照射線量＝吸収線量の取扱いをしているのである。これによる弊害は§2に述べた。

　照射線量は客体に対して外から照射する線量である。吸収線量は客体に吸収された線量である。照射線量は吸収線量を与え、さらに背後に透過する。透過した線量は吸収線量とは無関係である。

　吸収線量は、昔はレントゲン（R）で表された、レントゲンは空気単位体積当たりに生じたイオンの電荷量で定義された。放射線は電離作用でプラスマイナスの電荷を生じさせるので、照射線量は被照射体直前の空気に電離を与え

た放射線の電離能力として定義されたのである。これを、空気の標準状態（零度摂氏、1気圧）を基本状態として、空気の体積を空気の質量に換算し、1電離の平均エネルギーを32.5電子ボルトとして電荷量をエネルギーに変えた。

　このようにしてＩＣＲＰは、照射線量の単位自体を吸収線量と同じ量に変換することで、莫大な恣意的操作に道を開いた。もはや照射線量の基準が電離の数を表す電荷で測るのではなく、被照射体直前の電離の能力の代わりに入射するガンマ線のエネルギーに置き換えられた。その挙句、被照射体への吸収線量が照射線量で置き換えられた。

　放射線は被照射体内部で電離しただけエネルギーを失い、被照射体は電離されただけエネルギーを与えられる。電離された量をエネルギーで表し、単位質量あたりの電離に要したエネルギーを表したものが、吸収線量である。吸収されたエネルギーで吸収線量が定義されているにもかかわらず公然と「吸収線量」の名前で照射線量が用いられた。

　確認すべきは、①放射線被曝は生命体に対する入力：健康被害を生じるもとになる刺激である。②健康被害はその出力である。③生命体に与えられた過剰な電離：活性酸素を処理する諸能力の活性度が、出力を入力に関係づける反応係数である。

　上記①〜③が放射線被曝による健康被害を科学として把握する必要要素である。この必要要素とそれらを科学的に把握することがＩＣＲＰではいかに破壊されているかという概要を上述した。

　ＩＣＲＰ自体が科学になることができないのである。

　吸収線量を計測するには対象物の前後に計測器を置いて測定し、その両者の差を吸収線量とすべきである。しかし現行では、臓器あたりの線量を求めるためにモデルファントムの表面から臓器までの深さに相当する場所に測定器を置いたとして、その測定器の線量を臓器の実効線量とする。まさに臓器に対する照射線量である。照射線量を測らせて「実効線量（吸収線量）」としているのだ。臓器の厚さなどは問題にされず、すべて臓器表面に届いた照射線量を持って吸収線量とするのである。ここでモデルファントムとは放射線の人体影響を見積もるための人体模型である。

　正確な吸収線量は照射線量の何％かに過ぎない。しかし、原爆被爆者の線量評価についても、核分裂連鎖が生じた場所からの初期被曝は、一切が爆心

地からの距離により到達線量が計算され、到達線量がそのまま吸収線量とされた。

　建物などの影にいた人は遮蔽が考慮されたが、すべて、外部被曝については照射線量が吸収線量として用いられた。

　内部被曝については後述のごとく「内部被曝は無かったとして隠ぺいされてきたのが歴史である」(「知られざる核戦争」)。

　そこでは、外部被曝（ガンマ線と中性子線）と内部被曝（アルファ線、ベータ線、ガンマ線）の放射線による効果の違いがまったく無視され、外部被曝と同じ尺度で計算対象とされた。内部被曝の元となる放射性降下物は測定の名において（大洪水に洗われたことを無視して）「健康被害を与えるに値しない少量である」とされた（矢ヶ崎克馬『隠された被曝』新日本出版社）。

　放射線被害を知る上での動物実験や細胞実験・培養実験等においてもすべて照射線量で結果が論じられている。

§5 多重過誤により生まれた架空物理量——実効線量——

(1) 多重過誤の架空物理量：実効線量

実効線量は何重にも渡って自然法則を無視して導出された架空量である。

実効線量は①因果律を破壊する放射線加重線量：（生物学的）等価線量、②吸収線量を用いるべきところを照射線量で置き換える、③組織加重係数による実効線量は示強変数を示量変数のごとく加算するという数学的意味不明の物理量（示強変数、示量変数は§3(2)を参照）、④組織加重係数は確率的影響のみに基づいており、確定的影響、その他ＩＣＲＰが認知していない影響を無視している。

①線エネルギー付与が大きいことは放射線被害が大きいことに帰結する。線エネルギー付与が大きい放射線に対して、被害に比例すると考えられる放射線加重係数を設定した。そして放射線の真の入射エネルギーを放射線加重係数倍して「等価線量」とし、シーベルトSvを単位とした。等価線量は架空の物理量である。

②ＩＣＲＰは1977年勧告以来被曝量の実効線量（Sv：シーベルト）を導入した。人体コンピューターファントムにより、各臓器に相当する場所の表面に届く等価線量を求めた。これは吸収線量を計測すべきところ照射線量で代用したのである。

③まず、その臓器の確率的影響（がん発生率）に対応した組織加重係数にその臓器の等価線量を掛け合わせて、次にすべての臓器について足し合わせたものを実効線量と名付けた。実効線量は空想的物理量である。

④実効線量は放射線健康影響のごく一部しか反映させていない。放射線の健康影響を過小評価させる役割を負う。

このように実効線量は何重にも及ぶ科学原則の放棄を媒介にしてできあがり、放射線被害をＩＣＲＰが設定したがんなどの被害に限定し、真の放射線被害を封印するという２点において、現実を歪める誤りである。

加重係数による機械的処理は、放射線作業の現場に吸収線量と被害の関係を

簡便に与える便宜的な方法であるという主張があるが、科学プロセスがこのような便宜的方法に陥る限り、この便宜的方法採用後の一切の科学が停止される。科学の自殺行為なのである。放射線の作用を本質的に科学として探究するうえで科学的思考停止を招く決定的な科学上の禁則違反である。

　仮に身体全体に関する被害の全容が分かったとして、各臓器の被害を数量化した場合、被害の数え方として見る場合は、組織加重係数（確率的影響のリスクに比例する）は示量変数となる。この係数に等価線量を掛ければ、健康被害量の数量化であり、組織加重係数は示量変数である。

　ところがこれをＩＣＲＰは、吸収線量（示強変数）を加重係数の比率で臓器に配分して全体で実効線量になるとして取り扱う。数学初歩の混乱としか言いようがない。

⑵　放射線の生み出す被害について

　組織加重係数・実効線量の「体系」においては放射線の健康被害は確率的影響（がんなど）に限定されている。その限定だけで科学違反である。

　放射線の電離＝分子切断の結果、①組織が切断されること自体、繋がっていて生命機能が発揮できていたものが切断されるのであるから、それ自体生命にとって大きな負担となる。②生命体が修復力（免疫力）を発揮し電離被害の処理を行った結果、すべてが修復できた時は健康でいられるが、修復できないものが健康被害の原因となる。

　その健康被害は「フリーラジカル症候群」として知られる（吉川敏一『京府医大誌』120(6)、381～391、(2011)）。あるいは「酸化ストレス障害群」（『酸化ストレスの医学』診断と治療社（2014））である。

　放射線に打たれ電離を受けて応答する生物体の被照射体：電離＝分子切断を受けるターゲット：は、細胞核ＤＮＡ、ミトコンドリアＤＮＡ、体内に多数ある水分子、体組織の化学分子、生体酵素等がある。電離の時間的（単数回被曝か継続的被曝か）空間的（局所的か身体全体に分散する分散タイプか）特徴に対応して貪食細胞（マクロファージ）等の働き方、働きやすさ、働きにくさが問題になり、それに応じて修復能力の発揮のされ方が異なる。結果として修復されなかった電離がどのようメカニズムを通じて健康被害として現れる

かが分析対象である。このことの探究が本来の放射線防護学であり、本来の科学である。

　修復できないものが健康被害の原因となるのは周知の事実である。

　電離作用の結果としての健康被害は、脳こうそく、アルツハイマー、パーキンソン病、エイジング、白内障、ドライアイ、花粉症、口内炎、心筋梗塞、心不全、肺気腫、気管支ぜんそく、腎不全、糸球体腎炎、逆流性食道炎、炎症性腸疾患、アルコール性肝疾患、非アルコール性脂肪性肝炎、閉そく性動脈硬化症、動脈硬化症、関節リュウマチ、膠原病、放射性倦怠症、がん、等々である。

　およそあらゆる体調不良が、電離すなわち分子切断の修復失敗で生じるのである。

　驚くべきは、ＩＣＲＰの組織加重係数・実効線量システムにおいて健康被害が確率的影響（発がん）のみに限定され、それ以外は排除されていることである。ＩＣＲＰはがんなどほんの少数の疾病を認めるにすぎない。加えて免疫力の低下という放射線の直接的健康被害は、他の疾病などで体力の弱っている者に対しては今まで発病していない者を発病させる、疾病を重くする、死に至らしめることが知られている。放射線の被害は他の要因と加算的・乗算的に健康被害をもたらす。電離が分子切断を帰結する以上、修復できないものは免疫力の低下を誘い、諸症状を誘起する。放射線被害は他の体調不良要因と相乗的に作用し、被害を拡大するのである。しかし、ＩＣＲＰは放射線被害を他の要因と対立的に取り扱うのである。

　以上のように、組織加重係数・実効線量なるものは設定の土台から科学を逸脱したものである。

　誠実な、科学の原理に基づいた科学的考察可能な放射線防護学を世界の人々は望んでいる。放射線防護学が歪んでいるだけ、犠牲者の数と苦痛が大きくなっているのである。その最たる人々が原爆被爆者であり、被爆体験者や「黒い雨」地域の居住者であり、福島放射能公害被災者なのである。

§6　放射線測定に関するテクニカルな定義 （国際基準）
──一切が吸収線量定義違反──

(1)　個人線量当量

　個人線量当量（individual dose equivalent）Ｈ p⑽は、人体等価組織でできた
30cm×30cm×15cm のサイズの板（スラブファントム）にガンマ線の平行ビー
ムが垂直に入射した時の、深さ１cmにおける線量当量として定義される。
周辺線量当量H*⑽は、人体等価組織でできた直径30cmの球体（ＩＣＲＵ球）
の表面から１cmの深さにおける線量等量（dose equivalent）として定義される。
吸収線量に放射線加重係数を掛ける。以後一貫した事柄であるが、吸収線量
の内容を持つ線量当量など一切のテクニカルな定義は、今問題とされている
対象面までに到達する線量、すなわち照射線量の内容を測定していることで
ある。
　周辺線量当量(率)は一般的に空間線量(率)と呼ばれることが多い。

＊線量当量は、吸収線量に放射線の種類やエネルギーによって決まる放射線加重係数と、その他の
補正係数を乗じて求められる。

(2)　整列拡張場

　個人線量計は歴然とした事実として人体で遮蔽されるが、その矛盾を合理
化するために「整列拡張場」の仮定を設け、等方的放射線場を１方向からく
る整列した放射線場と等しいとするものである。故に個人線量計の表示は真
正面から平行放射線がやってくる場合についてのみ正確な値となり、他のい
かなる場合も過小評価を与えるものである。
　これらのテクニカルな基準は、整列拡張場という考え方で単純化されてい
る。
　実際の放射線現場では、放射線は多方向から来るがそれを等方的と仮定し、
それらが、一方向から来る放射線と同等であり、また、その基準空間を含む

人体が占める全空間内のいずれの空間の放射線量とも等しいという「整列場と拡張場の考えを合わせた」考え方であって、人体が占める全空間に対し多方向から放射線が入射した場合、全空間内のいずれの空間における放射線の量は、その放射線を一束にまとめ1方向から基準空間に照射したときの線量と、その空間の放射線の量が、同じとする考え方である。

しかし現実の放射線場は整列場でもないし等方的でもない。

(3) 計器のメモリ

現実のサーベイメーターと個人線量計のメモリは上記のとおり1センチメートル線量当量を示すように検定されている。

外部被曝で同じ環境線量の強さを上記のテクニカルな定義どおりで測定した場合、サーベイメーターで計測しても個人線量計で計測してもどちらも1センチメートル線量当量を計測するのであるから、同じ値を示すかあるいは特定の光子のエネルギー範囲では個人線量計の方が大きな値なのである。

ところが現実の個人線量計での計測は環境を正しく計測できない。個人線量計の方が周辺線量当量のおよそ65%程度しか示さないというのが現実である。

個人線量計は正しく1cm線量当量を測れなくて、過小評価するのである。

(4) 個人線量計の特性（科学測定による結果）

例えば、放射線医学総合研究所と日本原子力研究開発機構による「東京電力㈱福島第一原子力発電所事故に係る個人線量の特性に関する調査」によると、同じ環境に置いたサーベイメーターと個人線量計の指示値の違いは60%〜75%の範囲で個人線量計の被曝線量指示値が低かった。

さらに彼らの測定によると個人線量計の感度の方向依存は背後では環境吸収線量の30%〜40%しか計測できていない。〔（独）放射線医学総合研究所、（独）日本原子力研究開発機構：「東京電力㈱福島第一原子力発電所事故に係る個人線量の特性に関する調査」の追加調査—児童に対する個人線量の推計手法等に関する検討—報告書（甲B66）http://www.meti.go.jp/earthquake/nuclear/radioactivity/

pdf/20150316_01d.pdf〕

この測定結果は上記の過小評価の値とほぼ一致している。角度依存ではフリーエアでの測定でも両線量計ともに明らかに異方性を示す。加えて、個人線量計製品によっては機械的な異方性が入っていることを示す。

機械的な異方性は線量計の筐体の物理的形そのものが起因する。並べて、テクニカルに定義される1cm線量当量などはその深さに測定具を置く空間を設けてその空間に入射する放射線全てを計算により求めるものである。それに対して実際の個人線量計は保持する筐体等があり、それにより遮蔽され、計算値より低く数値が与えられるものである。

⑸ 法と科学的事実に基づいて計測結果を総括すべきである
― I C R Pに従う機関は不当にも自己都合を「法」と「科学的事実」に優先させている―

以上の事実は現実の多方向から放射線が入射する場合、個人線量計で法により定義された1センチメートル等量による累積被曝線量が正しく計測できないことを示している。

法律・告知などでは環境モニタリングでは汚染は「空気吸収線量（空気カーマ）」で測定し、吸収線量（実効線量）は1センチメートル当量で示されることになっていることを前提にすれば、むしろ個人線量計（Hp(10)）の方が10%程度高く示されなければならないところを、逆に現実は60%〜75%と個人線量計が低い値を示す。

しかし、これを放医研や原研（ICRPを支えている機関である）報告書は、法律に忠実に従うどころか、1センチメートルより深い位置にある臓器の実効線量を持ち出して、合理化しているのである。「以上のことから、実験に用いた個人線量計とファントムの組み合わせの範囲内ではあるが、Cs137のγ線回転照射における線量計の指示値は、校正における基準線量の考え方の違いや背面照射のレスポンスに機種ごとの差があるものの実効線量の良い尺度となることが実験的に確認された（東京電力㈱福島第一原子力発電所事故に係る個人線量の特性に関する調査））」。「実験使用した個人線量計が、体格に関係なく実効線量を適切に評価することを確認した（「東京電力㈱福島第一原子力発電所事故に係る個人線量の特性に関する調査」の追加調査―児童に対する個人線量

の推計手法等に関する検討─報告書）」と方便を用いて、法律で定められている「１cm線量当量」より低い値であることを「実効線量」の単位が多面的に使われていることを利用して「不正に」防護する。

　これらは科学の名をかたった虚偽であり、政治的結論と言わざるを得ない。

　定義されている１センチメートル線量当量を正確に計測できていないことを「実効線量としたら適切である」と詭弁を弄するのは何を目的としているのであろうか？

⑹　吸収線量を60％しか勘定しない法律違反─0.23μSv/hのペテン

　さらに、法令では放射能汚染あるいは専用施設外地域の放射線等を規制するところで、照射線量が全て吸収線量になることを前提にして照射線量で規定している。これは防護の観点から「防護側に立つ」という指針で規定されている。

　この考え方は、吸収線量の代わりに照射線量を採用しているＩＣＲＰの一連の（定義違反の）取扱指針と矛盾しないと理解できる。

　さらにこれは環境汚染を位置づける物理量を、家で生活する人間の実生活の被曝線量としてではなく、「環境の汚染」として規定する「環境そのものの線量」を指定していることと重なる。法律で規定される環境汚染指標は彼らの考え方として矛盾はない。

　ところが明確に環境としての「地域に属する汚染量」を指示すべき事項に対して、地域（環境）に属する線量ではなく、人の生活パターンに依存する量として扱っている。行政府は定義どおりの運用を行わない誤方法へと誘導しているのである。このことにより空間線量率を年間吸収線量に換算する時におよそ実際の60％のみを評価するところとなる。

　①政府は『追加被ばく線量年間１ミリシーベルトの考え方』として生活パターンを仮定して市民の受ける被曝線量の計算方法を示した。ところがこの生活上の追加被曝線量が法律で規定される環境の被曝線量に敷衍されて使用された。

　　事実上環境量であるべき線量を生活量に置き換えさせた政府の方法は、「人は屋外にいるのが８時間、屋内にいるのが16時間。屋内は放射線遮蔽されていて屋外の量の40％の放射線量である」という追加被

曝線量計算を行い、求める被曝線量は空間線量率で計算される被曝線量の60％であるとした。

　これが事実上、環境量としての線量を60％にする過小評価を導いた。生活被曝線量を環境汚染量に代用させることは、明らかに法令の定義に違反する評価方法である。政府はこれを行ってはならないのである。

　　　　法律どおりの正しい環境汚染線量をHとすると、

　　　　政府の誘導している線量M（追加被曝線量の考え方:法律値を過小評価して示す）は

　　　　$M=(8*H+16*0.4*H)／24　=　0.6H$。

②上記からもたらされる0.23μSv/hを1mSv/yに対応させる変換係数は間違いである。0.23μSv/hは上記仮定の上での有効吸収線量（真値の60％）を、時間当たりの線量率を年線量に積算する際の換算係数0.19 μSv/hに加えて自然環境のもたらす0.04μSv/hの合算である。またその計算方法も間違っている。

　　　　自然科学的にも法律的にも正しい換算式
　　　　$0.114*10^{-6}*24*365=1*10^{-3}$ (Sv)
　　　　政府誤導の換算式の意味
　　　　$0.19*10^{-6}*(8+0.4*16)*365=1*10^{-3}$ (Sv)
　　　　実際に使用された換算式　（M：政府誤導値、X：空間線量実測値）
　　　　$M(\mathrm{mSV})=(X(\mathrm{mSV})／0.23(\mu\mathrm{Sv}))-0.04$
　　　　彼らの計算を正したもの（上式は誤っている）
　　　　$M(\mathrm{mSV})=(X(\mathrm{mSV})-0.04(\mu\mathrm{Sv}))／0.19(\mu\mathrm{Sv})$

③法律的定義に従えば、単純に空間線量率を年に換算する0.114μSv/hに自然環境のもたらす0.04μSv/hを合算した0.154μSv/hとすべきである。具体的計算に当っては計測された空間線量率から0.04μSv/hを差し引いて、残りを0.114μSv/hで割ることにより正確な年間積算線量が得られる。

　　　　正確な換算式
　　　　$R=(X(\mathrm{mSV})-0.04(\mu\mathrm{Sv}))／0.114(\mu\mathrm{Sv})$
　　　　ここで、Rは真の汚染線量値。

(7) 法律で定められた線量の定義
―外部被曝の測定量は決して臓器の「実効線量」ではなく、1 cm線量当量」である―

個人線量計の計測値が低いことを「臓器実効線量」を指示しているからそれで良いのだと専門家の弁がまかり通っているが、法律的定義は1 cm線量当量である。

①労働安全衛生法（抜粋）

(1)目的

第1条 この法律は、労働基準法（昭和二十二年法律第四十九号）と相まって、労働災害の防止のための危害防止基準の確立、責任体制の明確化及び自主的活動の促進の措置を講ずる等その防止に関する総合的計画的な対策を推進することにより職場における労働者の安全と健康を確保するとともに、快適な職場環境の形成を促進することを目的とする。

(2)事業者と労働者の義務

第3条 事業者は、単にこの法律で定める労働災害の防止のための最低基準を守るだけでなく、快適な職場環境の実現と労働条件の改善を通じて職場における労働者の安全と健康を確保するようにしなければならない。また、事業者は、国が実施する労働災害の防止に関する施策に協力するようにしなければならない。

第4条 労働者は、労働災害を防止するため必要な事項を守るほか、事業者その他の関係者が実施する労働災害の防止に関する措置に協力するように努めなければならない。

②電離放射線障害防止規則（電離則）

第二章　管理区域並びに線量の限度及び測定 （管理区域の明示等）

第三条 放射線業務を行う事業の事業者（第六十二条を除き、以下「事業者」という。）は、次の各号のいずれかに該当する区域（以下「管理区域」という。）を標識によって明示しなければならない。

一　外部放射線による実効線量と空気中の放射性物質による実効線量との合計が三月間につき一・三ミリシーベルトを超えるおそれのある区域

二　放射性物質の表面密度が別表第三に掲げる限度の十分の一を超える
　　おそれのある区域

2　前項第一号に規定する外部放射線による実効線量の算定は、一センチ
　　メートル線量当量によって行うものとする。

3　第一項第一号に規定する空気中の放射性物質による実効線量の算定は、
　　一・三ミリシーベルトに一週間の労働時間中における空気中の放射性物
　　質の濃度の平均（一週間における労働時間が四十時間を超え、又は四十時間に
　　満たないときは、一週間の労働時間中における空気中の放射性物質の濃度の平均
　　に当該労働時間を四十時間で除して得た値を乗じて得た値。以下「週平均濃度」
　　という。）の三月間における平均の厚生労働大臣が定める限度の十分の一
　　に対する割合を乗じて行うものとする。

4　事業者は、必要のある者以外の者を管理区域に立ち入らせてはならな
　　い。

5　事業者は、管理区域内の労働者の見やすい場所に、第八条第三項の放
　　射線測定器の装着に関する注意事項、放射性物質の取扱い上の注意事項、
　　事故が発生した場合の応急の措置等放射線による労働者の健康障害の防
　　止に必要な事項を掲示しなければならない。

（施設等における線量の限度）

第三条の二　事業者は、第十五条第一項の放射線装置室、第二十二条第
　　二項の放射性物質取扱作業室、第三十三条第一項（第四十一条の九におい
　　て準用する場合を含む。）の貯蔵施設、第三十六条第一項の保管廃棄施設、
　　第四十一条の四第二項の事故由来廃棄物等取扱施設又は第四十一条の八
　　第一項の埋立施設について、遮蔽壁、防護つい立てその他の遮蔽物を設
　　け、又は局所排気装置若しくは放射性物質のガス、蒸気若しくは粉じん
　　の発散源を密閉する設備を設ける等により、労働者が常時立ち入る場所
　　における外部放射線による実効線量と空気中の放射性物質による実効線
　　量との合計を一週間につき一ミリシーベルト以下にしなければならない。

2　前条第二項の規定は、前項に規定する外部放射線による実効線量の算
　　定について準用する。

3　第一項に規定する空気中の放射性物質による実効線量の算定は、一ミ
　　リシーベルトに週平均濃度の前条第三項の厚生労働大臣が定める限度に

対する割合を乗じて行うものとする。

（放射線業務従事者の被ばく限度）

第四条　事業者は、管理区域内において放射線業務に従事する労働者（以下「放射線業務従事者」という。）の受ける実効線量が五年間につき百ミリシーベルトを超えず、かつ、一年間につき五十ミリシーベルトを超えないようにしなければならない。

2　事業者は、前項の規定にかかわらず、女性の放射線業務従事者（妊娠する可能性がないと診断されたもの及び第六条に規定するものを除く。）の受ける実効線量については、三月間につき五ミリシーベルトを超えないようにしなければならない。

第五条　事業者は、放射線業務従事者の受ける等価線量が、眼の水晶体に受けるものについては一年間につき百五十ミリシーベルト、皮膚に受けるものについては一年間につき五百ミリシーベルトを、それぞれ超えないようにしなければならない。

（線量の測定）

第八条　事業者は、放射線業務従事者、緊急作業に従事する労働者及び管理区域に一時的に立ち入る労働者の管理区域内において受ける外部被ばくによる線量及び内部被ばくによる線量を測定しなければならない。

2項　前項の規定による外部被ばくによる線量の測定は、一センチメートル線量当量……とする。

③「実用発電用原子炉の設置、運転等に関する規則」の規定に基づく線量限度等を定める告示によれば、住民の居住する「周辺監視区域」とは、「管理区域の周辺の区域であって、当該区域の外側のいかなる場所においてもその場所における線量が経済産業大臣の定める線量限度を超えるおそれのないものをいう（規則第1条）」。その線量限度は（実効線量として）「一年間につき一ミリシーベルト（1 mSv）」と定められている（告示第3条）。

　ここで重大なことは線量限度が設定されているその線量は地域についての環境量としての線量である。ここで用いられている実効線量の内容はアルファ線汚染の場合は放射線加重係数を加味するという内容である。

④「環境放射線モニタリング指針」によれば、「汚染環境の基礎データとして諸方面に情報を提供するもの」としてガンマ線の空気吸収線量率（グレ

イ毎時[Gy/h]）をもちいることが規定されている。

⑤「**実用発電用原子炉の設置、運転等に関する規則告示11条**」では「外部放射線に係る線量は実効線量とし、規定する外部放射線に係る線量当量は一センチメートル線量当量とする」と規定する。

⑥ 同じく、「**放射線障害防止法告示第20条**」には、外部被曝による実効線量は１センチメートル線量当量とする（告示第20条初項）云々とされる。

§7　科学の原理──科学の目で放射線防護学を見るために──

　客観的に実在するがまだ正確に認識するに至っていない対象についての情報
をどのように引き出すか？　実験という手段で真理を探求するためには一般科
学（General Science）の素養が必須となる。いま見ようとしている方向（個別
の実験を通して把握できる現象の一側面）で見えてくるものと客観的な正体との
関係を見定めないと総体の把握はできない。

　そのためには、認識論（客観的実在と認識の関係）、測定論、誤差論、科学論
（物事を法則的に把握するための方法論、科学の成り立ち）、科学哲学（科学の存立
根拠論、科学的認識論、科学が社会に果たすべき役割）などについての理解が科
学的探究の質を決定する。

1．客観的事実を探求するには客観的事実と認識の関係をよく意識してそれを
　　実現する方法を持たなければならない。ＩＣＲＰの諸原理は科学的探究の道
　　を閉ざす方法論で構成されている。
2．真理の探究には具体的事実に基づく分析と抽象化、総合化を行う等、科学
　　の方法論がある。いずれもその基盤に具体性を欠くならば科学は成り立たな
　　い。
3．科学は人道の下に運用されるべきである。
4．科学は人類に「より高度な自由」を与える。
5．政治権力・経済権力等の支配を許さないために憲法の学問の自由が保障さ
　　れている。しかし学問の自由は憲法で保障されているものであっても、研究
　　者・専門家に自由を守る気骨がなければ金輪際自由は達成されない。原子力
　　むらの安全神話は、権力が支配をし尽くし専門家が学問の自由を守る気概を
　　消失したおぞましい姿である。
6．放射線防護の世界では「密猟者と猟場管理人が同一人物である」メカニズ
　　ムが行き渡っている。

　以上に述べた科学の原理に対してＩＣＲＰ「放射線防護体系」は逐一違反し
ている。

1．原爆あるいは原子炉で作られた放射性物質による放射線は生命体にとっ
　　ては外力である。外力を正確に判定することが生命体の統一された諸要素

にどのような変化をもたらすかの原点になる。ところがＩＣＲＰは外力を正確に判定することをしない。何が生命体に反応を起こすものなのかをあいまいにする。唯一ＩＣＲＰが外力を測る物理量は、吸収線量であり、電離の空間的・時間的実態を解明しない。照射線量と吸収線量の混同、生命体の反応を外力に混合させる、放射線荷重係数に絡ませた生物学的実効線量、組織荷重係数に絡む実効線量などである。

2. また、ＩＣＲＰはありのままに客観的事象を把握する具体的探求を行わない。その具体性の捨象は科学を生まない。具体的把握の上に成り立つ分析と総合の過程や抽象化、個別現象化を、作業過程等の本質的な事柄を抽り出すという過程がない。ないところに「放射線防護体系」を築いている。

3. 以上の事柄は、具体性の捨象として検証する：電離放射線の電離と分子切断作用、臓器ごとのエネルギーだけに固執する吸収線量の定義と被曝評価方法、内部被曝の無視等々が具体性を捨象した姿である。

4. 組織的影響や発がん等については、生物進化の歴史の上に達成された修復能力等の生命機能を指標として、被曝に応じて分子切断による生命機能が破壊され、その量的な変化が生命機能のバランスを崩し、質的な変化（免疫力の低下、放射線倦怠症、発がん等）として健康破壊の症状が現れる。

⑴　科学するとはどのようなことか

▶1　認識とは

　客観的実在は人間が認識してもしなくとも人間の意識とは独立に実際に存在するものである。人間の知識は客観的な世界を正確にとらえているとは限らない。「客観的実在をいかに正確に知識に取り込むか」という行為が科学と呼ばれる。客観的実在が正確に認識できたときに真理が探究された（理解できた）等と表現する。科学の結果は認識が客観的実在に限りなく接近する。

　ＩＣＲＰ的方法論は既に述べたが、科学的探究を破棄し放射線と健康被害の関係のキーポイントである生命体の放射線に対する反応機構をブラックボックスに封じ込める。具体性を捨象し、自ら定義した吸収線量を定義通りに使わず、因果関係を記述する科学の原則に反して放射線加重係数、組織加重係数などを導入し、総体として科学の道を閉ざしている。

▶2 客観的実在は変化する

変化する要因は、1つが事象を成り立たせている内的な要因のバランスの変化（対立要素間のバランス）、あと1つがその事象に影響を与える外的な要因の変化である。

変化の量的な展開が一定のレベルに達するとその事象が量的な変化から質的に変化する（量から質への発展）。物事の発展の過程では今までの事象の現れがなくなり（否定）、別の現れとなる。その新たに発生した現れがもう一度否定されると、元と同じ相が再び現れる。しかし、内容的には元のそのものではなく、発展がより具体化した内容となっている（否定の否定）。それらの内的な変化発展に影響を与えるものが外からの力、他からの相互作用など、外力である。

▶3 ありのままにとらえること

客観的実在物を自然科学的に把握する出発点は、まず対象の姿、形、振る舞い、変化等をありのままにとらえることである。具体的把握の方法は観察、観測、体験、実験などを行い、その成果を分析、総合することによる。これらはすでに認識している知見に基づく、自然科学的、経験的方法である。それに加えて対象に即して方法・手段を開発していく。このことによって、対象をより、ありのままに具体的に把握する。これは手段を発展・進化させるという過程と一体である。変化は時間と空間の中で行われる。時間的変化に関しては、時間座標上で対象物がどう変化するかを具体的にする。対象の大きさ、構造などの変化は空間座標上での変化展開として捉えられる。時間的空間的展開を具体化するには低速・高速カメラ、顕微鏡、望遠鏡等々の科学的道具を使う。

具体的に対象を把握するためには対象の置かれた条件を具体的に把握する必要がある。例えば事象の変化をもたらしている要素が2個ある場合には、一方の要素を固定して他方の要素に対する依存関係を把握する等、事象変化を切り取る方向を変えて観察しそれを総合して全体像を考察できる。対象を取り巻く環境を一定として、対象の時間的変化を観察し、空間的変化を観察することである。また、空間を固定して時間的変化を観察する、時間を固定

して空間的変化を観察する、さらに環境の条件を変えて上記の観察を行う等々、様々な対象に適した方法をとる。

　例えば水面の波を観察するのに、①写真を撮る（時間を止めて空間的変化を見る）、②１点に視点を定め、その点の水面の位置を時間的に観察する、等々で切り口を変えて単純化した具体的結果を総合すれば、波長や振動数が把握でき、事象の全体的理解が進む。

　ところが、ＩＣＲＰは電離の現場を抽象化した（具体性を排除した）吸収線量という概念をもちいているのに加え、その計測単位を「臓器ごと」とするという電離現場の把握には極めて不適切な抽象化・平均化の方法を、具体性を把握する前に、システムとして利用者に強要する。まさに科学の道を塞いでいるのである。

(2)　本質を探り出すこと

　客観的対象をあるがままに認識することに続く「本質を探り出す」行為は「分析と総合」である。分析には、具体的把握から抽象化、単純化、平均化、変化だけを捉える微分法、集積結果を捉える積分法等、変化を見る視点の多様化（変化の相の多様な捉え方）の手段が有効である。抽象は具体性の中の偶然的な要因、アトランダムな擾乱、個別な特殊事情等を切り捨てて、すべてに共通に現れている本質的なものをえり分けるプロセスである。個別の分析結果を有機的に結合させるのが総合である。諸関係を具体的に分析・総合することは諸関係の中に貫かれている法則性を探り当てることに繋がる。

　複雑な具体的な個別の現象に関して偶然的特殊的要素を捨象して、法則、本質を抓り出す過程と、本質的法則的概念から個別の具体的現象を導き出す過程の弁証法的繰り返しにより、対象のすべてに適用できる普遍的なことと、偶然的条件に依存して変化する特殊的なこととを識別する。以上のプロセスの連続により認識を対象物の実態に近づけることが可能となる。

　ＩＣＲＰは、はじめから具体性を捨象する、反応のメカニズム把握を単純な数値で置き換え探索の方法を閉ざす、物理的に裏打ちされない架空の物理量を導入して科学考察を破壊する等、本質を探り出すのではなく、ブラックボックスに閉じ込める方法を執っている。

⑶　変化・発展の原因を探ること

「分析・総合」は観察（可能ならば環境を一定にして、ありのままを記録する）、実験（仮説を立てて、環境条件を変化させる等々）により時間的空間的振る舞い、変化を法則的にとらえると同時に「なぜそう振る舞うのか、なぜそう変化するのか」の原因になっている背後に隠された因子を探究する分析・総合過程として続く。一般に変化発展の有様と変化させる原因の究明を指して法則的理解ととらえる。

　ＩＣＲＰは、臓器ごとの平均エネルギーで吸収線量の計測対象を固定させ、内部被曝のメカニズムなど一切の科学的アプローチを閉ざしている。

⑷　普遍性と相互関連のこと

　対象を貫徹する法則（性）は事象に内在する普遍性の確認であり、同時に、関連する客観的実在間に貫かれている相互関係を認識することである。これにより事象の説明原理を得る。相互作用とは互いに影響を及ぼし合うことであり、それぞれの内部機構によって力を及ぼし合うものである。対象物に力あるいは影響を及ぼすものを「背後の因子」と表現するのは、他の客観的実在からの相互作用のことである。これらの客観的実在をあぶり出し、それらの相互作用を明らかにするということ全体が、客観的実在を合理的に認識に取り入れる方法であり、「具体的」と称する物事の把握方法である。

　ＩＣＲＰは、相互関連をつかむどころか、逆に具体性を捨象することで科学的把握を阻止している。

⑸　相互作用のこと

　相互作用とはお互いに影響を及ぼし合うことであるが、一つの個体にとってみれば相手からの影響は外からの影響と捉えられ、外力・外場等と呼ばれる。その外力に応じて自分自身の状態が変化することは外力の影響として分析される。個別の観測では複雑に見えた変化が、相互作用するもの全体を変

化の舞台として捉えることにより法則性がより明瞭になることがしばしばである。客観物とそれを取り巻く環境との相互作用因子を具体的に把握してこそ科学的な認識が進むプロセスである。

　ＩＣＲＰは電離の集中と生命体の修復機構の働きを相互作用として捉えるのではなく、逆に一切をブラックボックスに閉じ込める強制的方法を執る。

(6)　総合

　分析と同時に重要な科学の要素は「総合」である。分析は対象物の観測手段ごとの切り口についての構造や変化の系統的把握であり個別に進められる。総合は個々の分析の結果を有機的にダイナミックに関連付けることである。これにより対象物の実態も運動もより具体的に把握されるところとなる。

　偶然的要因や擾乱を科学的に判断して切り捨てる平均化、単純化、抽象化などの手法が有効である。

　ＩＣＲＰ体系は、はじめの具体的把握のプロセスを行わない。具体化のプロセス作業を抜きにした抽象化、単純化、平均化を行っている。これでは科学することにならない。

　客観的対象に対する認識は、科学することで、より具体的になり精度が上がる。あるいは他の仮説と切磋琢磨され、客観的認識となる。対象について知の体系を築くことができる。

(7)　科学と人道

　プロセスに現れる「総合」の重要課題として、「科学の倫理」等と言われている「人類の進歩、福祉、幸福等にとってどのように位置付けられるか」という一般科学的検討が含まれることを忘れてはならない。科学の自由などの重要な権利として保障されている「民主主義の基礎的要件」も関与する。原子力研究の三原則と謳われている人類の英知を具体化する実践的基準も重要である。

　個別科学のもたらすこと、対象物を科学すること自体が、「細分化された」微視的スケールとして現れる現代科学においては、民主主義に基礎を与える

科学的認識がことさら重要である。しかし現状はこれが極端に軽視される「憂うべき状態」にある。

　科学は真の意味で人類の福祉に奉仕させるべきである。「民主」「自主」「公開」の原子力平和利用三原則はそのまま他の科学分野にも当てはまる。これを意識しない「科学者」は、専門家であっても科学者とは言えない。

　憲法で保障された学問の自由、人格権に基づく諸自由は当事者にその自由を守る自覚・気骨がなければ、たてまえとして謳われた自由は絵に描いた餅となる。否、絵に描いた餅にもならない。自由が達成できるはずがない。原子核・放射線分野での「原子力むら」は国家権力と企業の経済権力の支配の下に無残な形で学問の自由が放棄された例であろう。科学的認識の放棄は人格権を破壊する。

　人類は真の科学者を求めている。特に原子力の負の側面である放射線による健康被害についての科学的探求は、核兵器推進、原子力推進グループにとっては目の上のたん瘤である。いかに隠ぺいするか、切り捨てるかの歴史がICRPの歴史そのものである（中川保雄『放射線被曝の歴史』）。これは放射線防護体制にとって、核推進のために思想的誘導を図る政治的問題だけではなく、ICRP体制の標榜する「科学性」を歪めてきた歴史でもある。ICRPの「社会的・経済的」体系の意味するところなのである。

(8)　自由の獲得と科学

　客観的実在をいかに認識に正確に反映させるかの手段の総体が科学である。科学における法則は、その法則がどのような条件の下で当てはめることができるかという法則の適用範囲及び限界が明確にされることが肝要である。人類は、法則を認識し、法則にしたがうことで自由を得てきた。客観的実在は意識とは独立の存在である。ゆえに、科学を行い、客観的実在に対する認識をより正確にし、意識を改めることにより、人類の自由を拡大した。これが、科学がもたらす必然的な帰結である。利益をもたらす側面だけが強調され、公衆や環境の受ける不利益を無視してできた、構造的に偏った科学の「利用」は、科学の視点から糺されねばならない。これも科学の仕事である。

　客観的具体的現象は複雑であるが、その中の偶然的特殊的要素を捨象して、

実態、法則、原因、因果関係、結果、等々の抽象作業をすることによって普遍的概念あるいは本質を導き出す。これが具体から普遍への「下向過程」と言われるプロセスである。逆に抽象的普遍的な概念から再び具体的現象を導き出す「上向過程」が成立すると客観的存在への認識のレベルが一歩上がる。これは自由の獲得拡大のプロセスである。これを弁証法的に繰り返していくのが科学の方法なのである。人間に誠実な科学の発展は生命尊重なしでは具体化できない。しかし、あらゆる権力的・経済的蛮行は学問の自由などの抑圧の上に成り立ち、人格権を破壊してきた。誠実な科学の方法を社会的に尊重する政治的経済的社会構造が機能して、初めて科学が人類史の発展に寄与し得る。

　放射線学が科学として発展し、科学の結果を社会が受け入れるならば、進化の過程で放射線の電離：活性酸素生成と生体酵素の活性化効率化の方法で生命活動の一部となり、電離の結果を修復するバランス的メカニズムを作ってきたことなどを考察できる。人工放射線がいかに生命の基本を危機に至らしめているかが理解できる。科学の結果を正しく人類が取り入れるならば、原発は核兵器とともに禁止すべきであるという結論に至る。これが真理を獲得した人類の自由として現れた姿であろう。

(9)　具体性の捨象

　自然科学において、科学の荒廃、教条化は、客観的事実を具体的に把握する行為を怠り、事象の場を科学的な方法で見ることをやめるときに生じる。科学を捨てる行為を「具体性の捨象」と、著者は表現する。具体性の捨象は生物の生存の切り捨てにつながる。人類の福祉に役立つという観点を切って捨てるときに、科学の結果が人類の殺戮や公害等となって表れる。ＩＣＲＰ的放射線防護体系が基本的マナーとして具体性の捨象を行っていることは科学的放射線防護学の発展を阻害している。

(10)　科学の権力による支配

　真理（客観的認識）は、反論可能性を保証するものでなければならない。研

究の自由、研究に対するあらゆる弾圧の廃絶、秘密・機密の解除、データと研究方法の解放などである。真理性が政治的・経済的権威、権力や信仰、思想信条等に支配されるものであってはならない。これらに支配されるものは常に反科学として現れる。

　他の仮説・反論との試練、客観的対象への適用により、真理性は保証される。専門家社会は、まさに「真理（客観的認識）は、反論可能性を保証するもの」の原理を破壊している。

　科学が権力（政治的権力および経済的権力）に支配され切ってきた姿が典型的な形で「原子力むら」に現れている。ここでは政治的・経済的権力が核の科学とテクノロジーの自由を奪ってきた側面と、専門家・研究者が自ら主張すべき学問の自由を認識する素養もなく、たとえ認識してもそれを守ろうとする気骨のない両側面を見ることができる。

⑾　公開・民主・自主

　1953年に国連で米国大統領アイゼンハワーが"平和のための原子力"を唱えた。翌54年3月に、日本では総額2億3500万円の原子力予算が成立した。同年4月、日本学術会議が〈公開・民主・自主〉の原子力平和利用三原則（原子力三原則）のもとに原子力の研究・開発・利用を進めるべきことを唱えた声明を決議、翌55年には、この原子力三原則を取り入れた原子力基本法、原子力委員会設置法、原子力局設置に関する法律の原子力三法が成立した。

　学術会議は原子力開発に協力する姿勢を示した。しかし、研究の財源、環境は商業原子力発電推進の国策での電力産業の圧倒的資金により、学問の自由等が許される環境になかった。学術会議が提起した原子力三原則など粉飾にしか過ぎなかった。

⑿　学問の自由

　「軍事的安全保障研究に関する声明」（日本学術会議の2017年3月24日に出した声明）は憲法23条の「学問の自由」を基礎とする。表現の自由や思想信条の自由に加えて学問の自由を保障したのは、学問研究をめぐる特殊環境すな

わち、ほとんどすべての研究者が生活の糧を公的学問研究の場：教育研究機関に得ることに起因する学術の危険を取り除くためである。憲法23条は、国家等の教育研究機関が業務命令、懲戒権、解雇権等の雇主としての諸権能を行使する場で、学問研究の自由を確保することを保証するものである。

学問の自由は、もとより研究者の自由を重んじる気骨により維持される。しかし、この学問の自由がまったく保障されてこなかったのが、核・放射線分野なのである。それは雇用者・資金提供者と専門家の「負の共鳴」による結果だ。

今日では、事故原因の究明、事故処理、住民の健康防護等々において、政府、学術研究陣、とりわけ憂うべきは住民を保護すべき自治体までが参加する「原子力むら」が結成されてしまっていることである。原子力むらの敵は科学なのだ。

日本学術会議は、1949年1月、その創立にあたって、これまで日本の科学者がとってきた態度について強く反省するとともに、科学文化国家、世界平和の礎たらしめようとする固い決意を内外に表明した。

「われわれは、文化国家の建設者として、はたまた世界平和の使として、再び戦争の惨禍が到来せざるよう切望するとともに、さきの声明を実現し、科学者としての節操を守るためにも、戦争を目的とする科学の研究には、今後絶対に従わないというわれわれの固い決意を表明する。」

「軍事的安全保障研究に関する声明」は、防衛省予算の軍事費を日本の科学研究費に潜り込ませようとする「軍事的安全保障研究費」に対して、日本学術会議の出発点の決意を再確認したものである。戦争をする国にすることに反対するだけでなく、核産業維持のためには「学問の自由」は彼らが排除しなければならない「個の自由」の最先端なのである。

⒀　密猟者と猟場番人が同一人物であるＵＮＳＣＥＡＲ

かつて広島長崎に原爆を投下した直後、米マンハッタン計画責任者ファーレル准将は「放射能で苦しむ被爆者は皆無だ」と宣言し、その言葉通りの政治的処理・「科学」的処理が米占領軍によりすすめられた。安倍晋三首相（当時）はオリンピック誘致に際して「放射能による健康被害は過去にも現在も

未来にも全くない」と宣言した。その言葉通りの権力による虚構づくりが、かつては米軍であったが、今や日本の政府・官僚・民間一体で進められている。

　復興省は「風評払拭・リスクコミュニケーション強化戦略」を指示した。「風評被害」という用語は「放射線被曝」の実害に目を向けさせずに、農漁民などの市民を「食っていかなければならないために放射能入りの食材を生産し販売しなければならない」状況に貶めた、棄民策を正当化するための「心理学的戦略用語」なのである。政府一丸となって「食品・水は安全だ」、「健康被害は皆無」、「食べてもらう」、「来てもらう」を強制する。放射線健康被害を一つでも認めるならば、パンドラのふたを開けることになる。彼らは必死だ。

　学術会議「臨床医学委員会　放射線防護・リスクマネジメント分科会」が、「チェルノブイリ事故後のような放射線誘発甲状腺がん発生の可能性を考慮しなくともよい」と結論付けた。その根拠となったＵＮＳＣＥＡＲについて、検討・批判しているベーヴァーストックは、ＵＮＳＣＥＡＲが科学の全一性を保てないのは「圧倒的な委員が利益相反行為を行うからだ」としている。「ＵＮＳＣＥＡＲに専門家を派遣しているのは、ほとんどが原子力を推進利用している国である。いわば、密猟者と猟場番人が同一人物という形である」（キース・ベーヴァーストック：福島原発事故に関する「ＵＮＳＣＥＡＲ2013年報告書」に対する批判的検証、科学1175（2014）https://www.iwanami.co.jp/kagaku/Kagaku_201411_Baverstock_r.pdf）と断じる。同委員会が国際原子力推進ロビーの理論的支柱であることを喝破しているのである。

放射線の本質・定性

第3部においては放射線の物理的性質を論ずる。放射線作用を具体的に個別に明らかにすることは、まず放射線の健康影響を科学的に論ずることの基本だから大切である（主として原子核分裂生成原子に関連する放射能に付いて記述する）。

1. ［何故放射線は出るのか］放射線は原子核から発射される。原子核分裂で生成された原子核は、中性子が多すぎて不安定である。そこで①中性子を減らし、安定した原子核状態に向かわせるために中性子から電子を放出して陽子に変える（ベータ線）、②高すぎるエネルギー状態を安定化させるためにエネルギーそのものを放出する（ガンマ線）、③核分裂しなかったウランやプルトニウムなど重い原子核は原子核の物質の一部を直接放り出して重すぎる図体を軽くすることで安定化に向かう（アルファ線）。

2. ［放射線は組織切断が基本作用］放射線はぶつかった原子の電子を吹き飛ばす（電離）。通常の原子では一つの原子内でも、原子と原子が結合している状態（分子）においても、電子が対になる（ペアになる）ことで安定になっている。電子が吹き飛ばされることは対が壊されることになる。組織として原子同士を互いにむすび付けている電子対が破壊されるので分子が切断される（分子切断）。組織（分子）の切断が放射能の危険な基本作用である。

3. ［粒子線の飛程と電磁線の半価層］放射線の内、粒子が飛び出してくる粒子線はアルファ線とベータ線。電磁波が出てくる電磁線はガンマ線。粒子線の分子切断の様子は勢いの良いビー玉が静止しているビー玉の結びつきを破壊するのと同様。飛ぶ距離を飛程といい飛程は短い。電磁波であるガンマ線は組織を構成する原子に確率的に衝突し、高速電子をたたき出す（電離）。この高速電子はベータ線のようなものであり、新たに電離・分子切断を行う（二次電離）。ガンマ線のエネルギーにより光電効果（たった一回の電離）あるいはコンプトン効果（複数回電離作用をする）が生じる。確率的に原子と衝突するので、半分に減衰するまでの通過層の長さを半価層という。外部被曝はほとんどガンマ線のみと近似できる。内部被曝は全放射線が電離を行う。

4. ［ＩＣＲＰの具体性を無視した計測基準］ＩＣＲＰ体系は内部被曝でも外部被曝でも被曝線量の扱いは同一であるとし、さらに吸収線量は臓器単位で計測するという基準を持っているが、被曝の具体的実体を把握するとそれらは電離：分子切断の危険を過小評価するシステムとなっている。

　ＩＣＲＰは照射された放射線量（照射線量）を吸収された量（吸収線量）として扱い、自ら定義した物理量を自ら破棄している。
　ＩＣＲＰは科学的因果律を破壊する体系である。放射線を受けた非照射体の健康被害の大きさを放射線のエネルギーに反映させる、加えられた外力と生体の反応を渾然一体とする似而非科学の体系である。
　ＩＣＲＰの体系では誠実な科学は一切できない。

§1 放射線

(1) 放射線とは

　一般に言う「放射線[*]」は、原子の原子核から放出されるエネルギーまたは物質である。原子核から放射線を放出する能力を放射能という。

＊放射線は種類（例えば、アルファ線、ベータ線、ガンマ線。その他に中性子線などがある）と、エネルギーの大きさにより特徴付けられる。物体との相互作用も異なる。
　　ある物体などの放射能の強さは、その物体などの内部の1秒当たりの崩壊数で定義されている（ベクレル：Bq、単位としてはBq/kg、Bq/㎡など）。ここで崩壊とは、原子核から粒子あるいはエネルギー（放射線）を放出することにより、その原子核がより安定な状態に、原子状態を変えることを指す。原子状態の変化とは、その原子が別の名前の原子になることと、名前は変わらない場合もより安定なエネルギー状態に移ることを指す。その瞬間の放射性原子の数と半減期などに依存する。

①明言的には「電離放射線」と呼ばれ、極度に高いエネルギーを持つ高速粒子または電磁波である。放射線が当たった組織内の原子内電子を吹き飛ばす電離作用を持つ。エネルギーの低い可視光線などとは全く異なる危険な作用である。

②放射性原子、核分裂原子、核分裂生成原子が自然崩壊する際に放出される放射線をここでは扱う。放射線は原子核から放出される。

③放射線を放出する能力を放射能、放射能を持つ原子を放射性原子、放射能をもつ物質、微粒子を放射性物質、放射性微粒子と呼ぶ。

(2) 不安定から安定への状態変化

　物質の状態は、不安定から安定に状態変化する。エネルギーの高い状態から低い状態に移行する。自然法則の一つをなす。

① **[原子核の大きさ]** 原子のサイズを公式野球場の大きさまで拡大すると、原子核の大きさは、野球場のど真ん中に大豆を置くと、大豆の大きさが原子核である。原子を横一列に1億個並べるとおよそ1cmとなる。

② **[巨大なエネルギー]** 核子（原子核の中の粒子：陽子と中性子）は狭い原子

核内に大きな負の位置エネルギーで束縛されている（重力の働く空間に例えると深い井戸に閉じ込められているような状態）。放射線は、井戸の底よりも高い位置エネルギー状態（準安定状態）にある核子が最低エネルギー状態（安定状態：井戸の底の状態）に達しようとして余分のエネルギーを核外に放出したものである。原子核の位置エネルギーの大きさは原子核外の電子（原子に所属する電子）の位置エネルギーに比し100万倍のスケールを持ち、巨大である。その巨大エネルギーの準安定状態（不安定状態）から安定状態に移るときに放出するエネルギーは大きく、放射線がそのエネルギーを担って原子核外に運び出す。

③ [**自然の法則**] 安定な状態に達しようとする性質は自然法則であり、自発的に、外からの刺激なしに行われる。逆に崩壊の頻度や崩壊の性質を人工的に換えることはできない。原発で放射能廃棄物を永久に環境から孤立させ、冷却し続けなければならない理由がここにある。

④ [**安定化する方法**] 安定な状態に達しようとする方法は大きく分けて3種類である。

　(1)ウランやプルトニウムなど重い原子核は沢山の核子を持つことで不安定であり、核子の最小な安定塊であるヘリウム原子核を外へ放出する。これがアルファ線である。

　(2)核分裂生成原子核は中性子が多すぎるので中性子を減らして安定化する。その方法は中性子が電子を放出して陽子に変わる。これがベータ線である。

　(3)余分なエネルギーを電磁波として放出する。これがガンマ線である。

⑤ [**原子核崩壊：物理的半減期**] 放射線を発射することによって原子核の状態を安定化させるような現象は、アルファ線及びベータ線を発射する場合、その原子自身を別の元素へ変える。したがって放射線の発射を原子核崩壊と呼ぶ。ガンマ線の場合は原子の種類は変わらないが、原子核の状態を準安定状態から安定状態に変えるので、同様に崩壊と呼ぶ。

　崩壊は確率現象であり、単位時間当たりの崩壊数はいつでもその瞬間に存在する放射性原子の数に比例する。

　この性質を表す物理量が物理学的半減期である。どの時間で区切っても放射性の原子が半分の数になる時間は同じで、それが半減期である。

半減期の時間がたてば、単位時間に放出される放射線の数が元の半分になる。半減期を外的操作で変えることはできない。

⑥ ［**粒子線に伴う崩壊系列**］アルファ線とベータ線は共に粒子が放出されるので、これらを粒子線という。アルファ崩壊もベータ崩壊も、1回のアルファ線、ベータ線放出で最安定の状態が実現するとは限らない。何回もアルファ線、ベータ線等の放出を繰り返し、安定な状態にたどり着く。これを崩壊系列という。

⑦ ［**不安定な核ほど半減期が短い**］核子の準安定状態が最安定の状態に比べてエネルギーが大きいほど時間当たりの崩壊確率は高く頻繁に崩壊し放射線を放出する。すなわち半減期が短く減衰は早い。初期の単位時間当たりの放射線量（放射能の強さ）は大きい。

⑧ ［**放射能環境**］広島・長崎原子核爆弾で言えば、爆発直後ほど強い放射能環境にあった。次第に減衰したが、強い放射能環境は枕崎台風襲来まで続いた。台風によって軽減されたものの、少なからぬ期間継続した。

⑶　放射線の種類

①アルファ線

ウラン、プルトニウムなどの重い放射性原子から発射される放射線である。ウラン、プルトニウム等の質量数が大きい重い原子核は、原子核を構成する一部分の粒子を直接放出することでエネルギーを下げる。核を構成していた放出される粒子は結合力の強いヘリウム原子核であり、電子質量より7300倍ほども重く、プラス2価の電荷を持つ。この崩壊をアルファ崩壊といい原子番号が2つ少ない元素に変わる。まっすぐ進み、行き当たる原子全てを電離する。

4〜5MeV（100万電子ボルト、M：メガ）ほどのエネルギーもつ。同一核種からはきっちりと同じエネルギーのアルファ線が放出される。電荷と質量が大きいことにより大きな相互作用力を持ち、衝突する原子を端からすべて電離させる。生体内（水中）ではおよそ40μmほどの飛程である。コピー用の白紙1枚の厚さの距離を通過する間に、エネルギー全部を使い果たす。空気中ではおよそ45㎜（空中での飛程：45㎜）。飛程が短いということは相互作用

が大きいということであり、短い距離で多数の電離を行い危険が大きいのである。

　1細胞の直径を10μmと仮定すると1細胞内におよそ2万5000個の電離を行う。

②ベータ線

　原子核分裂により生まれた核分裂生成原子は、原子核中に中性子が多すぎる（原子番号が増えるほど陽子の数が増し原子核の安定を果たすために中性子の割合が多くなる。この原子核が割れてできる原子核は安定な状態より中性子が多過ぎる）。ために、中性子を減らすことでエネルギーの安定化を図る。中性子を減らす方法は、中性子からマイナスの電荷をもつ電子を放出することである。電子を放出するとその中性子は陽子に変わる。このようにして中性子の相対的割合が減少し安定状態に向かう。このとき放出される電子（−）がベータ線で、この崩壊をベータ崩壊という。中性子が1個減少し陽子が1個増え、原子番号が一つ増える。

　中性子が電子を放出する際、同時に反ニュートリノを放出する。反ニュートリノとは、ニュートリノ（中性の素粒子）の反粒子（反粒子はある素粒子と質量などの物理量が同じで電荷や磁気モーメントの符号が逆の素粒子）。

　電子は反ニュートリノとエネルギーを任意に分かち合うので、ベータ線のエネルギーは一定でなく、最大エネルギー以下連続スペクトル*を成す。最大飛程のおよそ3分の1に最大強度がある。

＊スペクトルとは、ある物理量（たとえば太陽光の強さ）をその成分（波長）を小さい順に一定量ごとに分解し各物理量を求め、その物理量を成分依存として示したもの。

　最大エネルギー（電子と反ニュートリノのエネルギーの合計）が1MeV程度である場合、最大飛程は、体内でおよそ5mm、空気中で1m程度である。

　アルファ線は行き会うすべての原子を電離させるが、ベータ線はアルファ線より相互作用力が小さく、およそ500原子ごとに1個の原子を電離させる。質量が小さいので衝突（電離）するごとに方向を変える。

　上記と同様な仮定で細胞内の電離数を計算するとおよそ1個の細胞につき60個程度の電離数である。

　主としてクーロン相互作用（電荷どうしの引力斥力）で反発する。このと

き衝突された原子の軌道電子にエネルギーが与えられ電離または励起（原子、分子などを高いエネルギー状態に移す）する。入射したベータ線は運動エネルギーを一部ずつ失っていくなかで千鳥足風に進む。

　エネルギーが高く質量が小さいので、軌道電子の間をすり抜けて原子核近くに達し、原子核と相互作用することがある。このときベータ線の軌道が曲げられ、いわゆる制動輻射と呼ばれる電磁波（X線）が出る。

③ガンマ線

　原子核のエネルギーを下げるために高いエネルギーを持つ光子（電磁波）をガンマ線として吐き出す。原子核のエネルギー状態が安定に向かう。

　光と同じ電磁波である。X線より大きなエネルギーを持つ。ガンマ線が放出されても元素名（陽子の数）は変わらない。しかしエネルギー状態が変わるという意味で崩壊という言葉を使い、ガンマ崩壊という。

　ガンマ線は電磁波であり透過性が大きい（飛程が長い）。透過力と「力」で表現するのは誤っている。電磁波の行き会う原子との相互作用が小さいから長く飛べるのである。透過性が大きいという性質であって、力ではない。空気中で100メートル程度、水中で10cmほどの半価層（強度が半減するまでの飛距離）を持つ。同一の媒質内では、単位長さあたりに減衰する確率はいつでもその場所（層）に入射するときの放射線の本数に比例するので、半減する長さがどこで区切っても一定である性質となる。その長さを半価層という。

　電離作用を行うのは、ガンマ線そのものと電離された電子である。ガンマ線そのものの電離は1回（光電効果）ないし数回（コンプトン効果）である。ガンマ線が光電効果あるいはコンプトン効果により高々300キロエレクトロンボルト（eV）の高速電子（2次電子：ベータ線）を媒体内の衝突された原子から叩きだし、その高速電子が電離を行う。衝突はガンマ線がある程度進んでから確率的に衝突する。

　ガンマ線が外から体に当たると身体表面から電離が生じるのではない。身体内部である程度の距離（数センチ～数十センチメートル）を進んでから光電効果あるいはコンプトン効果を生じ、打ち出された電子が電離作用を生じさせる。

　光電効果では、たった1回電子を叩きだすとその電磁波は消滅する。ガ

ンマ線の全エネルギーを電子に与えるのである。原子内の電子の位置エネルギーが限定されているから、全エネルギーを電子に与えられるガンマ線はエネルギーの小さいものに限定される。エネルギーの低い（～300keV程度までの）ガンマ線がこの効果を生じせる。

コンプトン効果はエネルギーの高いガンマ線の場合に生じ、高速電子を叩き出してもエネルギーが残るので、さらに他の原子に衝突し、繰り返し高速電子をたたき出す現象を指す。コンプトン効果は電磁波のエネルギーの一部分を電子に与え、電磁波は波長の長い電磁波に変わり、何遍も高速電子を叩きだすのである。エネルギーが高くてコンプトン効果を繰り返す場合、ガンマ線が消滅する最後の効果は光電効果なのである。

ガンマ線がエネルギーを消耗しながらも体外に出る場合はエネルギーの低いガンマ線となる。この場合は変化の小さい連続スペクトルとなり、記録され難い。

体内で発射されたガンマ線の相当量が、体内で原子と衝突することはなく、すなわち高速電子を叩き出すことなく、ガンマ線としてそのまま体外に走り去る。これがホールボディーカウンターなどに利用される。ホールボディーカウンターで測るガンマ線は身体に何も害を与えないで出てきた放射線なのである。

このようにガンマ線の高速電子を叩きだす場所は一定の場所に留まる状況ではなく、むしろ身体全体に均等に及ぶ。ガンマ線による被曝の様子はカリウム40原子による被曝（後出）と類似した電離状況を呈す。

補足すれば、光電効果あるいはコンプトン効果で電離された電子の位置に外側の電子が落ち込み、X線（特性X線）を発生する。あるいはそのエネルギーを同じ場所の最近接の電子に与え（オージェ電子）、その電子が電離作用をする。

オージェ電子とは、高いエネルギーによって内殻電子が励起された原子から放出される特定のエネルギーを持った電子のことである。

④その他の放射線

上記の3種は、通常の「放射能」と呼ばれる自発的崩壊による放射線である。他に核分裂や核反応（原子核同士を高速度で衝突させる）の場合に生じる中

性子線、陽子線、重粒子線などがある。

⑷　各放射線の電離状況

各線種の与える電離の分布状況を図1に図解する。

▶放射性微粒子

原発などから放出される人工放射性物質の特徴は、高温状態になっている放射性原子が冷却過程で他の原子などに衝突して分子となり微粒子を形成した状態である。放射線は微粒子から発射される。放射性微粒子は人工放射能が分布されるときの最も一般的な存在状態である。例えば直径1μm程度の微粒子には約1兆個の原子が含まれるが、その中には何種類かの放射性原子と非放射性原子がそれぞれ生成過程の状態に応じて微粒子の成分となる。

放射性微粒子は構成する全原子が放射性とは限らず、多くの種類の放射性原子を含み、全種類（アルファ線、ベータ線、ガンマ線）の放射線が出る。微粒子からは、それぞれの存在量に応じ、半減期に応じ、たくさんの放射線が発射される。発射されるアルファ線、ベータ線、ガンマ線に応じて被曝状況が展開される。放射性微粒子には水溶性のものと不溶性のものがある。

▶電離の空間的様子

図1は放射性微粒子が中心にあり放射性微粒子から放射線が発射された場合を描く。体内でのアルファ線、ベータ線、ガンマ線の電離作用の空間的概念図を示す。図に記載される飛程（飛ぶ距離）は体内でのおおよその値である。

特にこの図は不溶性の放射性微粒子（図中では直径1μmの微粒子として描かれている）が体内に入った場合の電離作用の展開を示す。それぞれの放射線の電離する空間の広がりは全く違うのであり、ＩＣＲＰのように「どれも同じ」取り扱いをするわけにはいかないのである。

微粒子からはあらゆる放射線が継続的に発射されると仮定する。アルファ線とベータ線（粒子線）の電離を及ぼす範囲は半径の大きさが異なる（アルファ線は40μm程度、ベータ線は2㎜程度）。両者ともに微粒子周辺に電離が高濃度に展開する。ガンマ線の場合は電離の集中はないのである（半価層が10

図1　不溶性微粒子から発射されるアルファ線、ベータ線、ガンマ線

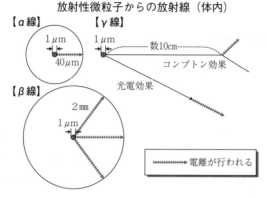

放射性微粒子からの放射線（体内）

ガンマ線では電磁波の飛んでいくのは黒線で表す。電磁波のままでは
電離は行わない。高速電子をはじき出しその高速電子が電離を行う。

cmとして約10分の1に減衰するのが30cm程度）。

　ベータ線とガンマ線は具体的には高速電子による電離作用を行うのである。
ガンマ線が光電効果あるいはコンプトン効果により叩きだす高速電子エネル
ギーは一般的なベータ線のエネルギーよりもかなり小さい。ガンマ線は光速
で、ある距離進行した後に高速電子を叩きだす。したがってガンマ線（1本）
の2次電子による電離作用は空間的にずいぶん離れた場所で行われる。それ
故電離の集中度はベータ線の電離集中度よりずいぶん小さく、電離の場所は
桁違いの広範囲に広がる。ベータ線とガンマ線の電離分布の決定的相違であ
る。すなわちガンマ線の場合の方が広範囲に電離が分布し、電離の集中度は
少ない。

▶水溶性か不溶性か（体内での振る舞いは大違い）

　また、放射性微粒子の物理的特性として水に溶けるタイプの水溶性と、水
に溶けない不溶性とがある。水溶性微粒子は体内に入り血液、リンパ液など
と接すると溶けて、1個1個のイオン（電荷を帯びた原子）に分解される。不
溶性微粒子は血液等と接しても微粒子が分解しない。特定の臓器などに停留
する傾向が強い。一定サイズ以下（直径が1μm未満）の微粒子は細胞膜など
を通過して血液に乗り全身をめぐる。水溶性原子と異なり、不溶性の放射性

微粒子は臓器などに留まりやすく、集中的電離をなす。

(5) 原子核崩壊と化学反応との違い

　化学反応は原子の最外殻（一番外側を回る電子軌道）の電子が他の原子の最外殻電子と接触し相互作用することを意味する。相互作用により、原子同士は結合する、あるいは分離する。原子同士が接触しあう化学反応の世界では、原子核に対する影響はせいぜい電場の変化を与える程度で、原子核の自発的崩壊などには一切の影響を及ばすことができない。焼いても化合させても溶かしても微生物を作用させても、原子核の性質である物理的半減期等には一切変更を加えることはできない。すなわち放射能は変化しない。酵素の作用なども化学反応の概念に入り同様である。

　原子核反応は原子のど真ん中にある原子核が中性子や他の原子核などと衝突した際の原子核の変化反応である。原子核分裂や原子核崩壊、原子核融合などを含む。化学反応のおよそ100万倍のエネルギー規模である。原子核反応という言葉には自発的に行われる原子核崩壊は含まれない。

　化学反応はテクニカルなコントロールの及ぶ反応である。

　自発的反応である原子核崩壊（放射線発射）などは化学反応では変化の及びようのない原子のど真ん中にある原子核の発する現象である。人間がコントロールする技術を知らないために、例えば、核廃棄物は自然界や生活圏から隔離し、冷やし続け、崩壊が収束するのをひたすら待つ以外に対処の方法がない。

§2 放射線の電離作用——分子切断の機構——

(1) 電離とは

①一般的性質

　放射線が身体に当たると表現されるが、微視的に見ると、身体組織の中の1原子に当たるのである。原子は原子核とその周りの軌道電子からなる。

　放射線が原子に当たると電離や励起が起こる。

図2　放射線の電離作用 (電子を原子から吹き飛ばす)

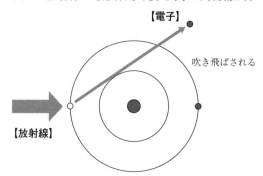

【電子】

吹き飛ばされる

【放射線】

　電離とは図2に示すように放射線の当たった原子に所属する電子が原子の外まで叩き出されてしまう現象である。励起は叩き出された電子がまだその原子の影響下にある空間に留まる場合をいう。電子の状態がエネルギーの高い別の状態に変化する。励起された電子はその原子に所属していても波動状態と言われる電子の状態を変える。電離も励起も共にその電子が関与している他の原子との結合を切断する。

　放射線は電離や励起を行うことによってエネルギーを失い、アルファ線やベータ線は減速し、ついには停止する。ガンマ線は光電効果あるいはコンプトン効果によりエネルギーの低いガンマ線に変わりあるいは消滅する。1本の放射線で1万個〜10万個の電離を行う (放射線のエネルギーに依存する)。

１電離に必要なエネルギーは人体内で30～40eV程度（空気の場合の平均電離電圧は32.5eV）である。

(2)　電離放射線の科学

　生物にとって電離放射線の物理的作用が所謂「場」：「放射線場」である。物体に作用を及ぼす物理的化学的生物学的刺激を物体以外から及ぼされるので、それを「場」と表現する。内部被曝の場合でも放射線の出発する空間的位置に関係なく物体外からの刺激ととらえる。電離放射線の物理的作用を具体的に明らかにし、「場」としての放射線の定性的普遍的性質を明らかにすることによって、放射線が引き出す人体の「反応」：健康被害が科学の対象となりえる。人体の反応は場の函数として捉えられて科学的解明が進展する。

　ＩＣＲＰは放射線加重係数、生物学的等価線量など、本来の「場」に当たる吸収線量と作用される物体内の反応を一体化させてしまっており、科学の基本である因果律の表現形式およびその科学思想を放棄している。ＩＣＲＰは解明すべき生体内での反応をこうしてブラックボックスに閉じ込めたのだ。

　放射線が刺激として作用する物理的プロセスは「電離」である。放射線に作用される物体に応じて「電離」は物体特有の反応を導く。電離は原子と原子の結びつき構造（量子力学的交換相互作用）を破壊し、物体にミクロ的組織分断をもたらす。量子力学は主として分子や原子あるいはそれを構成する電子など、徴視的な物理現象を記述する力学である。

　すなわち電離放射線の普遍的な性質は、当たる組織に関わらずその組織を構成している原子を電離し、分子切断を与えることである。

　放射線場の強さは、ＩＣＲＰ方式では、吸収線量（グレイ）で計測される。１電離に必要なエネルギーは物体に依存するよりは、むしろその構成原子に普遍化して共通の物理的特性によって与えられ、諸物体通じておよそ30～40電子ボルトである。グレイは単位質量（１kg）当たりに生じた電離の数をエネルギー（ジュール）で計測したものである。

　　　グレイ＝ジュール／kg
　　　＝吸収エネルギー（電離に費やされたエネルギー）／その組織の質量

=吸収線量

　生体の場合、最も普遍的に勘定される影響はＤＮＡの切断である。ＤＮ
Ａの切断は放射線の直接的電離作用によるほか、放射線が体内の水分子を切
断し、生じた活性酸素が化学的にＤＮＡを切断する間接的な場合が知られて
いる。後者が前者の３倍程度の量と言われる。活性酸素を生成することから
酸化ストレスを産み、活性酸素症候群の健康被害を与える。酸化ストレスは、
生体内において、活性酸素などによる酸化作用が抗酸化作用を上回り、細胞
などに有害な作用を及ぼすことを言う。

⑶　電離という打撃を受けた物体の反応：電離と修復のバランス

▶分子切断された物体

　電離から生じる分子切断をこうむった物体で、自由電子（物体内を構造組織
に拘束されず自由に動ける電子）を持たない物体は永久的に分子が切断されたま
まである。例えば、自動車のタイヤなどは放射線を浴びた量に応じて脆くな
る。自由電子が存在する物質（金属）では電離された電子の元の位置に新しい
電子が到達して原子を結びつける量子力学的相互作用を回復する可能性を持
つ。しかし、放射線を浴びると切断された原子の位置が移動し、組織が切断
されたままの確率が大きい。なべて、物体は脆くなることが知られている。
　生物体は歴史的生物進化の結果身に着けた電離作用の破壊結果を修復する
能力を持つ。

▶カリウム40

　自然放射能であるカリウム40は成人で全身について4000ベクレルほど
の内部被曝を行う。通常人間が健康でいられるということは、この電離作
用は毎秒毎秒のうちに修復されているということである。すなわち毎秒瞬
時のうちに１億3000万個（概算：ベータ線、1.3MeV、平均電離40eV、4000Bq、
｜(1.3MeV/40eV)・4000｜）ほどの電離を始末する能力を通常の大人は免疫力と
して持つ。
　進化の結果保有している処理能力は莫大なものであり、そのメカニズムは

詳細に解明されるべきであるが、我々が通常「健康である」ということは毎秒毎秒膨大な損傷を処理している証拠である。生体酵素の活性化には活性酸素が必要であり、その活性酸素をカリウム40の電離で賄っていることが生命体機構の一部となっているとみるべきである（児玉順一氏、アヒンサー6号〔2016〕）。人類などは、最も効率の良い修復作用の方法を獲得していると見るべきであろう。

これに対して人工放射能はそうはいかない。まず第一は、カリウム40の電離の上に付け加えられる。主として化学的親和性により臓器に取り込まれ、集中する。時間的にも電離が継続する。一カ所に電離が集中すると生体酵素は集中し難く、かつ時間的継続も難しい。修復ミスが多くなる。また物理的に切断場所が近接していることそのものが、修復ミスを生み、間違って接続させる条件となる。

⑷ あらゆる結合は波動関数の重ね合わせ

▶原子の結合、分子形成は「電子対」形成による

原子と原子を結びつける力は、二つの原子間に生じる電子対である。電子が対を形成することによって2個の原子をつなぎとめる大きな力を生ずる。量子力学で「交換相互作用」と呼ばれる強固な電子対の形成である。

安定的に存在する分子、原子内の電子は、内側の電子は全て自己原子内で電子対を形成し、量子力学的最安定の状態にある。最も外側（あるいはそれに準ずる位置）に位置する電子は他原子の電子との間で電子対を形成するか残余は自己原子内で電子対を形成する。原子と原子が結合し、分子となっている通常の物体は、有機物であろうと無機物であろうと金属であろうと動物であろうと植物であろうとすべて同じ原理による。

▶共有結合

図3は典型的な共有結合として知られる水素分子の形成を電子の配置で描いている。2つの電子が対をなすことにより強固な水素分子が得られる。電子は軌道運動とスピン運動の2つの物理量を有し、2つの物理量がともに最低値になるような電子配置が最も安定したエネルギー状態をなす。水素原子

図3　電子対が原子を結合させる

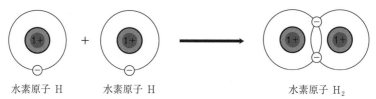

水素原子 H　　　　水素原子 H　　　　　　　　　水素原子 H₂

が水素分子になる際の電子の対はスピン量子数もゼロ、軌道の状態も量子数がゼロになるような電子のカップルが生み出される。ここで原子内の電子はスピン角運動量と軌道角運動量と2種の角運動量を持つ。角運動量は回転の大きさと方向を表す運動量、スピン角運動量は相対性理論で裏付けられる角運動量であり、電子の自転に例えられる。軌道角運動量は原子核の周りの電子の回転運動を表す。また、角運動量などの大きさは量子状態で特徴づけられる。

　このような「対になる」ことが最低エネルギー状態（位置エネルギーとして負で値が最も大きい状態）を作り出すうえで決定的なのである。最低エネルギー値の大きいほど（＝電子対の結合が強固なほど）強固な結びつきが実現する。「対」の形成がもっと多数の電子が関与してできる「複合対」でなされる場合もある。

▶**イオン結合**

　図4にはイオン結合の際の電子の対の状況を記す。

　食塩*（塩化ナトリウム）はイオン結合の代表のように知られている。

図4　食塩のイオン結合の電子対
塩化ナトリウム（NaCl）

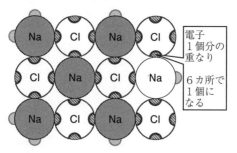

電子
1個分の
重なり

6カ所で
1個に
なる

＊食塩NaClはNaから電子が1個Clに移動してNaの電子集団の穴に電子が入り込むように単純に機械的に思い込まれているがそうではない。実際の結合はNaもClも電子の複数軌道の混成軌道を作り、両原子ともに6回対称の全く同じ波動関数（量子力学で電子の空間的に存在する確率を雲に例えて表現したもの）を合成して、合成された波動関数でお互いに6分の1個ずつの電子波動関数を重ね合わせて、波動関数の完全化（合計の軌道角運動量もスピン角運動量もともにゼロになる）を達成する。これが塩化ナトリウム構造という結晶構造を作り上げる。

この場合の結合の姿は塩素もナトリウムも両方の電子が（x、y、z）直角座標のそれぞれの方向に電子雲（電子の存在確率を現す）を伸ばすような対称性に姿を整えて、それで電子雲を受け容れるのと差し出すのとで電子対を形成する。

共有結合においてもイオン結合においても、結合できるということは両原子の電子波動関数が全く同じになることを通じて初めて結合がなされる。

よく化学畑の方からは、「イオン結合は電子の移動を伴い、電子を共有する共有結合とは全く違う」と主張され、共有結合とイオン結合は全くメカニズムの違う結合のように主張されることがあるが、実はそういう理解は正しくない。

原理はいずれの結合も電子対を形成することであり、対となれる状態は波動関数を一致させることである。共有する波動状態にニュアンスの違いがあるだけなのである。

▶結合は電子の波動関数を同一状態に

化学的には共有結合、イオン結合、金属結合等々、結合の種類が分類されているが、いずれも電子軌道・スピンを共有することが基本である。現実の物体の結合タイプで調整される電子雲の分布等が逐一異なるが、共通原理は電子雲の対称性が同一になり、それにより電子雲が重なることが可能となる。同一波動状態の重なりであり、それが電子対である。

＊量子力学という分野では電子の分布の様子が「電子雲」として理解されている。電子雲は電子の存在確率の大きさを表す。電子雲は結合相手との条件に応じて量子力学的な対称性を変化させ（電子の空間的展開：軌道状態の形を変化させ）、双方が同じ量子状態となることにより互いに相手を迎え入れることができる。最低エネルギーでの電子結合ができるように結合が進む。その1例が上記の水素分子や食塩である。全ての結合で放射線による電離を受けると分子が切断される危険を持つ。図2は単独に電離を説明するものであったが、原子が相互に結合している状態で分子が切断されるメカニズムに直結している。

⑸　電離作用は分子切断をもたらす

①電離（再確認）

　電離と呼ばれる作用は①電子を原子から叩き出したり、②励起させたりする。

　原子から叩き出すとは電子にエネルギーを与え、電子をその原子の電気的引力の及ぼす範囲外にはじき出すことである。

　励起は放射線から与えられるエネルギーが電子を叩き出すまでに至らない場合に生じる。主として最外殻の電子に放射線のエネルギーの一部を与えて、より高いエネルギー状態に移してしまう現象である。

②分子切断

　人間の身体を構成している原子は全て分子として結合しあっている。

　放射線の基本作用は、分子を切断し結合を破壊することに帰結する。分子において原子と原子とが結び付けられるのは、電子がペアを構成することである。そのペアを構成する電子の一つが吹き飛ばされると、ペアが破壊され、原子と原子を結び付けている力が失われるのである。図5にその様子を示す。

　電子が励起される場合も電子状態が変化を受けるので分子は切断される。

　原子と原子が結びつく結果は金属、非金属、動物、植物等々と呼ばれる物質を形成することとなる。金属中であろうと、非金属であろうと、人間や動物の身体中であろうと植物中であろうと、結合と切断の原理に変わりはな

図5　分子切断

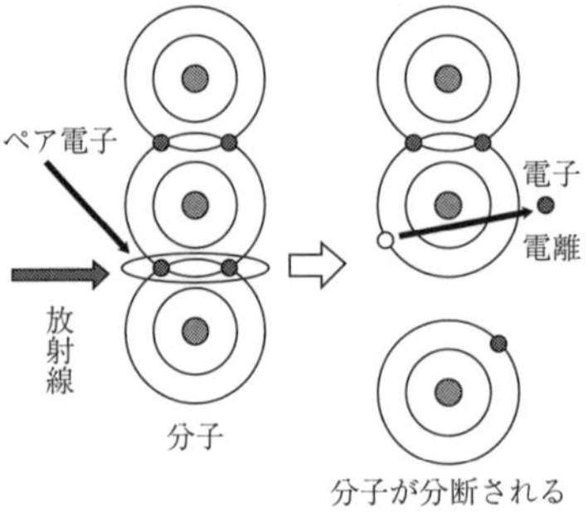

ペア電子

放射線

分子

電子

電離

分子が分断される

い。身体の中で、放射線が当たる（エネルギーを与える）のが、ＤＮＡであろうと、細胞膜であろうと、神経伝達物質であろうと、血液やリンパ液であろうと、酵素やホルモンであろうと、ミトコンドリアであろうと、すべての分子で原子と原子の結合が切断される。分子切断が放射線の主たる危害である。

　生体のリアクション（反応）として、修復（切られた分子をつなぎなおす）やアポトーシス（細胞を自ら死滅させる）や様々な応答がある。切断された分子のすべてが修復されるわけではない。

③修復ミス：つなぎ間違え

　ＤＮＡは全く同じ構造をとる一次元的な分子が４種類の分子により結び付けられている。ＤＮＡの分子構造は１次元的に原子が結合している。ＤＮＡの分子が電離されたその場所で完全に切断される。

　そして、それをつなぎ直す時につなぎ間違えが起こる。この修復も誤修復も放射線の作用そのものではない。この段階は生命の修復作用という見地から科学の対象となる。

　つなぎ間違いはＤＮＡの二重鎖切断など、電離密度が高いほど確率が高い（二重鎖切断：ＤＮＡは２本の同一組織がペアとなっており、その２本が同時にほぼ同一場所で切断されること）。ＤＮＡのつなぎ間違えは生物学的修復作用の結果、「異常に変成された遺伝子がどれだけできてしまうか」の問題となる。この問題も放射線自体の作用ではない。生命力の反応であり、放射線の作用と関連した領域の問題である。

　ここにＩＣＲＰの低線量論、あるいは内部被曝も外部被曝も同等説の意図的、短絡的誤り、誤ったポリシーがある。

　このポリシーは、被曝のリスク評価としてＩＣＲＰが「臓器ごとで平均した吸収線量」を用いるという方法論として具現化している。１細胞のＤＮＡ損傷の危険度はミクロな視点での局所的・継続的吸収線量で初めて具体的認識へ反映される。

　ＩＣＲＰの吸収線量定義（臓器ごと）はミクロ的に展開する分子切断の高密度を「危険である」という尺度（電離現場の吸収線量が大きい数値となること）に具体化することを拒否する。危険度を吸収線量の大きさに反映させることを拒否する。ミクロ的な分子切断の高密度は生体酵素の継続／集中の困難さ

と直結するから、その困難さを一切表現拒否するのである。

　放射性微粒子の周りでの分子切断の展開する様子を想像しよう。

　微粒子の中にアルファ線を放出するウラン235と、ベータ線を放出するセシウム137の原子が同数あると仮定しよう。

　半減期の長さの違いから、ウランがアルファ線を出す頻度の2300万倍の頻度でセシウムはベータ線を出す。半減期の逆比が頻度比として現れる。

　アルファ線は微粒子の周囲の半径40μm球内に、ベータ線は球の半径3mm程度の範囲に集中した電離を行う。ベータ線1本による電離の間隔はアルファ線の500倍程度だが、放出頻度が2300万倍である。微粒子の周囲ではたくさんのベータ線が放射され電離を行うので、アルファ線に勝るとも劣らず、密集した電離、分子切断状態を作る。これらの作り出す電離の局所的密度は微粒子からの距離（半径）に依存する。

　他方ガンマ線は強度が半分になる距離が体内では10cm程度、強度が8分の1になるのが30cm程度である。その範囲でもって、分散した電離を行う。人間の身体に何もせずに透過するガンマ線は半数以上に及ぶ。放射性微粒子の周りにガンマ線が集中した電離状態を作ることは決してない。

　分子切断は、1本ごとの放射線が1本ごとに担った無数の作用であってそれが「粗」ということは、切断されたひとつの点の周囲に別の切断点がないかそれに近い疎らな分子切断の密度である状態を意味する。この場合の修復作用の結果は元の姿に正常に再結合ができる可能性が大きい。

④分子の間接切断

　間接切断とは、放射線が水分子等を電離し、生じた活性酸素が分子切断を行う場合のことをいう。

　生成する活性酸素は水和電子、ハイドロオキシラジカルOH^-、スーパーオキシドO_2^-、過酸化水素H_2O_2（Oは酸素、Hは水素）がある。非常に化学的結合力が強く、周囲の原子どうしの結合に割りこみし、その結合を切断し自分自身がその一方と結合する。その結果としてのDNAやあらゆる分子を切断する現象である。細胞膜を破壊するなどもろもろの作用をする。体内にたくさんの水分子が存在するので、DNA切断の3分の2は間接切断と言われる。

活性酸素は生体酵素の活性化等に必要であるが、過剰に生成すれば酸化ストレスと呼ばれる状態を導く。

　関連する効果としてペトカウ効果がある。ペトカウ効果は、放射線強度がある程度以上の時には発生した活性酸素同士が相互作用して化学的に安定化されるが、放射線強度が十分に弱ければ、その相互作用をする機会が無くなり、放射線強度あたりの細胞膜破壊やDNA切断の効率が上昇することをいう。

⑤周辺効果（バイスタンダー効果）

　DNAの損傷が生じるメカニズムに、そのほかバイスタンダー効果等が知られている。バイスタンダー効果とは、直接照射された細胞だけでなく、周りの細胞にも電離放射線の影響が伝わることである。直接打たれない周囲の細胞のDNAが切断されるなどが生じる現象である。

　生体のリアクション（反応）として、修復（分子の結びつきをつなぎなおす）やアポトーシス（細胞を自ら死滅させる）や様々な応答がある。切断された分子のすべてが修復されるわけではない。

⑹　電離を具体的に把握する科学―ＩＣＲＰは具体性を捨て去る逆科学

　被曝とその被害実態及びそのリスクを知るには、被曝被害の根源である電離の総量と局所的密度、臓器内等での分布状況、時間的な電離の継続的展開状況等を把握しなければならない。なぜなら電離の密集度、とりわけ細胞レベルでの電離の密集度が健康上の被害に直結していることがわかっているからである。様々な生命酵素の働きによる修復を考慮するのだが、物理的に生体酵素が局所に継続的に集中することがいかに保障されるかが修復の成功度に反映する。

　しかるに、ＩＣＲＰは電離放射線という言葉を使用しているものの、電離放射線の原初的な物理的素過程を具体的、科学的に認識する過程を持たない。臓器ごとの総エネルギーだけで処理するのが彼らの流儀である。この科学操作の偏りは内部被曝を見えなくする操作なのだ。

§3　進化の歴史で獲得した修復力と人工放射能の健康被害

1．人間は常時自然放射能であるカリウム40の放射線により被曝：電離＝分子切断を受ける。同時に生成した活性酸素は生体酵素の活性化、機能の維持に不可欠となっている。

2．カリウム40による被曝は平均的な大人の場合、全身で4000ベクレルほどであり、電離数にすると毎秒1億3000万個ほどである。この電離は基本的には毎秒瞬時のうちに修復される。

3．電離で生み出された活性酸素の一部は生体酵素を活性化させ、抗酸化力・免疫力の発動をもたらす。電離・分子切断と抗酸化力・免疫力は一定のバランスを保つ。

4．過剰な活性酸素は酸化ストレスを産み、炎症反応やがんを発生させる。

5．人工の放射線は常に過剰なDNA切断、過剰な活性酸素を生み出し、バランスを酸化ストレス側に崩し酸化ストレスを産み、活性酸素症候群やがんの発生を誘う。

6．電離数と抗酸化力・免疫力の関係は流れ込む水量とダムの貯水容量に例えることができる。人工放射能の影響は単独で考察するのは間違いで、カリウムの電離作用と合わせて考察しなければならない。

7．カリウム電離とその修復の膨大さを考慮すると、電離修復の失敗は常に生じており、健康状態で沢山の「異常DNAを有する細胞」が生成されていると見るべきである。いわゆる潜伏期間は、「異常DNA」の集積とバランスの消失による表面化という側面からの考察が必要である。潜伏期間と見なされる期間は大変短期間である可能性もあり、機械的に一定ではなく大変大きなばらつきを有する。

8．ICRPの専門家はセシウム137などをカリウム40と比較し、ベクレル数が少ないことを理由にセシウム137などの被曝は取るに足りなく、健康被害を産まないと主張するが、根本的に間違いである。

(1)　カリウム40による電離とその修復

①多量の電離数

　我々の体内には、全ての細胞に関わる多量のカリウムが存在する。カリウムは天然に放射性カリウム40（半減期12.5億年）を1万個のカリウム原子のうち1個ほど保有する（同位体存在比は0.0117%）。カリウム40は1.3MeVのベータ線を放出する（ガンマ線も放出するが今はベータ線にのみ注目する）。

　カリウム40による被曝量は決して少ないものではない。平均的に大人で4000Bqほどの多量の内部被曝をもたらしている。

　カリウムは非常にイオン化傾向が高く、カリウム40が自然のカリウムの中に保持されている性質からしてカリウム40だけ集合するというような微粒子集合体を決して作らず、カリウム原子が1個1個別々に体内の場所に存在する。4000ベクレルのカリウム40のベータ線放射は体中に均等に薄く散在する。

　カリウムベータ線は、エネルギーが1.3MeVで1本のベータ線で約3万3000個の電離がなされる。体内での4000ベクレルを電離の数に換算すると毎秒1億3000万個の電離がなされる。大量のDNA切断と活性酸素が生み出される。

②何故生命体は健康でいられるか？

　しかし、この大量被曝に対して人類は健康でいられる。それは人が地球史的な歴史の中で身に着けた免疫力・修復機構のおかげである。環境に適応しようとする機能訓練と自然淘汰の結果確立された電離効果を修復する免疫力が備わっているからである。毎秒1億3000万個の電離を修復しているのである。

②生体酵素の活性化と修復

　生物は大量の細胞新陳代謝を行い、放射線、化学物質、病原菌、ウィルスなどの外敵が体内に侵入する。それを修復や殺菌や清掃をする生体酵素が対処し、健康を保つ。生体酵素は活性酸素により機能を発揮したり活性化したりする。

児玉順一医師はアヒンサー第6号においてカリウム40によって「毎秒作り出される活性酸素の半量が不活性の生体酵素を活性化し、残りの半分の活性酸素を処理する」という趣旨の説明をしている。毎秒1億3000万個の電離を修復処理する最も効率の良いメカニズムである。

　進化の結果生命が身に着けた生命メカニズムは、カリウム放射線が生み出す活性酸素を生体酵素の活性化・機能化に役立て、カリウム40自ら生成する大量のDNA切断や活性酸素と細胞新陳代謝の始末をする、という賢い機能が達成されているようなのである。カリウム40の大量被曝を処理する生命能力はカリウムによる電離を巧みに利用して、生命系の機能をバランスさせているというのが、進化の結果と見るべきなのであろう。

④カリウム40によって作り出される活性酸素が修復に組み込まれる

　カリウム40の被曝による電離・活性酸素生成は、細胞核DNA、ミトコンドリアDNAの切断や体内水分子の切断によって活性酸素を作りだすなど多様な危険因子を作り出す。それ等の処理には、活性酸素が免疫機構を活性化し瞬時にして処理できるメカニズムを作り上げてきた。

　両者のバランスが保たれることが健康において重要である。例えば、生命の防護機構に白血球がある。リンパ球（免疫）、好中球（殺菌）、マクロファージ（清掃）が知られる。好中球は活性酸素と酵素の協力により細菌を始末する。アポトーシス（細胞の自死）機構により、細胞新陳代謝や細胞のがん化や化学物質の侵入やウィルス・細菌による感染が食い止められる。このアポトーシスは、生命酵素（ミトコンドリア酵素、貪食細胞など）を活性酸素が刺激してアポトーシスのいくつものプロセスが完結する。カリウム被曝は自らの免疫機構を強化し整えるという生命機構構築に欠かせぬ要素となっていると考えるべきである。

⑤瞬時にして大量修復が行える土台

　このようなメカニズムはカリウム40が全ての細胞に分布し、カリウムによる電離が身体全域にわたって行われ、生体酵素の分布も活性酸素の分布も身体全域において均等に薄く分布することが、この膨大な処理能力のバックグラウンドと見るべきである。

修復力（免疫力）の働き方を考察すると、電離を修復する生体酵素と呼ばれる一群の修復機能が血液やリンパ液循環と関連しているところから、生物体の構造上、広く薄く分布する電離＝分子切断は処理しやすい。逆に内部被曝、不溶性微粒子などによる局所的な集中電離の処理は、貪食細胞などの時間的・空間的集中に物理的な困難が伴い（あまりにも密度が高すぎて集中できない）、修復しきれない「落ちこぼし」を系統的に産出する。したがって内部被曝特に不溶性微粒子による内部被曝は、外部被曝に比較すると格段に修復ミスを生じる危険が高い。この落ちこぼしが健康被害をもたらす。人工放射能である不溶性微粒子やアルファ線による電離は非常に危険である。カリウム被曝の修復過程で系統的に産生された未修復細胞は既に蓄積されているので、それに加えての人工放射能の集中電離は健康リスクに直結する可能性が高いのである。

⑥常時多量の修復ミス？

このような考え方に従えば他方において、常時一定の修復ミスが必然的に生成され、その異常細胞を免疫機能が押さえ込んでいるという状態が見えてくる。ここからはがんの発生がたった1異常細胞から始まるという認識を大幅に変更する可能性（必要性）が浮かび上がる。すなわち健康状態では押さえられていた異常細胞の活動が臓器単位あるいは全身の健康不良から一斉に活性化して短時間でがんの成長が生じてしまう、という可能性である。関連する生理学が具体的に発展することを期待するものである。

(2)　人工放射能との違い

①人工放射能はカリウム被曝の上に加わりバランスを崩す

人工放射能による内部被曝は決して全身均等の被曝をもたらさない。

人工放射性原子の臓器親和度により特定の臓器に偏る。放射性微粒子の形成により局所被曝をもたらす。

人工の放射能は過剰な電離を与えるだけで、修復機構の構築には何の関与もしない。カリウム被曝で分子切断・活性酸素生成と修復機能がバランスしている状態に、人工放射線は過剰な分子切断・活性酸素生成を加えるだけで

ある。

　これが人工放射能の危険な理由である。危険をもたらす物理的原因の放射性微粒子、特に不溶性微粒子（福島事故で大量に放出された）などによる電離現場の具体性を解明することにより、人工放射能の危険構造が理解できる。

　すなわちカリウム40の4000ベクレル程度の広く薄く散在する電離は、電離を修復される過程と免疫力を活性化する過程を両面持ち、バランスさせている。これが日常茶飯事として行われているのである。しかし人工の放射線は電離を与えて生命機構を破壊するだけである。既存の生命に危機を与え、エイズなどに対する免疫防護を壊したといわれる（J. M. Gould & E. A. Goldman、「Deadly Deceit」, Four Walls and Eight Windows (1990), 訳：肥田舜太郎）。

　このようにカリウム40の被曝量の多大なこととそれを修復する能力は日頃の免疫力の多寡に依存することを指摘した。それに加わる人工放射性物質による被曝は一意的に危険なのである。

　ICRPの専門家たちは、セシウムの被曝量をカリウムの被曝量に比較して、「微々たるもので健康に影響はない」と人工放射能の健康影響を否定するが、機械的なとんでもない誤謬である。

　カリウムでバランスを保っているところへ人工放射能はバランスを崩すのである。

　人工放射能はカリウムで構成されるバランスの上に活性酸素を生成するから、バランスを活性酸素過剰な状態に移行させ酸化ストレスを生成するだけである。またカリウムチャンネルの機能の破壊も行う。同時に常に修復し残し（修復の失敗）も常時存在し蓄積される。酸化ストレスとなり活性酸素症候群を生じさせる。これらは免疫力と分子切断のバランスを作り、新たな人工放射線の被曝でバランスを崩す。

②満杯のダムに水を流す

　ICRPはカリウムと人工放射能の被曝状況だけでなく生命体の対応能力上の問題も区別を拒否する。臓器内の全エネルギーだけで計測させるからである。もし吸収エネルギーを比較するならば（この対比方法は不適切であるが）、ICRP国内委員などが吹聴している「カリウム40」対「セシウム137」などという対比は客観的現実を反映していない。「カリウム40」対「カリウム40＋セシウ

ム137」とすべきである。

　人工放射能はカリウム被曝とその修復処理として常時成り立っているバランスを崩し、一方的に過剰のＤＮＡ切断及び活性酸素を生成し、免疫力を低下させる。免疫力が低下している人あるいは低下している時に、自然放射能および人工放射能による被害が現実化する危険が迫る。

　カリウム40による電離の多さ（分子切断、活性酸素生成）を水の量に例え、活性酸素により活性化された免疫力をダムの容量に例える。カリウム40は電離作用を行い、ＤＮＡ切断（直接効果）や活性酸素を生み、それにより組織切断（間接効果）も行う一方、生成した活性酸素は免疫力の維持強化を行う。すなわちダムの容量を大きく保つ。いわば、電離作用と免疫力のバランスを保つ作用に自らが関与する。いろいろな原因での活性酸素生成により、そのバランスがダムの縁まで水がたまるような（いっぱいいっぱいの）状態であるか、あるいはダムの縁が高くまだ水を蓄えられる（余裕ある）状態かに分かれるが、いずれにしてもカリウムだけでは水はこぼれない。いっぱいいっぱいの状態の時にわずかな量でも追加の人工放射能線が加わるとダムから水があふれてしまう（健康影響が具体化する）。それに反して抗酸化力・免疫力が豊富な場合（ダムの容量が大きい場合）は少々の人工放射能が入ってもすぐには健康影響は出ない。

§4 抗酸化力・免疫力の強弱

　これらの修復力と修復の失敗による健康リスクは一般的抗酸化力・免疫力の多寡だけでなく、性や年齢によって大きく異なる。

　人それぞれが同じ免疫力・修復力を持っているのではない。また1人の人間が常に同じ程度の抗酸化力・免疫力を持つのではない。それらの力の小さい人もあれば大きい人もいる。大きいときもあれば、小さいときもある。天然カリウム放射線によって健康を害してしまう人もいれば、大きな余力を持って修復している人もいる。抗酸化力・免疫力の落ちているお年寄り、病気を抱えている人など体にストレスのある人は放射線弱者である。また、胎児や小児など身体が著しく発達途中の方は特に放射線弱者である。

(1) 電離の量と修復力のバランス

　以上の考察から容易に想像がつくことは、修復効率がいかに高くとも必ず修復し残し（修復失敗）があり、人工放射能による被曝は電離と修復力のバランスを活性酸素・フリーラジカルが優勢な方向に傾かせ、酸化ストレスを増加させる。放射線のほか、化学物質、病原菌、ホルモンなどの作用で活性酸素・フリーラジカルが産生され、活性酸素が優勢な方向へバランスを移動させる。一方、活性酸素・フリーラジカルは、体内の異物や細菌などを処理する生体酵素を活性化させる。健康体では、このような活性酸素・フリーラジカルと免疫力のバランスが良好に保たれる。

　このバランスが人工放射線の作用、その他の原因により、活性酸素・フリーラジカル優勢の方向に崩れた状態が酸化ストレスである。酸化ストレスにより体内いたるところの機能不全が生じ、慢性炎症、がん発生となる。

　DNA損傷、ミトコンドリア損傷、カリウムポンプなどの生理機構を崩し、発がんおよび全身の健康不良と深く結びつく。

　がんの潜伏期間について、細胞分裂の倍々ゲームに必要な時間を数え、機械的に5年などと設定することが、いかに乱暴かが以上の議論から導き出さ

れるのではなかろうか？

　分子切断と免疫力のバランスが、諸原因により酸化ストレス側に崩れている人は、疾病が現れやすく、発がんまでの時間が短い。

　L. Eldridge は、Latency Period and Cancer Definition（2018）において（https://www.verywellhealth.com/median-survival-meaning-2249028）、アルゼンチンで行われた調査研究で、血液がんを発症して放射線治療を受けた患者について、放射線治療から固形がん発症までの潜伏期間は25カ月〜236カ月（平均値は110カ月）と報告している。早いものは2年ほどで発症する。潜伏期間は大いにばらついており、単純な平均値を基準にすることは禁物である。

⑵　年齢・性差によるリスクの変化

　性差と年齢を考慮すると大きなリスクの差がある。

　米国アカデミーオブサイエンス　BEIR Ⅶ Phase 2 「リスクモデルによる年齢別性別の20mSvの被曝の年齢による過剰リスク」によれば、20mSv被曝によるがんリスクは、全年齢について女性が男性より1.5倍ほど多く、特に低年齢では1.8倍ほどになっている。また若年層のリスクは、高年齢のリスクに対して数倍にもおよび、年齢低下と共に高リスクになっている。

　一般的に現行のリスクモデルは30歳の時に被曝した生涯リスクを数値化しているが、それより若年層、また女性に多大なリスクが現れている。現行のリスクモデルは単純な数値化によって、リスクが一面化されており、事実と合わない。30歳基準のリスクモデルより、その何倍も実際のリスクはある。

　多様性のあるリスクが単純化されたモデルは人権の切り捨てをもたらす。ＩＣＲＰのような強者中心の被曝学は弱者を保護の枠から外している。

　このように放射線被曝の直接的分子切断、あるいは活性酸素を作ることによる間接的分子切断と切断を修復する能力・免疫力のバランスがある。修復能力はその人の成長過程（細胞分裂等の頻度）、慢性的炎症の程度、基礎体力、年齢などに依存する。一人一人放射線被曝（活性酸素、酸化ストレス）に対する修復力の違いがあるがゆえに、放射線被害の現れ方は千差万別の状況を呈する。放射線被曝の現れ方はＩＣＲＰなどのようにがんとその周辺に限定されることなく活性酸素症候群として知られるあらゆる健康被害を含む。

第4部

内部被曝と外部被曝

1. 外部被曝とは身体の外から放射線が飛来して被曝することである。内部被曝とは体内に入った放射性原子から放射線が発射され、体の内部から出た放射線により被曝することである。

2. アルファ線、ベータ線は飛程が短いことにより、外部被曝はガンマ線による被曝と近似できる。内部被曝は全ての線種が被曝に関与する。

3. 空気中の飛程と体内での飛程は、それぞれ、アルファ線で45mm、40μm、ベータ線1m、5mmである。ガンマ線の半価層（強度が半分に落ちる距離）はそれぞれ100m、10cmほどである。これらは代表値であり、すべてエネルギーに依存する。

4. ガンマ線の被曝は、光電効果およびコンプトン効果を生じた結果、はじき出された高速電子が電離作用を行う。ガンマ線が入射した端から電離が始まるのではなく、ある程度進んだところで光電効果あるいはコンプトン効果が生じるので、電離は全身を対象に行われる。

5. ベータ線が原子核内の中性子から発射されるとき反ニュートリノを伴う。その際エネルギーを分かち合うので、ベータ線のエネルギーは最高エネルギー以下連続スペクトルを成す。強度が最高になるエネルギーは最高エネルギーの約3分の1である。

6. アルファ線はヘリウムの原子核であり、出合う全ての原子を電離させる。

7. アルファ線とベータ線は発射されたポイントから連続的に電離する。電離密度は発射地点から高密度である。しかし飛程以上の距離にある細胞には電離を与えない。したがってこれらは臓器単位での吸収線量の計算をするならば、圧倒的に多数である被曝していない細胞を「被曝している」として計算することになるので大変な過小評価となる。これに対してガンマ線の被曝は高速電子を発射する場所自体が臓器全体あるいは全身に分散するので、臓器単位での吸収線量計算が良い推定方法となる。臓器単位はアルファ線、ベータ線に対しては極めて不良な方法となる（第3部図1）。

8. 人工の放射性物質は化学的親和性により臓器に蓄積される。自然放射能カリウム40などとまったく異なる性質であり、人工放射性物質による内部被曝の危険性の本質である。

9. 人工による放射性物質は多くの場合微粒子を形成する。水溶性微粒子は体内に入り、血液やリンパ液などの液体に出合うと溶けて、一つひとつのイオンに分解する。不溶性微粒子は、1μm以下の程度の大きさの微粒子は細胞膜を通過し、全身に運ばれる。それ以上の大きさの微粒子は体内の一定の場所に留まり、その周辺に集中的電離を与える。不溶性微粒子は内部被曝に対して大きなリスクを与える。

10. ホールボディーカウンター（WBC）はガンマ線を測って内部被曝を確認する。計測するガンマ線は身体に何も作用せずに素通りしたものである。体に電離作用を及ぼしたガンマ線は、WBCのバックグラウンドの連続ス

ペクトル強度を増加するなどの現れ方で、計測できない。計測したガンマ
線強度を持ってアルファ線、ベータ線を含む内部被曝を推定する従来の計
算方法は誤りである。
 11. 放射線の健康影響のメカニズムとしてカリウムチャンネルの機能破壊を
　　考慮する必要がある。

§1　内部被曝

　内部被曝は、空気中に漂う放射性微粒子を呼吸で取り入れる、また、放射
性物質で汚染された食べ物や水を飲食することによって、放射性原子を体内
に入れてしまうことに起因する。内部被曝とは、体内の放射性原子から放射
線が発射されて被曝することを言う。

　外部被曝は放射線を発する源：放射線源、放射性微粒子などが体の外にあ
り、体の外からやってきた放射線に被曝することである。

　原爆の場合は、核分裂が上空で行われ、その場から飛来する中性子線やガ
ンマ線（初期放射線）が典型的な外部被曝だった。

　中性子誘導放射化によって作り出された放射能物質や、放射性降下物は外
部被曝にも内部被曝にも関与した。

　放射性降下物とは、核分裂しなかったウランやプルトニウム、核分裂で生
成された「核分裂生成原子」が含まれる放射性物質である。

　福島原発事故の場合は、原爆の放射性降下物と同様な側面を持つが、原子
炉での核分裂は時間をかけて徐々に行われることから、半減期の長いものが
蓄積し、かつ、炉心で気体あるいは液体状態でいる元素の放出割合が非常に
大きくなる。すなわち、セシウム、ヨウ素等、次いでストロンチウム等が際
立って多く放出されている。

　放射性微粒子が環境に放出された場合の外部被曝は、3種類の放射線が関
与するが、アルファ線の飛程（到達距離）は空中で4〜5cm、ベータ線は高々
数メートルである。それに対しガンマ線は100mのオーダーの長距離に及ぶ。

したがって放射性微粒子による外部被曝は、特殊な場合を除いて、ガンマ線だけによると近似してよい。

それに対して放射性微粒子を吸い込んだり、飲み込んだりして体内に取り入れた場合は、発射されるすべての放射線が体内の組織を傷つける。

外部被曝と内部被曝を図1に示す。この図から外部被曝では飛程の関係からほとんどガンマ線だけによると近似できるし、内部被曝は全ての放射線が電離に関与することがわかる。

体内ではアルファ線は40μm、ベータ線は5mm程度の飛程であり電離の集中度は非常に高くなる。ガンマ線は半価層が10cm程度になる。

微粒子には水溶性微粒子と不溶性微粒子がある。原爆のように高温になった後凝集した微粒子は不溶性が多い。福島原発事故においてもセシウムボール等と呼ばれる不溶性微粒子が多く放出された。

特に不溶性微粒子となって体内に入った場合は血液などに溶けず、微粒子の姿を保ったまま一定箇所に停留する。微粒子の直径が小さい場合は、微粒子のまま血液などにより全身に運ばれる。直径が1μmの微粒子には約1兆個の原子が含まれ、その10%が放射性であると仮定しても膨大な数の放射線を出し続ける。微粒子から放射線が出続け、微粒子近傍に対する電離の被害

図1　外部被曝と内部被曝

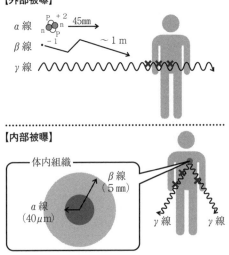

が多大となる。

　体の外から内部被曝を見つけようとすると、ガンマ線のみが体外に飛び出し、アルファ線とベータ線は対外には出ない。ホールボディーカウンターによる検査はガンマ線のみが測定対象になる。放射性物質は尿、汗などにより排泄されるので、それらを調べれば内部被曝の片鱗を知ることが可能である（測定結果は証拠とはなるが、数量的には被曝状態のほんの一部を示すに過ぎない）。

　接触被曝または付着被曝（皮膚や下着等に放射性物質が付着し、ほとんど身体に接触した近距離から継続的に被曝する）の場合は、アルファ線、ベータ線は内部被曝と同様な被曝を与える。ただし電離を受ける範囲は皮膚表面から40μmあるいは数mmに限定されて、脱毛や皮膚がんを発生させるが、体内の臓器を直接被曝することはない。ガンマ線による被曝は外部被曝と同様である。

§2 内部被曝と外部被曝はどのように違うか？
―分子切断の局所的集中性と時間的継続性の違い―

　すでにカリウム40の分子切断と生命体の修復処理能力を説いた。カリウ
ム40の電離・分子切断は全身に分布し薄く広く分布するので体内免疫力の
働き方も対処しやすい。一方、人工放射能による被害の現れ方は、もっぱら
免疫力が十分であるかあるいはそうでないかによることを、物理的な側面か
ら説いた。

　ここでは人工放射線の被曝に関して外部被曝と内部被曝、各線種による電
離作用の空間的時間的異同を説く。

(1) 内部被曝の実態

▶1　不溶性微粒子

　原爆で作り出された放射性原子はセシウム137、ストロンチウム90、その
他たくさんの原子の種類がある。原爆の材料となったウラン235やプルトニ
ウム239で核分裂しなかった部分もタンパーとして使われたウラン238も放
射性原子である。いったん超高温になってから冷えていく過程で、放射性原
子は他の原子と混じって「放射性微粒子」となる。

　放射性微粒子は水に溶ける（可溶性）微粒子と水に溶けない（不溶性）微粒
子に分かれる。

　不溶性微粒子は体内に入って１カ所に留まる。周囲の非常に狭い範囲にＤ
ＮＡを損傷するなど、多大な被害を与える。反面、一定サイズ以下の不溶性
微粒子は、水溶性微粒子と同様に細胞膜を通過し、血液やリンパ液に乗って
体中を循環することとなる。これが発がんその他の病の元になる。

　体中の１カ所に留まる例としては、長崎で亡くなった被爆者の腎臓から不
溶性微粒子によるアルファ線の発射が確認された。広島では黒い雨を経験し
た女性の肺がん組織内で、ウランがアルファ線を放出している画像が確認さ
れた。いずれもラジオオートグラフィーという方法で、ウランあるいはプル
トニウムから発射されるアルファ線を捉えている。一つの不溶性の放射性微

粒子から発射されたことがよく分かる写真であった。ベータ線はアルファ線に比して半減期がずいぶん短いので、撮影した時点では減衰しきっていて観察できなかった。

①アルファ線

　アルファ線による内臓の被曝は外部被曝ではありえない。

　不溶性微粒子の周囲、半径40μm程度の範囲にすべての電離が集中し、時間とともに蓄積し非常に高い電離（分子切断）密度を与える。

　ICRPは吸収線量の測定単位を臓器ごととする。アルファ線の電離の実態は臓器ごとの算定では全く事実をとらえることはできない。電離作用の範囲が40μmに限定されるので臓器全体に分散することなく、高密度の電離が局所に集中する。この物理的実体を率直に反映する評価方法が求められるにも拘らず、ICRPは「臓器ごと」にこだわり、局所的危険を見ようとしない。内部被曝を評価させない評価方法なのである。

②ベータ線

　アルファ線同様、ベータ線も放射された瞬間から連続的に電離を行い、すべての電離が最大飛程を半径とする球内に集中する。放射線数は時間とともに数が増え電離は蓄積する。すべての電離はこの球内で行われ、球内の吸収線量は時間とともに増大する。

　ベータ線が発射され、毎秒1本のベータ線（1ベクレル）を出すとする。セシウム137の場合ベータ線は体内では2㎜以上には飛ばない（2㎜にすべてのエネルギーを注ぎ込む）。放射線はあらゆる方向に飛ぶからその微粒子中心に半径2㎜の球を描けば、すべての電離はその球内で行われる。その球内には約100万個の細胞があり、細胞が傷つけられる。周囲の細胞にバイスタンダー効果が生じるが、それ以上の遠いところの細胞は傷つけない。

　1年間でどれほどの吸収線量がその球に与えられるかというと80ミリグレイ（グレイ：吸収線量の単位、ミリは1000分の1のこと）となる。たった1年でこれだけの量となる。10年、20年、70年と経過すると、とても大きな吸収線量となる。不溶性微粒子をたった1発だけでも体内に蓄えてしまえば、健康被害を想定せざるを得ない。

　これを臓器ごとに算定するというICRP方式をとれば、電離作用を

受けない圧倒的な数の細胞と一緒くたにして平均をとることになる。上記のセシウム137の場合、実際に電離を受ける部分（半径2mm球）の質量と臓器の質量（200g程度を想定）の比率：およそ5000分の1の吸収線量の過小評価となり、数値上危険がまったく排除される。

　ベータ線の電離の実態は臓器ごとの算定では全く事実をとらえることはできない。

③ガンマ線

　発射されてすぐ光電効果やコンプトン効果を生ずるのではなく、しばらく走って作用する。光電効果では1回の原子との衝突でガンマ線は消滅し高速電子（2次電子）が生じる。コンプトン効果ではガンマ線は何回にもわたり原子と衝突し徐々にエネルギーを失う。ガンマ線自体は1本について電離を1回ないし数回行う。多くの電離は2次電子による。体には何の作用もせず体外に抜けるガンマ線もある。体の半価層が10cm程度とすれば体表面から10cm深くから発射されたガンマ線の半数は身体には何の作用もせずそのまま体外に出る。

　ガンマ線が打ち出す高速電子の発射点は体中に分散し、分散状況はカリウムの被曝と同タイプである。すなわち体中に薄く分散し、臓器ごとの吸収線量算定でほぼ近似できる唯一の放射線である。これは外部被曝、内部被曝を問わずガンマ線には共通の特性である。

▶2　水溶性

　水溶性の場合は血液やリンパ液に溶けて原子が1個1個バラバラの状態になって体中を回る。この被曝の様子もカリウムによる電離の様子に似ており、臓器ごとの吸収線量算定で近似できる。

　ただし、人工の放射性原子は人体の特定の臓器・器官に親和性があり、それらの臓器に取り込まれた場合は脱出するまでに長時間を要し、不溶性微粒子と同様な効果を持つ。

　それに対し自然の放射性物質では、膨大な量が存在する海水中のウランの場合もウラン原子が集合する状態ではなく、ウラン原子自体は単一イオンのまま孤立している。しかし、劣化ウラン弾によるエアロゾールは高温になり酸化したウランが微粒子を形成している。高温で燃焼した場合は必ず多数のウラン酸

化分子を含む微粒子となる。この存在形態の違いがリスクの違いを生む。

▶3　ガンマ線とベータ線の違い

　以上、個別に放射線ごとに特性を説いてきた。ガンマ線はベータ線と全く同じであるという俗論があるが誤りである。

　ガンマ線は光電効果あるいはコンプトン効果により高速電子を作り出して、電離をその場限りで行い、カリウムによる被曝同様、体全体に分散する電離状態を作る。

　それに対しアルファ線 あるいはベータ線による内部被曝は体内に留まり、１カ所に停留するか体内を循環する。一定サイズ以上の不溶性微粒子の場合は特定の局所に被曝を集中させる。水溶性微粒子は微粒子が分解され放射性原子（イオン）となり体内を巡り歩き、また一定サイズ以下の不溶性微粒子も体内を巡り歩き、特定の臓器に親和性を持つ場合が多い。特定の臓器に親和した場合はその臓器に集中的に電離を与え、高吸収線量を与えることとなる。

　ガンマ線は唯一、臓器ごとに計測するというＩＣＲＰ流儀によって近似できるのであるが、アルファ線、ベータ線は局所被曝に特徴を持ち、ＩＣＲＰ流儀に従えばリスクに対して桁違いの過小評価をすることになる。

　内部被曝は、現実の被曝領域には大きな局所吸収線量を与えるが、ＩＣＲＰ流の臓器ごとの評価では桁違いの過小評価をするところとなる。

▶4　内部被曝とホールボディーカウンター

　時々、内部被曝の検出方法としてホールボディーカウンターが使用される。しかし現行のホールボディーカウンターの測定評価には大きな誤りがある。

　ガンマ線の振る舞いは上述した。ホールボディーカウンターでは体に何の作用もしなかった、すなわち電離作用を行わなかったガンマ線つまり体を素通りしたガンマ線を測定するところとなる。

＊体内で発射されたガンマ線の人体組織との関わりは光電効果あるいはコンプトン効果により高速電子を叩きだす。この高速電子が電離作用を行う、光電効果は作用を行った瞬間にガンマ線は消失する。コンプトン効果は何度も高速電子を叩きだしガンマ線はエネルギーを減少させながら進む。エネルギーを残したコンプトン効果は低エネルギー側に連続的なガンマ線スペクトルを与える。

　全てエネルギーを使い果たしたガンマ線、すなわちすべて電離作用をする電子を打ち出した結果のガンマ線は消滅する。しかしこの事実は体外からは

見えない。

　何回かコンプトン効果を行いながら体外に透過したガンマ線は、連続スペクトルとしてバックグラウンドの上に重なって記録される。光電効果ないしはコンプトン効果で、原子の内殻の電子が電離されたとすると低エネルギー側に特性 X 線として現れる。原子中の最内殻の電子を電離させる確率が最も大きい。

　体に何の影響も与えず素通りしたガンマ線がエネルギーを変化させずに線スペクトルとして記録される。このガンマ線がホールボディーカウンターの計測対象である。

　例えば、体内で発射された強度の 3 分の 1 だけが体外に透過したとすると、身体組織に電離を与えたのは残りの量、すなわち 3 分の 2 であり、観測されたガンマ線の 2 倍の量が電離作用を及ぼしたエネルギーとなる。

　セシウム 137 はバリウム 137 と崩壊系列をなし放射平衡になる。観測されるガンマ線はバリウム 137 から発射されるものである。その時セシウム 137 が電離を行ったベータ線強度は、観測されたガンマ線強度の数倍となる。上記の例で体内で発射されたガンマ線の 3 分の 1 だけが観測されたとすると観測強度の 3 倍がベータ線発射強度である。

　エネルギーを変化させないガンマ線の体外へ放出される割合は体格により大きく異なる。体格の良い人ほど放出されるガンマ線の割合は少なくなるので、内部被曝は、より過少に評価される。

　現行の、ホールボディーカウンターからの内部被曝量の推定は誤差が大きく過小評価を導く。

§3 電離を被る局所評価と臓器ごとの評価の差

　内部被曝の場合は、ガンマ線主役の外部被曝と大きく違って、ベータ線、アルファ線が被害に大きく影響する。特に不溶性微粒子の周囲の被曝は高線量になる。ICRPは吸収線量の測定単位を臓器とし、外部被曝と同等としているが、危険を表面に表さない方法である。

　そこで臓器ごとで平均化単純化をし、臓器ごとに線量計算するやり方と電離を受けた部分の被曝線量との差を数量的に具体的に検証する。

　セシウム137の場合ベータ線のエネルギーは主たる崩壊で0.512MeVである。崩壊系列式は

$$\overset{137}{\underset{55}{}}\text{Cs} \xrightarrow[\text{30.07 year}]{\beta^- \; 512.0 \text{ keV}} \overset{137\text{m}}{\underset{56}{}}\text{Ba} \xrightarrow[\text{2.552 min}]{\gamma \; 661.7 \text{ keV}} \overset{137}{\underset{56}{}}\text{Ba}$$

　ICRP1990年勧告に「吸収線量はある一点で規定できる言い方で定義されている」に従って、吸収線量を細胞レベルの局所で評価するのと臓器ごとにする評価の違いを、「オーダーエスティメーション」という方法で、近似して、検証する（注：オーダーエスティメーションは大きさの程度を問題としている。計算の結果やむを得なく出てくる数値にはこだわらない評価方法である）。

　セシウムベータ線の飛程（最大飛程）は2mmとし、細胞の直径を10μmとし、1電離のエネルギーを40eVとする。空気の平均電離エネルギー 32.5eVより少し大きくとっている。

　標準的計算で、Csの0.5MeVベータ線はおよそ1万2500個の電離を行うことが知られている。2mmの飛程には1列配置を仮定すると200個の細胞が関与する。200個の細胞のそれぞれ1個当たりの電離数は、62.5個:約60個になる。電離全てが分子切断を引き起こすと仮定すると、細胞1個当たり60個ほどの分子切断が行われることになる。細胞あたり60個の分子切断は異常DNAを生み出す非常に大きな脅威となる。ICRPも認めるようにがんは単一細胞のDNA異常から出発する。従って、内部被曝では、ベータ線1本

の飛程が脅威の基礎単位である。

　ＤＮＡの２重鎖が切断される確率はベータ線１本でも可能性があるが、同じ細胞に短時間内にベータ放射線が２本通過すると、もっと確率が高くなる。バイスタンダー効果を考慮するとその細胞の近傍を通過するだけで大きな危険性の増大になりうる。内部被曝で不溶性の放射線微粒子が体内に存在する場所ではこの条件が容易に満たされる。

　この部分の危険はどう評価したら良いであろうか？　電離を受ける局所部分での評価が必要である。

　これを評価するには「電離を受ける部分」での吸収線量を視点に置く必要がある。ＩＣＲＰの吸収線量定義は臓器単位で行われるから、臓器を腎臓とすると、１本のセシウムのベータ線の吸収線量（Sv）計算は、１本のベータ線のエネルギーを腎臓の質量（0.15kg）で割ることになる。実効線量、全身被曝量で計算するならば、全身質量〜60kgで割ることになる。

　ところがベータ線は飛程２mmしか被曝に関与せず、あとの全身の細胞は被曝を受けず全く電離の被害を受けない。

　単純なモデル計算を試行する。まず電離を受ける細胞が直線的に整列しているとして、被曝を受ける細胞部分の質量はいくらかを計算する。

　関与する細胞の質量を、$\pi (5)^2 (\mu \text{m}^2) \times 2 (\text{mm}) \times 1.1 (\text{g/cm}^3)$（断面積×飛程×密度）（身体の密度を$1.1 (\text{g/cm}^3)$とする）の直円柱で近似すると、この電離に関与する細胞の質量は、0.9×10^{-12}kgとなる。

　この質量と臓器質量（0.15kg）の逆比がミクロな単位の評価と臓器単位の評価の比率である。

　ミクロ的に評価した吸収線量は臓器単位での評価より10^{12}倍（１兆倍）高いものとなる。バイスタンダー効果で被曝の影響が50μmほどに拡大するとしても10^{10}倍（100億倍）となる。実際の被曝による危険性は100億倍から１兆倍も高いということになる。

　前述したが内部被曝は放射性微粒子による危険性が大きい。内部被曝の評価には局所的評価：マイクロドシメトリーが適切なのである。

　この評価方法はＩＣＲＰ1990年勧告に示された１点で規定できるとされた方法と臓器単位での方法との違いを示したものである。ミクロサイズの評価は被曝した局部を取り出して「吸収線量」という指標で示したものであるが、

生命体に備わっている修復能力やアポトーシス（管理・調節された細胞自殺）などとの関わりでリスクを評価しなければならないので、この差のとおり健康被害が現れるわけではない。しかし基礎となる細胞単位でのこの危険度は、臓器単位の評価方法には決して正当に反映されることがない。

　人間の身体には自然放射能としてカリウム40の4000ベクレルほどの被曝が常時あり、その電離作用・分子切断作用を修復する能力が人体に備わっている。しかし、この修復能力は年齢、体調など生体条件の具体に大きく影響されるのである。異常部分が一定の量に達するとがんなどの傷害、修復されずに残存したＤＮＡ変異が生ずることが知られている。このことは臓器単位で計測したのでは計量に表れない。微小部分の吸収線量評価を行うことによって、修復ミスの高い危険部分が分かるのである。

第5部

知られざる核戦争

―内部被曝被害は隠されてきた―

1．内部被曝を隠すことは日本への原爆投下後の世界世論対策において中心課題であり、初めから米核戦略の基本であった。

2．米軍は巨大な破壊力を持つ核爆弾を製造し、それを軍事的戦略の基本としながら、核兵器に放射能被害が伴うことを極力秘匿しようとした。それは放射能の被害を記録から抹殺しようとすること、それを可能にする被曝被害がないことにする「科学的」調査や「評価」結果を権力的に導くことが占領を「てこ」に行われた。専門家などが占領軍の政治目的達成のために動員されたのである。

3．第1に放射性降下物が枕崎台風（1945年9月17日）後（枕崎台風は広島に床上1mの大洪水を引き起こした）に一斉測定され「考慮するに足らない程度」の少量にされた（DS86）。内部被曝が否定され、放射能の影響を受ける「被爆地域」が極小に留められた。広島の「黒い雨」雨域、長崎の「被爆体験者」地域の切り捨てられた人々は今なお、真実を求めて行動している。

4．第2に放射線内部被曝被害を認めないために、現実に疾病に喘ぐ住民を「放射線に被曝していない。精神的疾患のために病になった」と被曝被害を精神疾患のせいにした。「長崎被爆体験者」は、放射線被害の指定疾病になったときに「精神神経科」などへの通院証明により医療支援を受けるが、がんになると医療支援を国からストップされた。国による大きな偏見の強制であり、残虐行為であり、人権差別行為である。

5．このように「測定結果」などとして一見科学を装ったデータを利用した「隠蔽」作業が行われ、75年に及んで原爆被害者の人生を苛んでいる。

6．このような一連の政治による科学行為を歪める情報操作を、著者は「知られざる核戦争」と呼んでいる。

7．チェルノブイリ原発事故の放射線被曝を巡って、熾烈な「科学」合戦が行われた。ありのままを認めるかあるいは隠蔽するかの大合戦である。国際原子力ロビー関係者対地元の専門家・医療従事者で見解が二極化したのである。福島原発事故後も熾烈な「知られざる核戦争」が行われた。

8．「笑っている人には放射線は来ない」に始まり「100mSv以下は安全」といった、低線量域リスクの研究成果を無視した宣伝が政府と専門家によりなされた。ＩＡＥＡが言う「住民が永久的に汚染された地域に住み続けることを前提に、心理学的な状況にも責任を持つ、新しい枠組み」が実施された。

9．放射線被曝という用語が「風評被害」に完全に置き換えられる。文化統制を受けたかのごとき報道。被曝の実害と感じても口には出せない社会的コントロール状態の醸成。

10．福島県民健康調査検討委員会は、小児甲状腺がんの発生率を汚染程度の分別で5地域に分けて比較している。罹患者数値などには検査対象人口の違いと確認するまでの確認期間の違いが含まれる。互いを比較するには人口についても時間についても規格化が必要である（例えば10万人あたり、1年間あ

たりなど)。ところが検討委員会は一貫して確認期間の規格化をしていない。地域ごとの物理量の比較といった、統計を取る上での当たり前で必須の方法がなぜ執られないのだろうか？　小児甲状腺がんが「原発事故と関係は認められない」とする政治に科学が屈服した姿である。「学問の自由」などない。惨めな「専門家」の姿だ。

11. 文科省『放射線副読本』や復興庁『放射線のホント』などから放射線被曝の危険性の認識排除等々、被害がないように粉飾するための「科学的」操作と、政府による子ども／市民の洗脳は枚挙にいとまがない。事実の正しい認識は民主主義の基本である。

12. 今は、被害の実態をありのままに見ようとする科学の立場と「知られざる核戦争」を遂行しようとする権力的見解とが、真っ向からぶつかり合う状況が続いている。日本では誠実な科学の声はむしろ小さい。立憲民主主義は権力の濫用を防ぎ人権を保障することなのではないのか？　民主主義とは国民の意思決定によって国政を運営する政治体制である。そしてその体制を維持するためには国民に思想の自由・言論の自由・表現の自由を保障することが不可欠である。

13. 学問の自由に謳われるとおりの、基本的人権に基づく科学の確立が求められる。

14. 科学を歪ませてきた悲しむべき歴史を知ることと核戦略の都合に基づいて恣意的にゆがめられた「放射線防護学」を、科学の原則に貫かれた科学に修正していくことが求められている。

15. 客観的な真実に基づく判断が自然に行われる世界を到来させることは主権者の義務である。基本的人権の基盤に立つ科学を確立する責務がある。

16. 原爆投下以後の歴史の一面を垣間見る。

17. 歴史を知ることが放射線被曝防護の根本的理解につながる。

§1 原爆投下直後

⑴ 占領下、プレスコード（9/19）の下で実施されたアメリカの国家戦略

アメリカの政府—軍部の核兵器に関する公式見解は、「原子爆弾の放射能の影響をできるだけ過小評価すること、ことに放射能の持続的影響を無視できるとすることであった」。米国政府は原爆投下後、「広島・長崎の場合は空中爆発であったため、放射線の影響は軽視でき、残留放射能はない」とした（高橋博子『封印されたヒロシマ・ナガサキ』凱風社、2008 p.66）。

①1945年９月６日トーマス・ファーレル准将が東京で記者会見

マンハッタン管区調査団の指揮官トーマス・ファーレル准将が東京で記者会見。

> 「広島・長崎では、死ぬべき者は死んでしまい、９月上旬現在において、原爆放射能で苦しんでいる者は皆無だ」（広島ジャーナリストＨＰ）

ではなぜ、既に残留放射能の毒性を把握していた米国政府がその影響を否定し、人体への放射能の影響を軽視した見解を示したのか。残留放射能の影響を否定しなければ、原爆投下を国際法違反であるとする日本政府の訴えとそれを裏付けるような報道を認めることになるからである（矢ヶ﨑克馬「意見書　第８部『知られざる核戦争』」（東電多重下請け労働者訴訟において甲B45として提出された）。

②米国家戦略の下で放射能に関する情報支配が始まった。

内部被曝を隠すことは初めから米核戦略の基本であったこと、米軍は巨大な破壊力を持つ核爆弾を製造し、それを軍事的戦略の基本としながら、核兵器に放射能被害が伴うことを極力秘匿しようとしたこと、それは放射能の

被害を記録から抹殺しようとすること、それを可能にする被曝被害の「科学的」調査や評価の方法の全面的支配に及んでいること。これらを著者は「知られざる核戦争」と呼んでいる。

　今でも、「知られざる核戦争」を遂行しようとする核支配権力の経済的軍事的見解が体制化され圧倒的であるが、被害の実態をありのままに見ようとする科学の立場とが真っ向からぶつかり合う状況は、かろうじて続いている。

　世界市民には基本的人権に基づく科学の擁立が求められる。科学を歪めてきた悲しむべき歴史を知ることと、放射線防護を核戦略の都合に基づいて恣意的に歪めた「放射線防護学」を、科学の原則に貫かれた「科学体系」に修正していくことが求められている。客観的な真実に基づく判断が自然に行われる世界の到来することが望まれる。そこには基本的人権の基盤に立つ科学の姿があるだろう。

　ここでは原爆投下以後の歴史の一面を垣間見る。

(2)　原爆投下直後より

1945年7月17日〜8月2日
アメリカはポツダム会談の最中に原子爆弾第1号（トリニティ）の爆発実験に成功し、この巨大な爆発力と原子力が戦後世界の覇権の決め手になることを確信する。
　1945年8月6日　　広島にウラン爆弾投下
　1945年8月9日　　長崎にプルトニウム爆弾投下
　1945年8月30日　マッカーサーが厚木飛行場に着く
　1945年9月2日　　ミズリー号艦上で日本の降伏文書調印
（「内部被曝」について（その4）：http://www.ne.jp/asahi/kibono/sumika/kibo/note/naibuhibaku/naibuhibaku1.htm）

　降伏文書調印式の機会に乗じて数人のジャーナリストが広島と長崎を訪問した。
　9月3日にウィルフレッド・バーチェット、ウィリアムス・H・ローレンス記者が広島を取材。

ウィルフレッド・バーチェット：

５日付け『ロンドンデイリー・エクスプレス』に、「原爆の災疫――私は、世界への警告として、これを書く――医師たちは働きながら倒れる　毒ガスの恐怖――全員マスクをかぶる」と題した記事には「最初の原爆が都市を破壊し、世界を驚かせた30日後も、広島では人々が、あのような惨禍によって怪我を受けなかった人々でも、『原爆病』としか言いようのない未知の理由によって、いまだに不可解かつ悲惨にも亡くなり続けている」と記した。

ウィリアムス・H・ローレンス：

５日付『ニューヨーク・タイムズ』に、「原爆によって４平方マイルは見る影もなく破壊しつくされていた。人々は１日に100人の割合で死んでいると報告されている」と記した。

　このような原爆投下の悲惨な状況が世界に伝わると大きな反響が広がり始めた。

1945年９月６日
　マンハッタン管区調査団の指揮官**トーマス・ファーレル准将**が東京で記者会見（前述）。

　しかし９月８日に始めて広島入りし被害の惨状を見て、ファーレルは９日「実地に見聞し、被害が甚大で言語に絶するものであることを知った。かかる悲惨なものは使用すべきでないと考える。現在、広島市では医療品等、相当困っているらしいので、なんとか救済の方法を」と語った。しかし医療支援は具体化せず、９月６日声明がアメリカ軍の放射能対策の基本となった（椎名麻紗枝、原爆犯罪、大月書店〔1985〕）。

1945年９月８日
　マンハッタン計画最高責任者：**グローブス准将**、トリニティー核実験現場に記者カメラマンを案内。

グローブス：

「トリニティーの残留放射能は広島・長崎よりずっと低空で爆発したせいだ」、「日本の死者の一部は放射能が原因だろうが、その数は相当少ない」

科学者としてマンハッタン計画を主導した**オッペンハイマー**：

　　「爆発の高度は、地面の放射能汚染により間接的な化学戦争にならないよう、また、通常爆発と同じ被害しか出ないよう念入りに計算してあります」

　　「爆発から１時間もすれば救援隊が町に入っても大丈夫です」

（プルトニウムファイル p117）

同1945年９月８日

　計画の医学面を担当した**スタフォード・ウォーレン**ら、マンハッタン管区医学調査団が広島入り。

　ウォーレンの任務は負傷者の治療ではなかった。原子爆弾が放射能を残したかどうかだ。

調査団員ドナルド・コリンズ：

「自分たちはグローブスの主席補佐トマス・F・ファレルから、『原子爆弾の放射能が残っていないと証明するよう』言いつかっていた」と打ち明ける。
（プルトニウムファイルp119）

ウオーレンが書き残す：

　　広島に着いて被爆者が放射能障害で次々と死ぬのを目の当たりにした。……爆心地近くで莫大な放射線を浴びた人は、30分の内に吐き気を催し血交じりの下痢と猛烈な乾きに襲われた。……治療するほどに苦しがったりもした。「注射すると出血が止まらなくなって死んだ。血球数を測定しようと針を刺しただけで、出血が止まらなくなった」

　しかし、スタフォード・ウォーレンは上院特別委員会で証言したときは、放射能による死者は全体のわずか５〜７％だと見積り、「放射能は誇張されすぎ」と述べている（プルトニウムファイル　p118-120）。

　マンハッタン計画の医師が焦土の町を調査した２週間後、海軍の将校と科学者（ハーバード大医師**シールズ・ウォーレン**を含む代表団）が日本について独自の調査を始めた。……調査の結果、被爆死者のほとんどは放射線障害である、

と180度ちがう結論を下す（プルトニウムファイル　p120）。

1945年9月22日
アメリカ軍の合同調査団（〜1946年まで活動）
　合同調査団は、連合国軍最高司令官総司令部軍医団（団長アメリカ太平洋軍顧問軍医**アシュレー・オーターソン**〔全代表〕）・マンハッタン管区調査団（団長アメリカ陸軍大佐**トーマス・ファーレル**）・日本側研究班（班長**都築正男**）の3者で構成。

　アメリカ軍の合同調査団は放射線急性障害などを調査した。
　そこで引き出された結論は、
　　⑴　放射線急性死にはしきい値が存在し、その値は1シーベルト。
　　⑵　放射線障害にもしきい値が存在し、250ミリシーベルト。
　　⑶　それ以下の被爆なら人体には何らの影響も生じない。
というものであった。しかも、これらのしきい値は1945年の9月はじめまでの急性死を対象として引き出されたもので、10月から12月までの大量な急性死は除外されていた。

　被爆者が示した急性症状は脱毛、皮膚出血斑（紫斑）、口内炎、歯茎からの出血、下痢、食欲不振、悪心、嘔吐、倦怠感、発熱、出血等である。しかし米軍合同調査団は脱毛、紫斑、口内炎のみを放射線急性障害と定義した。
　脱毛、紫斑、口内炎が2kmを過ぎたあたりから急減するという結果を、「放射線急性障害は、2km以内に見られる特有のもの」とした。米軍は核戦略上の必要性のために、放射性降下物による被害を世界に知らせない目的で好都合な事実だけを集めた。

1945年9月27日　**ファーレル**　グローブスに宛て覚書
　「原子爆弾の報告」（『米軍資料原爆投下の経緯』東方出版、1996、奥住喜重・工藤洋三訳資料E.ファーレル准将の覚書、p.141〜）。
　この「覚書」の注目点は、主たる死傷の原因は爆風、飛散物、および火による直接のものであること、残留放射能がないことの2つを強調してい

る「われわれの科学上の要員によって、何らかの放射能が存在するかどうか、詳しい測定が行われた。地上、街路、灰その他の資料にも、何も検出されなかった」。(米軍資料原爆投下の経緯　p149)

　まず広島について。

　日本とアメリカで報道された話に、疎開を応援するために地域に入った人々が死傷したというのがある。真相は、爆撃以前に発せられていた疎開命令を実行するために広島に入っていた疎開要員が爆弾の爆発に巻きこまれて多くの死傷者がでたということである。(米軍資料原爆投下の経緯　p148)

　ついで長崎について。日本の公式報告は、爆発後に外部から爆心地に入った者で発病した者はいないと述べている。(米軍資料原爆投下の経緯　p150)

　1945年11月28日

　　マンハッタン計画の総責任者であった**グローブス**が、上院原子力特別委員会でまず最初に受けた質問は、原子爆弾が日本に放射能を残したかどうかである。グローブスは断固として答えた。

　「ありません。きっぱり『ゼロ』でした」(プルトニウム・ファイル　上p124)

　1945年までの総括

アメリカの政府ー軍部の核兵器に関する公式見解

　公式見解は、原子爆弾の放射能の影響をできるだけ過小評価するもの、ことに放射能の持続的影響を無視できるとするものであった。

　　1．原爆のTNT火薬何万トン相当の爆発力というような、従来型爆薬から類推できる兵器性能を強調する。

　　2．熱線・光線による高温は、〝地上に出現する太陽〟といわれすべてのものを蒸発させ焼きつくす。火災・火傷による被害が甚大である。これは爆発の瞬間に現れるが、物陰に隠れていれば避けられる、というような面を強調する。

　　3．爆発当初の強いガンマ線の威力は強調するが、中性子による環境の放射能化は言わない。〝死の灰〟はまき散らされて薄まり、残留放射能はないとする。

　TNT火薬何トン分という爆発力をできるだけ強調すること、ついで原爆の熱線や光線は物陰に隠れたり、伏せたりすれば避けられるという宣伝を盛

んにした。放射能の影響は直ぐ消滅することを強調し原爆投下まもなくでも、爆心地へ入ることができるということを公式見解として盛んに宣伝した。

（北の山じろう日記：「内部被曝」について（その4）：http://www.ne.jp/asahi/kibono/sumika/kibo/note/naibuhibaku/naibuhibaku1.htm）

　原爆被爆直後からスタートした陸軍省医務局がまず主体となり、程なく国家プロジェクトとして再編された全国の1300名もの医師／専門家を動員した「原爆被害の医学的調査」が行われた。その「原爆報告書」（全161冊）の英文報告書は日本国内で一切の公開なしでアメリカ軍に提出された。当時プロジェクトに参加した山村秀夫氏は「すべて米軍のため。被爆者のために役立てられたことは皆無」と語っている（NHKスペシャル『封印された「原爆報告書」』2011年）。これが象徴するようにあらゆるデータが米軍核戦略のために封印され役立てられたのである。

§2 戦後の展開

▶調査はすれども治療せず

1946年　被爆者をモルモットにした原爆傷害調査委員会（ABCC）設立

1947年3月　ABCCが広島に開設

　ABCCは「調査はすれども治療せず」という被害者をモルモットにする残虐行為で知られているが、彼らは原爆被害をありのままに調査する視点も持っていなかった。ABCCは学術組織である全米科学アカデミー・学術会議を形の上では母体としながら、米軍合同調査団の調査目的とメンバーをそのまま受け継ぎ、「合衆国にとって最も重要である、放射線の医学的・生物学的影響についての研究にかけがえのない機会を提供する機関」として発足したのである。

　もし軍事目的でなく、ありのままに原爆放射線被害を調査するのならば、科学研究にふさわしく、客観的外界を忠実に調査し、誠実に結果をまとめなければならない。

　急性症状には、脱毛、皮膚出血斑（紫斑）、口内炎、歯茎からの出血、下痢、食欲不振、悪心、嘔吐、倦怠感、発熱、出血等があった。それらの分布を正直に調査しなければいけない。なぜ、2km以内は急性症状が放射線と関わりを持つとしながら、「それ以遠の症状は放射線との関わりがない」ものとしてはじめから断定しなければならなかったのか？

　　科学的見地からは回答が出るはずがない。

　ABCCは「有意な線量」（初期放射線による被曝）を浴びた被爆者と比較対照するべきものとして、2km以遠で被曝した「被爆者」を「非被爆者」として選んだのである。この際、原爆以前の広島市民の白血病死亡率が全国平均の約半分の低さであることなど、巧みに隠して、白血病死亡率が全国的レベルになるという増加を隠ぺいしているのである。ABCCは事実を見ないで核戦略に沿う評価をした。

　ABCCが真摯に科学的な姿勢をとるならば、被曝影響領域を自ら調査して決めるべきなのに、「核戦略上の必要性から名目的に調査」し、ファーレ

ル言明に従い事実をゆがめることになった。ＡＢＣＣが米軍合同調査団の結論に従ったのは、はじめから軍事機関であり、専門的技術はそのための手段にすぎなかったからなのだ。ファーレルの９月６日に「言明」した「広島・長崎では、死ぬべきものは死んでしまい、原爆放射能のために苦しんでいるものは皆無だ」という枠内にデータを強制的に整えるという、軍事による「科学」支配が行われたのである。

1953年、草野信男博士が「国際医師会議」（ウィーン）において初めて世界に原爆被害の惨状を報告。

1957年 **「原子爆弾被爆者の医療等に関する法律」** を制定。

この法律において、内部被曝は無視できるとするアメリカの基準をそのまま採用。

法律で定められた被爆者の定義は第一条に定められているが、その精神は、3号に記述される。

「原子爆弾が投下された際又はその後において、身体に原子爆弾の放射能の影響を受けるような事情の下にあった者」とみなされる。

具体的条件は「政令で定める」とされているが、この内容は、基本的に1945年に米軍合同調査団が定めた「2km以内」、「2週間以内」というものである。この根拠は科学的な被曝線量評価から帰結したものではない。

さらに、第七条 「原子爆弾の傷害作用に起因して負傷し、又は疾病にかかり、現に医療を要する状態にある被爆者に対し、必要な医療の給付を行う。ただし、当該負傷又は疾病が原子爆弾の放射能に起因するものでないときは、その者の治癒能力が原子爆弾の放射能の影響を受けているため現に医療を要する状態にある場合に限る」とする規定から内部被曝を除外した。

1968年、日米両国政府が国連に共同提出した「広島・長埼原爆の医学的被害報告」においては、「原爆被害者は死ぬべきものはすべて死亡し、現在、病人は一人もいない」としている。

故肥田舜太郎氏は語る。「1975年*12月8日、私はニューヨーク国連本部でこの要請書を、代表団の核実験全面禁止の要請書とともにウ・タント事務総

長に提出した。ところが、１９６８年、日米両国政府が国連に共同提出した広島・長崎原爆の医学的被害報告のなかに、『原爆被害者は死ぬべきものはすべて死亡し、現在、病人は一人もいない』と書かれていることが理由で、総長は報告書を受理しなかった」（肥田舜太郎、2011年11月講演）。

＊1975年　ＡＢＣＣと厚生省国立予防衛生研究所（予研）原子爆弾影響研究所を再編し、日米共同出資運営方式の財団法人放射線影響研究所（ＲＥＲＦ）が設立された。

▶ 1986年にＤＳ86による台風後の一斉測定が公表

　1986年になってようやく日米原爆線量再評価（ＤＳ86）第６章として残留放射線の評価が公表されるのだが、放射性降下物の評価に関連して記述されているデータは、全て巨大台風の枕崎台風（1945年９月17日上陸）の襲来した後の調査によるものである。特記すべきは残留放射能の評価は唯一ＤＳ86でなされただけである。

　枕崎台風は大洪水がもたらされた広島だけ襲ったのではなく、長崎をも襲い大量で強烈な雨風を伴っていた。いずれも土壌に残留していた放射性物質を洗い流し、海に運んだ。他方、放射性降下物の線量評価に関わる測定は、一番早い測定で長崎は被爆後48日、広島は49日で、いずれも台風襲来後なのである。台風襲来後の測定では原爆によりもたらされた残留放射能の現場保存がなされていず、線量評価に不適なデータを米軍は収集させた。

　特記すべきは、広島では大洪水が発生し、爆心地一帯は床上１ｍの濁流に洗われたのに対し、長崎では大雨に留まった。この事情の違いはＤＳ86に記された測定値では、広島の測定値は長崎のおよそ５分の１程度である。マンハッタン調査団などの米軍のデータ記録では広島のほうが20分の１〜30分の１ほど低い値が記録されている。これは広島大洪水の影響が反映されたものと考える。

　この現場保存がなされていないことはＤＳ86第６章では「風雨の影響あり」と、台風の影響を認めているのであるが、全体の結論を記述するＤＳ86「総括」の項では、決定的に「雨風の影響はない」と結論を押しつけている。これは明白に科学の倫理違反である。当然この文書による残留放射能評価は現実を反映していない。

　国はＤＳ86第６章の帰結が雨に遭っても遭わなくても変化がないほど少量であったことを、原爆投下直後の放射能環境が保存されていない条件での

調査結果（静間、荒勝、山崎等）と結び付け証明しようとしている。それらは定量的に議論できる条件を欠いた測定値を基にするものである。それらはまぎれもなく放射性降下物のあった証拠であり、逆に、測定量は放射能環境のごく一部を反映しているにすぎず、枕崎台風以前の実際に人々が被害にあった放射能環境を反映している数値ではない。極めて大きな過小評価をしているのである。現場保存の条件等についての科学的考察が欠如することにより見事に誤った結論が導かれていることを具現している。これらのデータはいずれもＤＳ86第6章が台風で洗い流された後での測定結果であることを裏付けているのである（矢ヶ崎克馬『隠された被曝』新日本出版、2010）。

　ＤＳ86公表時点で放影研は「内部被曝」研究を停止させ、結果を隠ぺいした。
　次の記事はＤＳ86の正体を暴露する上で、決定的な事実報道であり、注目に値する。
　共同通信記事（琉球新報2011年11月26日付け）で、「放射線影響研究所の黒い雨に関連した調査が中止されていたことが最近発覚した」という記事が紹介されている。

　　「日米両政府が運営し、原爆被爆者の健康を調査する『放射線影響研究所』（放影研、広島市・長崎市）が、原爆投下後に高い残留放射線が見つかった長崎市・西山地区の住民から、セシウム検出など内部被ばくの影響を確認し、研究者らが調査継続を主張してきたにもかかわらず、1989年で健康調査を打ち切っていたことが26日、関係者への取材で分かった」

　　「調査では、45〜47年に住民の白血球が一時的に増加し、69年には原爆の影響を受けていない地区と比較して約2倍のセシウムが体内から検出された。87年には甲状腺に、ガンや良性のしこりができる確率が、原爆の影響を受けていない人の4倍以上に達することが確認された。……

　　（放影研は）『体内のセシウムの量から……内部被ばくは健康に影響が出る値ではない』と86年に結論付けていた」
　1986年はＤＳ86の発表された年と一致する。

ＤＳ86の政治的任務は以下のようなものだったと推察する。米核戦略として米軍合同調査団が政治的に判断した「放射線影響は２km」等という値が日本の法律にまで適用されて、日米の国家威信にかけて「この基準が正しいものである」ことを「科学的」に示さなければならなったのだ。そのために絶好の条件を与えていたのが巨大台風だったのである。

　枕崎台風は長崎・広島の両方を襲い、９月17日、広島では原爆投下後42日目、長崎は39日目に襲来した。広島では、被爆地一円を床上１mの濁流で押し流し、太田川の橋を20本も流してしまう被害を与えた。長崎では広島を上回る雨量であった。ＤＳ86では、激烈な風雨と濁流の洗った後で「専門家」を大挙して測定に入らせ、「かろうじて土中に留まっていた放射性物質」の放射線量を測定させて「はじめからこれだけしかなかった」量として虚偽の結論を導いた。放射能の埃がほとんどなかったことにしてしまうのに成功すると、体の中に侵入する放射能の埃がないわけだから、「内部被曝はなかった」とするのは簡単であった。

　このようなＤＳ86『第６章』と『総括』で風雨に曝された後での測定を風雨の影響がなかったとして「内部被曝は無視できる」と結論する「科学史に汚点を残す科学倫理違反」を強行している傍らで、「内部被曝の影響を確認する」研究を放影研自身が行うのは許しがたいことであった。ＤＳ86では「内部被曝の影響はない」と言いきったのに、放影研で「内部被曝の影響が重大な結果を示す」研究を続けるわけにはいかないことが、研究打ち切りの理由だったのは明白である。

　ＤＳ86の発表された結論の見せかけの信ぴょう性を増すために「内部被曝」研究を打ち切り、隠すしかなかったのだと判断せざるを得ない。その打ち切りの理由は、「内部被曝は健康に影響が出る値ではない」と、うその報告をしなければならない政治的理由そのものである。

　以上、原爆投下以後の歴史の一面を垣間見た。科学の歴史ではなく、覇権主義政治がいかに「科学的粉飾」を必要としたかを示すもので、投下後の歴史が「科学を虐げて従わせる」歴史であったかを物語る。「知られざる核戦争」のホンの一部でかつ「知られざる核戦争」の中枢である。

第6部
原子雲の構造・生成原理

1．戦後75年、4km程度以下の上空にある水平に広がる原子雲はずっと広島では無視され、長崎では誤解されてきた。逆転層が存在し、そこに原子雲が広がったと考えられる。

2．原子雲の姿さえ正確に捉えられてこなかったのである。

3．水平に広がる原子雲は広島「黒い雨」雨域と長崎「被爆体験者」区域にほぼ合致する位置と広さを持つ。

4．この水平に広がる原子雲はそれらの地域が放射能環境であることを証明する上で重要な科学的証拠である。

5．広島黒い雨地域、あるいは長崎被爆体験者区域の政府による歴史的処遇は誤って来たと判断されるが、その根拠に重松逸造を座長とする「黒い雨に関する専門家委員会」などの専門家の誤った原子雲の「科学的考察」が利用されてきた。

6．原子雲の姿だけでなく。原子雲の形成された根拠についても、著しい誤解釈のまま現在に至っている。

7．原子雲の頭部のトロイド渦、きのこ雲中心軸、水平に広がる円形の原子雲は全て熱的原因で説明が可能である。高温、浮力、上昇速度、気温の高度依存の逆転、がキーワードである。

8．頭部の中心は火球から変化した高温気塊である。周囲を熱しながら急上昇するが、その時周囲の空気は高温気塊に近いほど温度が高く離れるほど温度が低い状態である。熱せられれば空気密度が減少し、浮力を生じ、浮力は温度に応じて上昇速度を変える。頭部に気温に応じた空気の上昇速度が与えられる。中心から離れるほど漸次遅くなる速度分布が生じ渦を生じさせる。高温気塊の上昇した背後は負圧になり、一旦拡散された空気がここに潜り込む。これが熱的起源の頭部トロイドである。

9．重松逸造座長による「黒い雨に関する専門家会議」は火球が急膨張する際に作られる高圧壁のショックフロントが地表に跳ね返った反射波が非常に細いジェットを作る。そのジェットが高温気塊内部を吹き抜けるときに渦を作って、渦がずっと安定して持ちこたえる（抵抗がない）としている。粘性による渦しか念頭になく、最初のショックが事象を作り変化しないという形而上学的誤りを犯している。反射波がいかに直接波の後流と相互作用するにしても波面は広域および連続的で外側に向かう進行方向を持ち、高温気塊より細いジェットを作り出すことはあり得ない。たとえジェットがあったにしても、高温気塊の内外を通過するならば、渦などできないのである。

10．以上の結論は、米軍が撮影した原爆投下および核実験の動画や写真と、日本人による写真を詳細に分析して得た結果である。

§1 高度4km程度以下に広がる水平原子雲の存在

(1) 高度4km以下に存在する円形原子雲の認知

広島・長崎の原爆誘導雲は「キノコ雲」として知られる。キノコ雲は大きな頭部のトロイド渦を持ち、その下に細い中心軸が地表まで連続する。しかし高さ4km程度以下に展開する「水平に円形に広がる原子雲」[1]は無視[2]あるいは対流圏と成層圏の圏界面*での現象と混同して扱われてきた[3,4]。以後この雲を水平原子雲と呼ぶ。この高度付近では自然の積雲なども存在し、同定が進まなかったものと思える。

筆者はキノコ雲の中心軸を中心に水平に円形に広がる雲は原子雲と見なすべきであるという識別基準を設けて写真等を分析し、この基準にかなう円形の雲を確認した。

水平原子雲下方の風と上方の風の向きが異なること、キノコ雲の中心軸がこの雲の上方では下方の直径より細くなっていること（長崎）等が観察結果である。雲が展開する高さに逆転層*（気温が上昇する層）が存在すれば水平原子雲の生成*が合理的に説明できる。

生成のキーワードは「浮力」である。圏界面と逆転層で原子雲が水平に広がる。

* 「圏界面」：対流圏と成層圏の境界。成層圏にはいると高度上昇と共に気温が上昇する。
* 「逆転層」：通常は高度と共に気温は減少するが、逆に上昇に転ずる境界。地表風から高層風の境界で生じる。
* 周囲気温が上がるときに水平原子雲が現れる。

(2) 黒い雨・降雨

▶「黒い雨」の黒色

「黒い雨」については、「原爆により発生した二次火災による「煤」である」[5]と主張されるが、事実はその限りではない[1]。金属あるいは酸化物などの微粒子が集合すると黒くなる。金属薄膜などを「蒸着」という方法（金属

あるいは合金等を真空中で高温にして蒸気として飛ばしてターゲットに付着させるやり方）で薄膜を作るが、ターゲットあるいは周囲に蒸着した粒子の色は概ね「黒」である。可視光線を吸収するのである。放射性微粒子は鉄などを主体とした多種の原子からなる爆弾筐体等全てがプラズマ化してその冷却過程で衝突合体し生成するものであり、原子の並びも不規則である。放射性微粒子は黒いと判断できる[1]。

　黒い雨の原因は、放射性微粒子、巻き上げられた粉塵、火災の煤などが絡み合っていた。

(3)　科学と原爆被害者の人生

　現在に至るまで被爆地域の拡大を求める原爆被災者が、健康被害を訴え、法の下の平等と真実の認識を求める運動が続いている。広島では「黒い雨」雨域にあった原爆被災者の、長崎においては「被爆体験者」の原爆手帳請求裁判が、被災者の生涯を貫いて行われている[6,7]。世界で一番長期に渡る「反原爆運動」だろう。

　これらの人々の健康に苛まれた実体験を「被爆者援護法」などで法的に受け止めることが出来なかった。そのうえ彼らの願いを断ち切ってきた要因の一つに、原子雲の物理的理解さえ達成されていない科学上の問題があった。

　最重要な基本問題としてアメリカ軍による内部被曝を否定する戦略があり、放射性降下物を無視した「被爆地域」の極端な過小評価がなされ、それに日本政府が追随したことである[8]。

　水平原子雲の広さと移動は概略「大瀧雨域[9]」「増田雨域[10]」と重なり、「黒い雨」と大きな関わりを持つ。また、長崎のマンハッタン調査団の記録[11]の裏付けともなる。水平原子雲の広さは半径が概略15kmである。

　この水平原子雲の存在を確認しなかったために「黒い雨」の雨域や長崎被爆体験者の放射能環境が曖昧に処されてきた。

　行政的執行内容が「科学的認知」に大きく作用され、科学が政治に屈従してきた歴史がある。

§2 原子雲に関わる状況

(1) 水平原子雲：歴史的認識

▶黒い雨に関する専門家会議の誤謬

政府見解[5]に大きな影響を与えた「黒い雨に関する専門家会議（座長は重松逸造氏)[2]」は放射能汚染区域や黒い雨域の過小評価を導いた。それは主として、放射能をもたらす根源となる原子雲のサイズを過小評価していることによる。原子雲を発展途上で捉え雲の高さを8km（馬場氏等によると16km[15]）とし、雲の直径も4.5kmとしている（水平原子雲の直径は30km）。構造的には「キノコ雲」を特徴付ける大きな頭部と細い軸のキノコ構造を捉えていないことに加えて、水平原子雲を完全に無視した。彼らの試算はストークスの法則[12]の適用も誤っていた。

さらに原子雲のでき方についても熱流体的考察を欠き、形而上学的運動観（最初にショックフロントによる刺激が渦を起こしそれがずっと安定してそのまま続く）を示し、根本が誤っている。これは後の項で記述する。

▶原子雲であるか火災雲であるか

「広島原子雲は地上の激しい火災によって発生した煙や雲とみられる」[13]との主張があり、増田善信氏[4]は乾燥地帯であるネバダ砂漠原爆爆発と湿潤地帯の広島・長崎原爆との違いを論じ、事実として広島・長崎に「原子雲」が生成したことを説いた。火災は「午前10時頃から午後2〜3時頃を頂点に燃え続けた[14]」とされるが、著者は投下後1時間（午前9時15分）での本格的火災前の雲について原子雲であることを確認している。

▶水平原子雲は無視・誤認識されてきた

広島原子雲は、高度4km程度以下にある水平原子雲を認知してこなかった[3,4]。図1（212頁）の広島原子雲の高さを論じた馬場氏等[15]「広島黒い雨放射能研究会」にさえ、自然雲として扱われたのである。「広島平和メディア

センター」による「キノコ雲の下で起きたこと[16-②]」のキノコ雲と位置関係を説明した図では、水平原子雲に原子雲頭部の陰が映っているのであるが、陰は明記しながら、影を映す水平雲自体を消し去っている。広島においては、水平原子雲は完全に無視されてきた。

　長崎においては水平原子雲の存在は明瞭であったが、対流圏と成層圏の境界の「圏界面」で生じる事象として捉えられていた[3]。

▶上昇気流と浮力：分析のキーワードは浮力

　上昇気流の物理的原因は密度が低いことによる「浮力」である。熱せられれば熱力学的速度が増加し、空気密度が減少し、浮力を生じる（熱力学的速度とは、温度で決まる原子、分子、微粒子の速度）。気塊を取り巻く周囲の空気と気塊の密度の関係が浮力を左右し、それぞれの密度は温度と直結する。

　「圏界面」では成層圏にはいると高度上昇と共に気温が上昇する。同様な現象が「逆転層」：地表風から高層風の境界で生じる。周囲気温が上がるときに水平原子雲が現れる。

(2)　原子雲と放射能と雨

①原子雲の形成原理

　原子雲の成長や構造は、熱源と流体の連続性にある。熱源は、まず急速に上昇する火球であり、火球の断熱膨張した高温気塊であり、次に熱線により焦熱化[14]した爆心地周辺の地表である。さらに熱源を補助する事象として、放射性崩壊による発熱と空中の水分凝結・凝固の際の潜熱放出による発熱がある。

　高温気塊は、上昇で巻き込んだ周囲の空気との上昇速度の差で周囲に渦を形成する。熱と放射能を最上部で拡散し気塊の直下に潜り込ませるトロイド渦だ。トロイドは熱的起源を持つ。

　頭部の中心は火球から変化した高温気塊である。周囲を熱しながら急上昇するが、その時周囲の空気は高温気塊に近いほど温度が高く離れるほど温度が低い状態である。

　温度に応じて上昇速度を変える。頭部に気温に応じた空気の上昇速度が与

えられる。中心から離れるほど漸次遅くなる速度分布が生じる。空気には粘性があるのでこの速度分布が渦の原因となる。頭部で熱せられた空気は高温気塊が最も速度が高いので一軸対称的な流れを生み、周囲に押し出し渦を作る。

高温気塊の上昇した背後は負圧になり、一旦渦として拡散された空気が高温気塊直下に潜り込み渦が完成する。

これが熱的起源の頭部トロイドである。

後流を作り中心軸が形成される。中心軸は竜巻の渦巻きと異なり、頭部高温気塊の急浮上による吸引力が流管を作りそれに高熱の地上からの上昇気流が合体する[19]。

流管内では上昇速度があることにより周囲より低圧力となり流管が安定化する。

放射能崩壊や潜熱に伴う発熱は運動を増幅し、流体の自己運動が原子雲構造を安定化させる。

広島では江波気象台による記録が残され、小規模な竜巻は沢山出現したが、全体としてきのこ雲を中心とする大きな渦巻きは報告されていない[22]。さらに同規模の爆発力の原爆実験の記録動画でも中心軸はもっぱら上に伸び縦の筋を作るが渦回転は見つけられない[19②]。

②放射能・降雨

原子雲の頭部、中心軸、水平に広がる円形雲の全てに放射能は充満する。頭部のトロイド状渦で高温気塊の巻き込む空気は、高度に伴い冷却しており包含水分絶対量が少ないのに対し、水平原子雲（および中心軸）は地表近くの高温で豊富に水分を含む空気を巻き込んでいる。水平原子雲は降雨とより深い関係にあり「黒い雨」と直結すると思われる。黒い雨は放射能を含む。加えて、中性子誘導放射化により、巻き上げられた粉塵や火災炎も放射能を含む。

§3 米軍撮影の写真から何が読み取れるか

(1) 広島原子雲

　図1は、米軍機から撮影した原子雲写真の一部である。撮影場所は爆心地から約56km（東に33km、南に45km）の地点、撮影高度は8680mとされる。爆心地は図中に示した位置[15]とされる。馬場氏等[15]は太陽の方位角と高さ、陰の出来方などを分析した結果、撮影されたのは1時間後としている。火災が本格的に始まる前の撮影である。

▶頭部：圏界面の広がりと頭打ち

　写真中の圏界面と書かれた高度が圏界面である（横線入り）。頭部の外周に当たる（より温度の低いと判断する）部分が水平に広がる。より高い温度を保持していると思われる頭部の中心部は圏界面を突破して成層圏をさらに上昇するが、中央部分が明確に水平面で頭打ちされている。わずかであるが、横方向への繰り出しが認められる。原子雲はもうこれ以上に上昇できないのである。高度は最高点まで達しており、高度測定には最適な写真であると判断する。

図1　1時間後の広島原子雲写真

右側に逆転層と書かれた高度で『水平に広がる円形原子雲』が観測される。圏界面と最上部でやはり水平に広がる原子雲が観測される。

水平に広がる
円形原子雲
⇨
キノコ雲頭部の
陰を映している

⇦圏界面

⇦逆転層

←◉爆心地

▶水平原子雲の確認

　図1では頭部の陰を映している水平円形雲を確認した。きのこ雲の軸の中心点を中心に同心円状に展開していることから、原子雲の一部と判定した。しかしこの円形雲の全貌がつかみにくい。より早い時刻に松山上空でより低高度から撮影された写真[18]では、発達途上の水平原子雲が認められる。水平原子雲の左側には同じ高度で自然の雲が認められ、雲の湧きやすい条件であることを示す。

▶原子雲の高さ

　既述の「黒い雨に関する専門家会議」[2]は原子雲の高さについて、発展途上の原子雲を対象としたことにより、高度をおよそ半分にしている。広さは7〜8分の1の過小評価である。

　原子雲の上昇速度はずいぶん早い[17]ためにどの時点の写真などを対象とするかによってわずかな時間差で大きな違いがある。図1の撮影は確認できる中で最も遅い時刻である。

　馬場氏等[15]は透視図法により原子雲の高度を推定した。馬場氏等は爆心地に立てた棒の高さにより、原子雲の高さは16kmとした。彼らの図面から圏界面高度は約13kmである。頭部の球形半径は6.4km、「圏界面」での広がりは半径9.6km、水平原子雲直上の中心軸半径は2.7km。水平原子雲の半径は15〜18kmである。

▶水平原子雲高度と移動方向

　地表風が北西〜北北西と報告されているが、水平原子雲の移動方向は著者の考察方法では、概ね北西でわずかに北よりである。水平原子雲の高さは1.6km、その移動距離はきのこ雲の中心軸の移動距離であり、9.1kmが得られた。この写真より少し早く松山上空で撮影された原子雲頭部は既に圏界面に達していると判断し、その高さ（頭部の水平に広がっている高さ）を13kmとして、水平原子雲の下の斜めに走っている中心軸の見えている最下点から水平原子雲までの高さを求めるとおよそ3.7kmと計算される。

　高さは正確に決めにくく、概略2〜4kmとしておく。

報告されている風速３m/秒[5]から計算すると１時間後の中心軸の位置は風下に10km移動することとなり、著者の得た距離、位置とほぼ一致している。水平原子雲の半径は増田雨域[9]及び大滝雨域[10]と概略重なる。

(2) 長崎原子雲

▶頭部は圏界面に到達していない（図２）

　図２[16]をまず観察する。頭部は厚めのある円盤状であり、いくつもの縦の縞が見える。トロイド渦の構造が乱れないで上下に展開している。頭部について水平方向への展開はない。この時点では圏界面に到達していない。

　米軍が投下したときに撮影した動画等[19]によれば、原子雲発生直後から、頭部の広がりは中心軸より遙かに大きく、激しくトロイド状に上から吹き出し頭部直下へ潜り込む流れを示している。この縦縞はその動画に示される様子と一致する。投下約15分後に香焼村から撮影された写真[20]には発達途中の水平原子雲のフロントがほぼ円形に展開している。

　なお投下直後には水平原子雲はない[16-④, 19]。

図２　長崎原子雲
ほぼ40分後とされるが雲の状態から温泉岳スケッチより早い時刻と思われる。米軍機より。

⇦逆転層

▶水平原子雲上下の中心軸の太さ

　水平に展開する原子雲が同心円的に広がっているが、水平原子雲の下の原子雲中心軸は太く、上側の中心軸は細い。浮力による原子雲の形成・発展に関して重要な現場証拠であり、水平原子雲形成の裏付けとなる事実である。

▶高温火球と中心軸は中心ほど温度が高く外周部分は温度が低い

準平衡状態を仮定すると、高温気塊と中心軸の中心部分は温度が高く、外側部分は温度が低い。中心軸が冷えていき軸の外側部分が逆転層の上層部気温以下となれば、外側部分は浮力を失い上昇することができない。雲は浮力の存在する下側の外側部分の上昇に押されて水平に繰り出す。水平原子雲は原爆投下後少し遅れて出現する。

　水平原子雲は、逆転層の存在と中心軸外側部分は温度が低くなっていることにより、明快な科学的説明を得る。

▶風と中心軸の偏り

　地上風が西〜西南西、上空の風が西風と記録されている[2]が、写真撮影の場所は爆心地の北西から（風上）である。中心軸の傾きは写真には現れにくい撮影方向である。

▶温泉岳からのスケッチ

　温泉岳（雲仙）測候所は爆心地から約30kmほぼ東にある。風下方面からである。温泉岳のスケッチには「見事なカナトコ雲」（石田氏[21]）に付いて記載されている。下側のカナトコ雲と上側のカナトコ雲の二重構造である。スケッチ時刻は11：40分頃とされる。長崎上空は原爆投下時刻では自然雲が多く空を覆っていたが、その後急速に晴れ、12時時点での雲はほとんどなくなっており[21]、このスケッチで示されるカナトコ雲は原子雲そのものであると判断できる。水平に広がる厚い雲（下側のカナトコ雲）は左右ほぼ対称である。その周囲に薄く広がる部分は対称的でなく原子雲との判別は難しい。

　水平原子雲の厚い部分は半径11kmほど、薄い部分は、野母崎（長崎市の南西の岬）まで広がる雲を勘定すると半径19km程度である（広島は15〜18km）。

▶高さの推定

　石田氏によればカナトコ雲の雲底の高さは「温泉岳に流れてきた雲から推定して1.2〜1.3km[21]」、雲頂は「4〜5km」とある。スケッチが上下左右同じ縮尺で描かれて、「雲底」の雲が水平原子雲と仮定すると、水平方向の尺度から高さを推定することができる。この方法でカナトコ雲底部の高度はおよそ4km、原子雲最高部の高さは11km、圏界面は10km程度と計測される。広島

で見られる圏界面は約13kmである。スケッチが上下左右同縮尺で描かれた
という仮定で得られる高さは合理的と思われるが、石田氏の記述と整合しな
い。

参考文献
1）①矢ヶ﨑克馬：季論21、18夏（2018）pp.182～194
　　②長崎被爆体験者訴訟意見書：甲A15（2019）
　　③広島黒い雨訴訟意見書：甲A37（2017）
2）黒い雨に関する専門家会議：黒い雨に関する専門家会議報告書（1991）　彼らの参考モデル：
　　Glasstone and Dolan：Effect of Nuclear Weapons、https://www.fourmilab.ch/etexts/www/
　　effects/
3）沢田昭二：長崎被爆体験者訴訟意見書、甲A199-1
4）増田善信：日本の科学者51、668（2017）
5）広島黒い雨訴訟被告第2準備書面
6）①毎日新聞　広島黒い雨訴訟　「完全勝訴目指す」　原告団集会／広島
　　　https://mainichi.jp/articles/20200712/ddl/k34/040/255000c
　　②黒い雨訴訟を支援する会：
　　　https://blackrain1.jimdofree.com/
7）①長崎被爆体験者訴訟　毎日新聞　被爆体験者訴訟　第2陣上告棄却　最高裁
　　　https://mainichi.jp/articles/20191123/ddp/012/040/005000c
　　②長崎原爆の体験者訴訟の原告団　被爆地域拡大求め長崎市と協議
　　　https://www.fnn.jp/articles/-/58661
8）矢ヶ﨑克馬：隠された被曝、新日本出版社（2010）
9）大瀧慈：アンケート調査に基づく黒い雨の時空間分布の推定、広島原爆“黒い雨”にともなう
　　放射性降下物に関する研究の現状　2010年5月、第2回「原爆体験者等健康意識調査報告書」等
　　に関する検討会、2011/2/24
10）増田善信：広島原爆後の黒い雨はどこまで降ったか、日本気象協会機関誌「天気」36、No.2
　　pp.69-79,（1989）
11）FINAL REPORT OF FINDINGS OF THE MANHATTAN DISTRICT ATOMIC BOMB
　　INVESTIGATING GROUPS AT HIROSHIMA AND NAGASAKI　広島・長崎マンハッタン
　　管区　原子爆弾調査団最終報告
12）岩波理化学辞典（岩波書店）
13）https://www.nikkei.com/article/DGXLASDG06H6P_W6A800C1CZ8000/
14）広島市HP
　　　https://www.city.hiroshima.lg.jp/soshiki/48/9409.html
　　広島市への原子爆弾投下
　　　https://ja.wikipedia.org/wiki/%E5%BA%83%E5%B3%B6%E5%B8%82%E3%81%B8%E3
　　　%81%AE%E5%8E%9F%E5%AD%90%E7%88%86%E5%BC%BE%E6%8A%95%E4%B8%
　　　8B
15）馬場雅志、浅田尚紀：広島原爆きのこ雲写真からの高さ推定：広島原爆“黒い雨”にともなう
　　放射性降下物に関する研究の現状（2010）
16）①https://www.bing.com/images/search?q=%E5%8E%9F%E5%AD%90%E9%9B%B2%E5%
　　　86%99%E7%9C%9F&id=FFC9F2C6DFB85958002586AC08170EEC1CE411C7&form=IQ
　　　FRBA&first=1&scenario=ImageBasicHover&cw=1117&ch=915、

②きのこ雲の下で起きたこと

　　http://www.hiroshimapeacemedia.jp/abom/97abom/peace/05/kinoko.htm

③ウィキペディア：長崎市への原子爆弾投下

　　https://ja.wikipedia.org/wiki/%E9%95%B7%E5%B4%8E%E5%B8%82%E3%81%B8%E3%

　　81%AE%E5%8E%9F%E5%AD%90%E7%88%86%E5%BC%BE%E6%8A%95%E4%B8%8B

④Bombas Atomicas de 1945 - SlideShare

　　https://es.slideshare.net/femama/bombas-atomicas-de-19459

17) 長崎市平和・原爆　https://nagasakipeace.jp/japanese/atomic/record/scene/1102.html

18) 水平原子雲が明瞭に確認できる写真：「松山市上空から広島デルタときのこ雲」（ナック映像センター）、写真1より早い時間で、より低空から撮影した写真である。

19) ①長崎原爆投下のまとめ

　　https://uitanlog.com/?p=1231

②核実験の映像集

　　https://www.bing.com/videos/search?q=%e7%a0%82%e6%bc%a0%e3%81%a7%e3%81%

　　ae%e6%a0%b8%e5%ae%9f%e9%a8%93&docid=608021353005842719&mid=F06E02E8236

　　14AEA8618F06E02E823614AEA8618&view=detail&FORM=VIRE

20) Atomic cloud over Nagasaki from Koyagi

　　https://rarehistoricalphotos.com/atomic-cloud-nagasaki-1945/

21) 石田泰治：長崎海洋気象台100年の歩みp.195、長崎海洋気象台発行（1978/03）

22) 火炎旋風（つむじ風）：広島市江波山気象館

§4 原子雲はどのようにしてできたか？——解析のプロセス——

①原爆誘導原子雲を識別する基準はキノコ雲の中心軸を中心に円形に広がる対称的な形態であることとした。実際のキノコ雲の形態、変化を現場写真などにより確認することから始める。米軍機から撮影された写真とスケッチで検証した。高度約4km以下の高さに水平に広がる原子雲の存在が明瞭に確認される。原子雲は頭部のトロイド渦、きのこ雲中心軸、水平に広がる円形雲から構成される。

②原子雲の成長や構造は、原爆の作り出す熱源が特異な流体運動として原子雲を作り出した。原子雲を成長させる要因は、①高速で上昇する火球の断熱膨張した高温気塊自体であり、②次に熱線により焦熱化[1]した爆心地周辺の地表である。ついで熱源を補助した事象として、③放射性崩壊による発熱と空中の水分凝結・凝固による発熱がある。これらがどう関連して原子雲の形状を作ったか？

③原子雲の時間変化は火災や雨（黒い雨）に関連する。黒い雨に関する調査は、近くは増田[2]、大瀧[3]、古くは宇田[4]の調査結果があり、黒い雨の時刻[3]は「午前9時頃に広島市西方近郊から降り始め、その後北西方向に拡がり午前10時〜11時に最も広い範囲で降り、その後縮小し午後3時頃加計付近で消失した」とされる。

核分裂連鎖反応で放出された熱線で高熱化した爆心地では、火災が発生した。「午前10時頃から午後2〜3時頃を頂点に、終日、天を焦がす勢いで燃え続けた[1]」とされる。

著者は、本格的火災の発生する前の投下後1時間程度までの米軍機から撮影された原子雲の写真[5]、核実験の映像[8]等を分析対象とした。

④結果として「黒い雨」などの雨域と放射能環境の理解は2つの要素がある。その一つは原子雲の構造。2番目はその原子雲から①雨などの気象現象、②雲からの放射性微粒子の直接落下、がどのように展開したかである。加えて、中性子誘導放射化により、巻き上げられた粉塵や火災炎も放射能を含む。

§5 浮力について

(1) 浮力——重力下の気体同士の相互作用

①気体を構成する分子（微粒子）等の速度は気体の温度が高いほど速くなる（エネルギー等分配の法則）。

②気体を構成する分子は互いに弾性衝突を繰り返すので、同じ圧力下では温度の高い気団分子同士の平均距離は長くなり（体積が増し）密度は低くなる（ボイルシャルルの法則[6]：気体の圧力と体積の積は温度に比例する）。

③同じ種類、同じ体積の気団を比較すると温度の高い気団の密度は低く、その体積に含まれる分子等が少なくなるので、重力は小さい。

④重力下に流体（気体、液体）がある場合は、ある基準面からの高さが増すと原子・分子等の高さによる位置エネルギー分だけ原子・分子の運動エネルギーが少なくなる。すなわち熱力学的速度が小さくなり、及ぼす圧力が小さくなる。したがって、気体中に、ある空間を想定すれば、その空間は下から受ける力が大きい。

⑤対象とする気団が周囲の空気と同じ温度を持つとき、その気団自体の重力が周囲から突き上げられる力と同じであるために、力学的運動（上昇あるいは下降）は何も起こらない。

⑥しかし、その対象気団の温度が周囲より高いときその気団の密度は小さいので気団自体の重力は周囲から受ける上向きの力より小さくなる。よって高温の軽い気団は上昇する力を受ける。これが浮力である。逆に対象気団の温度が低く密度が高く重いときは下降する。

⑦浮力は高温気塊の重さと、その占める体積分の周囲の気体の重さの差（重力の差）だけ上向きに力を受ける。

⑧浮力は周囲の空気との相互作用であるので、周囲の空気の温度の高度依存に異変があれば、浮力事情も異変を生じる。

⑵ 原子雲の形を決定する要因

　既に§2⑵①原子雲の形成原理、の項で基本事項を述べた。ここではそれをさらに補う。

▶熱源
①高温気塊（元火球）

　高温気塊そのものが熱源であり、もし重力がなければ点対称の熱放射を行う。点対称である熱源は強烈な浮力を持つので高速で上昇し流体運動を巻き起す。高温気塊の通過した後の場所ではそもそもの熱源は既になく、下方に後流を作る。Wikipediaによるとキノコ雲は「水蒸気を含んだ大気中へ、膨大な熱エネルギーが局所的かつ急激に解放されたことによって生じた非常に強力な上昇気流によって発生する、対流雲の1種である」[7]と紹介されている。「強力な上昇気流」と書かれているがその本体の既述がなく、曖昧な表現である。「熱源（高温気塊）の急速上昇による」ことが原子雲の生成起因である。地上の一定地域に熱源を固定した場合の上昇気流による積乱雲とは異なる流れを生み出す。このことは核実験の際に撮られた動画[8]を見れば良く理解できる。

　初期において高温気塊は核分裂で発生する全放射性物質を含む。放射性崩壊により放射線が発せられ、その際多大な発熱がある。この発熱はその浮力を増強させる。この熱は特に高温気塊が強い浮力を持ち続ける一因となろう。高温気塊の水平面内では中心から離れるに従って温度の低下があり、浮力、および上昇速度の違いを生み出す。

　この条件で、どのような気流が発生するか？　高温気塊と共に動く水平面内では、中心から離れるに従っての漸次的上昇速度の変化があり、空気には粘性があるので、それがトロイド状（ドーナツ状）渦（循環気流）となる[8]。熱起源のトロイドなのである。それが中心軸の形成に繋がる。

　原子雲の形成と放射能の拡散を読み解くキーポイントである。

②熱線で高温になった爆心地地表

爆心地の地表は熱線で3000〜4000℃に熱せられた[1]。ここで作り出される上昇気流は一軸的であり周囲の湿った気流を巻き込んで上昇させる。熱量の規模は、火球が断熱膨張して高温気塊に変化する時点では、圧倒的に高温気塊の熱量が大きいと推察する。

爆心地地表の高温で作り出される上昇気流は高温気塊の作り出す後流と協力的に合体し、中心軸を形成すると考えられる。これは①の高温気塊の上昇による上から吸引されるような気流と合体するので、特に中心軸に上昇気流が集中する。竜巻とは生成原因が異なり、渦は発生しない[8]。考察する時間帯は投下後1時間程度まで。投下直後火災は発生したとされるが、大火災が始まる前の時間帯である。

③水分の凝結・凝固の潜熱放出

これは上記①、②が1次的熱源であるのに対し、それに巻き込まれた空気中の水分が凝結および凝固する際に潜熱として放出される熱である。凝結熱は2257kJ/kg、凝固熱は335kJ/kgである。放射線放出による発熱と共に浮力を増加させる。

これらは上記①、②で述べた熱源の条件に従って与えられた対称性の元に協力的に上昇気流を発生させるのである。

空気の上昇に伴い温度が低下し1km上昇するごとに6.5℃低下する（大気温度減率：6.5K/km）（K：ケルビン：絶対温度目盛り：℃と同じ幅のメモリ）。当該気団の温度が露点（気体が結露、つまり凝結する温度）より低くなると水の凝結と夥しい潜熱（物体が相変化［気体↔液体↔固体］するとき、温度は変わらないで吸収されたり放出されたりする熱量）が生じ、さらに温度が冷えて凝固する際にも潜熱が放出される。この発熱がさらに浮力を増加させる。

通常の地表の固定された場所の熱で発生する上昇気流では、上向きの一軸的上昇気流を生じさせ、それに地表の高温多湿の空気がまきこまれるので水分量が多い空気集団の凝結／凝固発熱となるのである。

また原子雲は、一般積乱雲とは異なる条件下にある。一般積乱雲は熱源が地表にあり、あるいは地形の高度が増す等により多量の凝結潜熱が開放さ

れ、上昇気流が増幅されて、雲が自由空間に発生し伸びていく。それに対し、原子雲は高速で上昇する高温気塊自体が文字通りの頂点にあり、トロイドを形成して、下方に後流を作る。それに地表の高温による上昇気流が合流する。従って、自己運動で巨大な頭部が生成し、流線が中心軸に集中するという特徴がある。

高温気塊には大量の放射能が含まれ、放射性微粒子自体が電荷を帯びることと放射線による電離により水分子に対する大きな凝縮効果を持つ。したがって、放射能を含む気団の露点は、放射能を持たない気団の露点より高いと推察される。

原子雲の場合、高温気塊が作り出す流線は上述したように最初に漸次的上昇速度の変化によるトロイドで巻き込む空気は、高度が高く既に冷却された状態であり、水分含有量が低下している空気を巻き込む。それ故、地表に固定された熱源が、高い温度の湿った空気を上昇させて、それに伴う多量の雲（水滴）を発生させ、潜熱の放出が大である時と比較して、それらの規模は小さいと判断される。降雨との関わりは頭部より水平原子雲の方が大きいと思われる。

「どのような気流が作り出されるか」に従い、凝結・雲生成および潜熱放出は現れる。それがどのような構造を取るかが考察ポイントである。

▶連続性

流線に沿った流管のどの断面においても流体の質量流量（単位時間あたりに断面を通過する質量）は常に一定である（流体の連続性）。中心軸を流管としてみた場合、上部にある高温気塊に流れは常に引っ張られることになる。爆心地地表の高温によって作られる上昇気流は流管の中の上部から引っぱられる流れに対して連続性を保たなければならない。一般の積乱雲が自由空間に展開するのに対して、原子雲の地表から頭部にいたる空間の雲の出来る形態は中心軸に集中するだろう。

中心軸の形成は竜巻の渦によるとの見方があるが、これは誤りであろう。爆発力が同程度の大気圏内核実験の記録画像を見れば、中心軸はほとんど回転することなく上に上に伸びて行く[8]。また、広島原子雲の周囲に爆心地を取り巻く渦の流れがあったかというと、小さな渦巻きはいくつも観察され

ているが、大きな回転渦は報告されていない[14]。高温気団の高速上昇が中心軸の上昇気流を、地上の熱と合流して、作り出しているので、地上だけに熱的原因を持つ竜巻と違った条件があり、渦のない中心軸を形成したと思える。回転による軸形成ではないことが事実であり、水平原子雲の生成に不可欠な温度分布の中心対称性が生じることを保障する状態であった。

(3) 周囲の空気の気温

　周囲の気温と高温気塊などの温度との関わりで浮力が決定づけられる。周囲の気温が異変を起こす2つの境界があることを論理的に明らかにする。それは地表風と高層風の境界に生成した「逆転層」と対流圏と成層圏との境界である「圏界面」である。

　「逆転層」は、高度2km～4kmの地表風と高層風の境界において、高層風の温度が高いことにより生じる。

　上昇停止すなわち水平に広がる原子雲などが生じるのは、上昇と共に大気の温度が上昇する「逆転層」および「圏界面」による作用である。

§6 きのこ雲（頭部と中心軸）の形成
──熱と放射能が中心軸に集積──

　図3に、以上の考察に基づいて、きのこ雲（原子雲頭部と中心軸）の形成メカニズムと原子雲中心軸に熱と放射能が濃密に移行することを解説する。

▶頂点は高温気塊

　高温気塊（元火球）はきのこ雲の頂点にある。なぜなら、原子雲が高速で上昇することなどすべての上昇現象は、熱源の高温気塊の浮力による自己運動が根本なのである。専門家会議[3]は、原子雲の原因をショックフロント（衝撃波面）の作る「上向通風」としており、その描く図は似通った形で表現されているがその科学的描像は完全に間違っている[9,10]。

　専門家会議[13]では、頭部のトロイド渦と原子雲の上昇を、ショックフロントの反射が原子雲内部を駆け抜ける極めて細いジェット気流によるとしている。しかし、米軍の投下直後の写真や動画[8]を見ると、ショックフロントの反射波は、原爆爆発後2秒ほどで、広島ではきのこ雲の軸を切断し100mのオーダーでずらせ、長崎ではきのこ軸を切断するなどの現象を生じさせたと観察できる。

図3　きのこ雲頭部の形成と中心軸
熱起源によるきのこ雲

高温気塊が上昇力と渦のもと

上昇速度の段階的変化により生じる渦

中心軸には大量の放射性物質が留まる

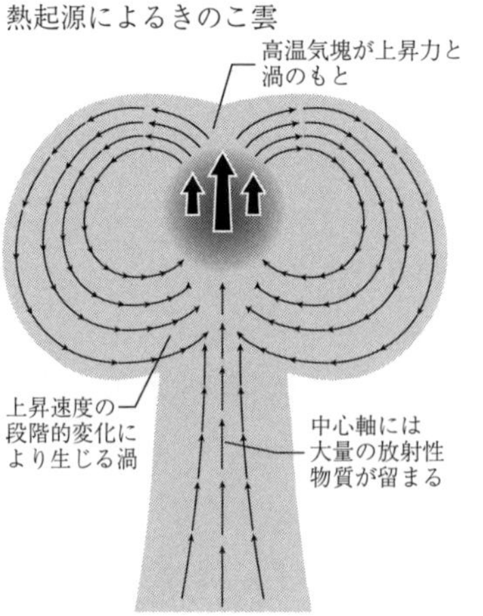

この記録された現象はショックフロントの波面は細い空気ジェットではなく、広い波面を持っていたことを示す。極めて細い空気ジェットなどは存在しないことを物語る。ショックフロントの力学的刺激が頭部トロイド渦などの原因ではあり得ないことを示すのである。

▶原子雲頭部のメカニズム

　通常の積乱雲の形成は地表に平面的に固定された熱源で上昇気流が生じ、あるいは地表の海抜が上昇する地形に

より気流が上昇し、暖かい多量に水分を含有する湿った空気が、断熱膨張、温度低下、凝結・凝固、潜熱放出という発熱によって、さらに上昇気流を生み、雲を自由空間に連続的に生長させる。

　原子雲の場合はそれとは異なる上昇気流を生み出すメカニズムが含まれる。

　高温気塊はかなりの速度をもって上昇する（最初は早く後に速度は低下する。約8分30秒後で9000m[11]）。

　高温気塊の直上の冷えた空気は高温気塊の熱に会い、急速に熱力学的速度が上昇し膨張するので急上昇する高温気塊からは横方向に広がる粒子の流れが（トロイド的に）形成される。高温気塊中心に上昇速度が水平面内で外に行くにつれて低下する速度の段階的変化が生じ渦ができる。頭部の急速上昇に伴い高温気塊直下は気圧が低くなり、そこへ頭部最上部からの吹きだしが流れ込む。よって気流はトロイド状の循環を行う[8]。高温気塊の直下には熱と放射能が置き残される。このとき巻き込まれる空気は高度が高いだけ温度が低下しており、地表の暖かい多量に水分を含有する空気より含有する水分の量は少ない。凝結に伴う潜熱放出による雲の増幅は通常の積乱雲より少ないと考えられる。そして頭部直下に置き残された気団は浮力を持つ中心軸を形成する。

　ここで通常の積乱雲は地面近くの温度の高い多湿空気が上昇し自由空間に展開して冷却されて凝結凝固し潜熱を放出する。それに対して、高温気塊の巻き込む周囲の空気は高さなりに冷えて水分の含有量が少ない。頭部に関係する凝縮／凝固潜熱は少なく、また降雨との関わりは低いと考える。それに対し中心軸および水平に広がる円形原子雲の場合は地上の温度が高く多湿な空気を巻き込んでいくので、降雨との関わりは高いと考える。黒い雨との強い関わりを持つ。

▶中心軸の形成

　高温気塊の激しい上昇により、中心軸の流体は強く上方に引っ張られる力を受ける。流体の連続性維持により、より下方の流体の動きと連続性を保つ。すなわち高温気塊が上昇に伴い置き残した後流は下方からの上昇気流と合体する。地上からの上昇気流が拡散せず中心軸に集中する物理的原因である。

　この考えは、原爆投下／核実験の記録映像[8]により裏付けられている。頭部

高温気塊の急上昇により、その下に続く中心軸は高温気塊からぐいぐいと引き上げられ、縦の筋を形成しながら上に伸びて行く。渦巻き構造は見られない。

　爆心地地表が高温に熱せられたことによる上昇気流は、中心軸という流管内の上から引っ張られる力がある故に、中心軸に集中する。頭部の高温気塊に引かれる流体が流れの連続性を保つために、空気（雲）の流れは中心軸に集中することとなる。これが原子雲頭部と中心軸の形成、いわゆる「キノコ雲」の生長原理である。

　中心軸は温度が周囲より高く上昇速度を持つので周囲の空気より低圧となり、流管は安定に保たれる。

　爆心地地表の高温化は半径2km程度と考えられるが、長崎の原子雲（図2）の水平原子雲の下側では半径が約2.5kmと読み取れ、大きさの規模でつじつまが合う（広島の図1からは読み取れない）。

　なお、時間経過と共に温度分布が落ち着いて準定常状態となると周囲から冷却されるので原子雲頭部は中心ほど温度が高く、また、原子雲中心軸は中心ほど高く外側で（半径にしたがって）低い温度となり同一水平面内では中心対称を取るようになる。よって、逆転層では中心軸の中心部分が逆転層を突き抜け、周辺部分が水平に広がる。

§7 高温気塊内部の温度分布

　高温気塊の内部に温度分布があれば、それに伴い気体密度の差が生じ、浮力の大きさの差が生まれる。温度勾配と放射能の分布の様子を図4に示す。

　雲が出来て準定常的な状態になると、高温気塊の中でダイナミックな粒子の運動があるが、熱的には中心ほど温度が高い状態が保たれる。中心部分ほど温度が高い事情は原子雲の頭部だけでなく中心軸にも当てはまる。

　準定常状態になれば、原子雲中心軸は中心ほど温度が高く、周辺ほど温度が低い対称性ができ上る。

　この構造をもって、以下のような現象が起きる。

①広島原子雲の頭部が圏界面において、頭部の外周に当たる温度の低い部分がまず水平に広がり、頭部の中心部は圏界面の上にさらに上昇する。

しかし成層圏は高度の上昇と共に温度が上昇するので、一定のレベルまで上昇しているが、天井につかえるように頭部が水平面で頭打ちされている。この構造は中心ほど温度が高い「準平衡状態」によって初めて理解できる、

②「逆転層」における広島・長崎両原子雲が水平原子雲を持つことが理解できる。長崎原子雲で明瞭に観察出来るのであるが、水平原子雲の下側の中心軸は太く、上側の中心軸は細い。外側の低温部分が上昇できなくな

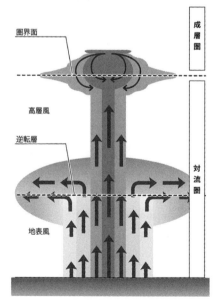

図4　水平原子雲の形成原理と高温気塊上昇停止のメカニズム

成層圏

圏界面

高層風

逆転層

対流圏

地表風

り水平に広がっていくのに対し、中心部は温度が高く、逆転層を突破
して上昇を続ける。

§8　水平原子雲の形成──「逆転層」の存在──

(1)　大気温の不連続性

　広島原子雲（図1）および長崎原子雲（図2）[5]、および香焼村からの撮影[12]により水平原子雲の存在は明らかである（高度約4km以下であり、圏界面よりずっと低い）。

　①水平原子雲の上下で中心軸の傾きが変化する、②中心軸の太さが水平原子雲の上側では細くなる、③水平原子雲の高度は広島、長崎共にほぼ4km以下である、ということが判明している。この高度で大気温度構造に不連続があることが示唆される。そこで著者はこの境界は逆転層であると推察したのである。

　対流圏では空気の温度は高さが増すにつれて低くなる（1kmで6.5℃）。当日の朝の広島の地上温度は26.7℃と報告されている[13]。逆転層を4kmと仮定すると、上空の気温は0.7℃程度である。上空に地表風より高い、すなわち0.7℃より高い温度の上層風が吹いていれば水平に広がる原子雲を矛盾なく説明できる。水平原子雲は逆転層に出来るのである。

　地表風の上を吹いている高層風との境界：「逆転層」：で大気温度が不連続的に高くなる時、浮力事情に異変が生じる。

　中心軸の出現した直後はこの高度での中心軸温度が全体的に高いので、異変（水平原子雲の出現）は生じない。

　「逆転層」の高度で、準平衡状態に達した中心軸の外周部分の温度が高層風の温度より高いときには異変は生じない。時間がたって、その高度での中心軸自体が冷えていき、中心軸外周部分の温度が、高層風の温度と一致したときこの部分は浮力を失う。中心軸の外周部分は「逆転層」を越えて上空に進出できなくなる。この外周部分は圏界面より下の地上風内では浮力を持つので、下から突き上げる形で「逆転層」に押しかける。この下からの力に押されて外周部分は水平に同心円的に繰り出すこととなる。これが水平原子雲である。投下後15分とされるが、香焼村で撮影された原子雲には、非常に

明確に、水平原子雲の円形フロントが映し出されている[12]。

　図4は中心軸の太さが「逆転層」で減少することと、水平の原子雲の生成原理を図示している。縦矢印は浮力の大きさと流れの方向を示している。

　頭部での丸い線で示した矢印は頭部周囲の流れを示す。

　原子雲頭部の上昇が停止する高さは、大気温の高度依存性が変化する対流圏と成層圏の境界面すなわち「圏界面」で生じる。広島の原子雲を参照にして図4は表記した。

　まず圏界面で頭部高温気塊外側部分の上昇が停止し[5-①]水平に繰り出す。圏界面の上まで突き抜けた中心部分は、成層圏では高度と共に気温は上昇するので、程なく同温度となり停止する[5-①]。最終的に原子雲の上昇が停止する。

　なお、降雨は水平原子雲と中心軸および頭部からの降雨および放射性微粒子の降下を考察すべきである。放射能空間もそれらからの降雨および放射性微粒子の落下を考慮すべきである。

§9　広島・長崎原子雲写真の分析からわかったこと

　広島・長崎原子雲写真等を分析した結果得られた新たな知見は以下のとおりである。

　「逆転層」：地上風と高層風の境界。高度は広島・長崎共に約4km以下。地上温度が26℃くらいとすれば偏西風の温度が概ね摂氏表示でプラス温度であれば高度4kmで高層風の方が高温となり「逆転層」が形成される。

　「逆転層」の上下：原子雲の風になびく方向はそれぞれ地上風と偏西風の向きによる。「逆転層」の下は北北西、上は東（広島）。長崎では上下共に東方向付近と見られる。中心軸の太さは「逆転層」より上が下より細い（長崎）。広島は判定不可。

　水平原子雲：「逆転層」での水平原子雲は半径15km〜18km（広島）、15km〜30km（長崎）。「圏界面」での広がりは小規模（広島）。なお、図2の時刻では長崎原子雲頭部はいまだ「圏界面」に達していない。

　浮力：（①「逆転層」）中心軸の外周部分が浮力を失う（中心部分は浮力を保持し上に突き抜ける）。（②「圏界面」）（広島）原子雲頭部の外周部分が浮力を失い水平に広がる。頭部の中心部分は浮力を維持しさらに上昇し、頭打ち状態となる（水平面で頭打ちされている）。

　原子雲を特徴付ける要因：トロイドと中心軸の形成：①急速に上昇する熱源（高温気塊）が熱的原因のトロイドを形成する。②加えて、爆心地が熱せられてできる上昇気流は上から高温気塊により作り出される後流である中心軸に連続する。放射性崩壊熱と凝結・凝固潜熱はそれらを増幅する。

参考文献
1）広島市HP
　　https://www.city.hiroshima.lg.jp/soshiki/48/9409.html
　　広島市への原子爆弾投下
　　https://ja.wikipedia.org/wiki/%E5%BA%83%E5%B3%B6%E5%B8%82%E3%81%B8%E3%81%AE%E5%8E%9F%E5%AD%90%E7%88%86%E5%BC%BE%E6%8A%95%E4%B8%8B
2）増田善信：広島原爆後の黒い雨はどこまで降ったか、日本気象協会機関誌「天気」36、No.2 pp.69-79、（1989）
3）大瀧慈：アンケート調査に基づく黒い雨の時空間分布の推定、広島原爆 "黒い雨" にともなう

放射性降下物に関する研究の現状　2010年5月、第2回「原爆体験者等健康意識調査報告書」等
に関する検討会、2011/2/24

4 ）宇田道隆：原子爆弾による広島の気象異変
　　　http://lib.s.kaiyodai.ac.jp/library/maincollection/uda-bunko/resources/pdfs/
　　　gyouseki/029.pdf)
5 ）①原子雲写真
　　　https://www.bing.com/images/search?q=%E5%8E%9F%E5%AD%90%E9%9B%B2%E5%
　　　86%99%E7%9C%9F&id=FFC9F2C6DFB85958002586AC08170EEC1CE411C7&form=IQF
　　　RBA&first=1&scenario=ImageBasicHover&cw=1117&ch=915、
　　　②きのこ雲の下で起きたこと
　　　http://www.hiroshimapeacemedia.jp/abom/97abom/peace/05/kinoko.htm
　　　③ウィキペディア：長崎市への原子爆弾投下
　　　https://ja.wikipedia.org/wiki/%E9%95%B7%E5%B4%8E%E5%B8%82%E3%81%B8%E3%8
　　　1%AE%E5%8E%9F%E5%AD%90%E7%88%86%E5%BC%BE%E6%8A%95%E4%B8%8B
6 ）岩波理化学辞典（岩波書店）、物性科学事典（東京書籍）
7 ）キノコ雲：Wikipedia
　　　https://www.bing.com/search?q=%E3%82%AD%E3%83%8E%E3%82%B3%E9%9B%B2&
　　　form=ANNTH1&refig=13a674cd31474ca2846fa7da560b9f8d&sp=1&qs=AS&pq=%E3%82
　　　%AD%E3%83%8E%E3%82%B3%E9%9B%B2&sc=8-4&cvid=13a674cd31474ca2846fa7da56
　　　0b9f8d
8 ）①長崎原爆投下のまとめ
　　　https://uitanlog.com/?p=1231
　　　②核実験の映像集
　　　https://www.bing.com/videos/search?q=%e7%a0%82%e6%bc%a0%e3%81%a7%e3%81%a
　　　e%e6%a0%b8%e5%ae%9f%e9%a8%93&docid=608021353005842719&mid=F06E02E823614
　　　AEA8618F06E02E823614AEA8618&view=detail&FORM=VIRE
9 ）①矢ヶ﨑克馬：季論21、18夏（2018）pp.182〜194
　　　②長崎被爆体験者訴訟意見書：甲A15（2019）
　　　③広島黒い雨訴訟意見書：甲A37（2017）
10）Glasstone and Dolan：Effect of Nuclear Weapons
　　　https://www.fourmilab.ch/etexts/www/effects/
11）長崎市平和・原爆
　　　https://nagasakipeace.jp/japanese/atomic/record/scene/1102.html
12）Atomic cloud over Nagasaki from Koyagi
　　　https://rarehistoricalphotos.com/atomic-cloud-nagasaki-1945/
13）黒い雨に関する専門家会議：黒い雨に関する専門家会議報告書（1991）
14）火災旋風（つむじ風）：広島市江波山気象館

§10 水平原子雲と被爆地域との関わり
―「黒い雨」雨域と長崎被曝地域見直し区域は水平原子雲で説明できる―

1．水平に広がる原子雲が高度約4km以下にあることを確認した。
2．「圏界面」だけでなく「逆転層」の両方に原子雲が水平に広がる理由がある。
3．水平に広がる原子雲は、広島「黒い雨」地域と長崎「被爆体験者地域」と基本的に重なる。被爆地域と水平に広がる原子雲は密接な関わりを持つ。
4．水平に広がる原子雲は放射性微粒子を含む。
5．長崎被爆体験者の「被曝地域の見直し」要求は、水平に広がる原子雲の存在によって科学的根拠を有する。長崎マンハッタン調査団の記録は水平原子雲の存在によって裏打ちされる。
6．「黒い雨に関する専門家委員会」の物理像とシミュレーションを検討すると、同委員会は全体像を捉えておらず、極端な過小評価を導いたと判断できる。
7．「黒い雨」の黒さは火災による煤だけではなく、金属を含む多様な原子の集合体としての放射性微粒子が黒い色をしていたと判断する。その微粒子（放射性微粒子）を核に含む水滴による雨は黒いのである。

(1) 広島の黒い雨・雨域

　大瀧氏ら作成による「黒い雨」雨域[1]を図5に示す。

　まず、図5には宇田雨域[2]、増田雨域[3]、大瀧雨域[1]が示される。特に一番新しい調査である大瀧雨域[1]に着目する。図中の太線で囲まれた領域がそれである。

　[大瀧雨域] この雨域は、歪みはあるが円に近似でき平均半径約18km程度の形状である。

　先ず半径について分析すれば、ここで解明した水平に広がる原子雲半径が15～18kmであり、雨域の大きさは水平原子雲の大きさとほぼ一致する。

　概略1時間後から降り始めたとされる雨域の中心位置を図中で見積もれば、爆心地よりほぼ10km北西にずれていると見なされる。

　水平に広がる原子雲と中心軸の移動は図1から9km程度と読み取れる。こ

図5　黒い雨の雨域1)
図中の同心円は半径10km、20km、30kmである。

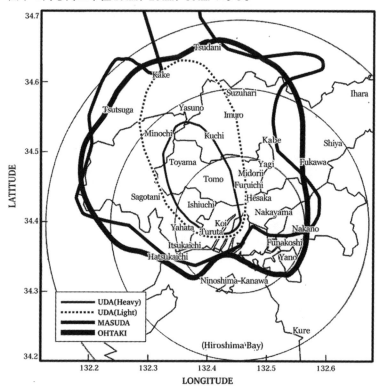

の距離は当時吹いていた南東～南南東毎秒3mの風[4]により、ほぼ1時間で
移動する距離10kmと同程度である。誤差は写真の撮影時刻や写真からの距
離の読み取りによる。

　大瀧雨域（および概略増田雨域）の位置は水平に広がる原子雲により説明で
き、大きさは水平原子雲より少し小さめである。

　本格的降雨が原爆投下1時間後に始まり、その強さは約1時間後の水平原
子雲の中心近くが最も強く、時間と共に原子雲が風下に移行することにより
その時間変化も説明できる。中心近くは原子雲中心軸からの降雨が重なった
ものと推察される。

　雨の強さについては、水平に広がる原子雲、キノコ雲の中心軸、頭部等か

らの降雨により、その地域と時間的経緯を考慮しなければならない。1時間半程度後からは火災が本格化する。雨域の中心部が強い雨の雨域となるのは中心軸からの雨が重なるからである。ただし雨域全体を中心軸などからの降雨だけとするのは中心軸の半径がせいぜい3km程度であることから否定できる。

かくして1時間後の写真に示される水平原子雲と黒い雨の降った雨域（大瀧雨域[1]）は、概ね一致し、雨が原子雲からもたらされたと合理的に説明できる。

[増田雨域] 増田雨域[3]は概略大瀧雨域[1]に重なるが、北北西方向へは30kmラインを越えてさらに伸びている。それは原子雲の消滅は周辺から起こり、中心付近はキノコ雲中心軸の影響もあり、かなり遅くまで降雨し続けていた、すなわち自然の風と共に少し北寄りの北西に衰えながら進行したが、雨は中心軸からの影響を受けた、という理解で合理的である。ただし降雨は地表近くの局所的気圧配置等の影響も受け、雨域内でも降雨の有無強弱は変化を受ける[3]。

[宇田雨域] これに対し宇田雨域[2]は爆心地から1方向に展開する楕円形を示し、現実に存在したと思える増田、大瀧のアンケート結果の「黒い雨」雨域に比して狭すぎる。宇田雨域[2]を裏付けたとされる専門家会議[4]のシミュレーションは、水平に広がる原子雲は無視し、雲の高さを8km（原子雲の約半分）、直径が4.5km（水平に広がる原子雲の8分の1〜7分の1）等とする原子雲の構造無視と過小評価を行い、砂漠モデルで計算するという誤りを犯している。

[原子雲と雨] 従来からの「雨をもたらす雲は原子雲頭部とする」仮定は、頭部原子雲からの直接の雨は降っておらず、中心軸を通じての降雨となり直径が小さすぎる。雨域全域を論ずるには妥当ではない。水平に広がる原子雲と中心軸からの降雨と微粒子落下が放射能環境に関与したと判断すべきである。

広島では原子雲からの雨と火災による積乱雲からの2種類の雨が降ったとされる[5]。増田[6]は詳細に降雨分布も示しているが、原子雲からの雨はどの部分から降ったか等という原子雲を構造分解してはいない。

原子雲と火災からの降雨と2つに分けて増田氏は考えている[6]が、それに加え、ショックフロントの影響で降雨がもたらされた可能性がありうる。さ

らに色については、放射性降下物、粉塵、火災の煤が考慮されるべきである。

　高さ4km以下に水平に広がる原子雲は、広島では一貫して無視され続けたが、図1、図2と香焼村からの写真[7]や原子雲頭部の上昇速度等から類推すると、投下後30分ほどでは半径15〜18kmに達したと推察できる。爆心地近くと遠く離れたところに水平に広がる原子雲からほぼ同時に雨が降り始める可能性は十分ある。

⑵　長崎の放射性物質降下範囲

　[放射能測定記録]　長崎ではマンハッタン調査団の調査（1945/9/21〜10/4）結果[8]は、半径12kmを越える全方位（風下ではない南北および西方向含む）で原爆放射能が観測されたことを示している。

　マンハッタン調査団の調査結果[8,9]は、枕崎台風と大雨に見舞われた後、道路上、地上5cmで測定したガンマ線の値である。報告されている数値はmR/h（1mR=10μSv）単位であり、自然放射線を差引いた値で、「原爆投下がもたらした放射能」と判断すべき放射線量である。

　特徴は爆心地の東西南北どの方向でも原爆放射能が記録されていることと、西風を受けた風下地帯が特に高線量を記録していることである。風下以外では、例えば、北西方向へ約8km（遠木場）で0.016mR/H（0.16μSv/H）、約11km（三重村）で0.014mR/H（0.14μSv/H）と高い値を記録している。

　これらは強烈な台風と大雨に洗われた後の値であり投下時に降り注いだ放射線よりとても少ない放射線量を示す。投下直後の放射線量は非常に強かったことを推察させる。

　[水平に広がる原子雲と風下地域]　この分布は砂漠モデル[4]（風下方向へ帯状に細く分布する）では決して説明がつかず、水平に広がる原子雲を前提にしなければ理解できない。全方位で広範囲に示された測定記録は、水平原子雲がもたらす放射能環境によって良く説明できるのである。それに加えて風下の地域に放射性微粒子の強い落下痕跡が示される。これは中心軸および頭部から風下への寄与と考えるのが合理的である。

　長崎の放射性降下物の測定状況は、水平に広がる原子雲の下と中心軸と頭部の風下に展開する放射性微粒子の降下によると理解すればよく理解できる。

[**長崎の被爆地**] 長崎では住民による「被爆地域指定の見直し」の地域拡大運動がなされている。現状の「被爆地域[10]」が東に約5.5km、西に6.5km、南に12.4km、北に5.7kmとゆがんでいるのに対して、爆心地から半径12kmの円内に被爆地域を拡大する訴訟や要請が継続して行われている。被爆指定区域が放射性降下物の強く降った東側に長いのであれば、まだ合理性があると判断できるが、南方への突出は、放射能環境の点からは全く合理性を欠く。

　これらに関しては水平に広がる原子雲の存在[11]が測定値や被爆地域拡大運動の正当性を裏付けると判断する。

§11　多湿空間中の放射性微粒子と雲

(1)　乾燥砂漠地帯―微粒子の力学

▶雲の消失

　砂漠地帯は湿度が極めて少ない。砂漠地帯での原爆爆発は最初の火球の強烈な断熱膨張により水分を凝結させ、原子雲が形成される。しかしその後展開される熱源（高温気塊）の高速上昇に伴うトロイド運動プロセスで、空中の水蒸気が極めて少ないことから、水分の凝結はなされず、また、空気環境からの熱流入により水滴が気化し雲が消滅する[3]。

　放射性微粒子は火球が冷却する際に放射性原子が互いに衝突して合体したものである。乾燥した放射性微粒子の運動はストークスの法則にしたがう。

▶ストークスの法則

　放射性降下物がストークスの法則に従って自然風の風下だけに展開するとする考え方[12]を「砂漠モデル」とする。

　微粒子の大きさはマイクロメートルの程度であり、放射性微粒子の質量は1兆分の1〜10億分の1グラム程度のオーダーである。このとき、微粒子は落下に伴って粘性抵抗を受ける。粘性抵抗とは、空気や水（流体）の中の小さな物体が流体の流線（流れを線で表したもの）を乱さずに静かにゆっくりと移動する時に、移動速度に比例した流体から受ける抵抗である。このときの微粒子の運動形式はストークスの法則である。

　微粒子が静かな空気中を落下する場合は、微粒子に働く重力と粘性による抵抗がバランスし毎秒1〜10mmそこそこの等速度で落下する。毎秒20〜30cm程度の落下速度以上では空気抵抗が弾性抵抗となり、ストークスの法則は適用できない。弾性抵抗とは物体が空気分子と衝突して弾き飛ばす（弾性衝突する）時に受ける抵抗である。

　ストークスの法則が適用できる状態は霧粒（小さな水滴）等が空中に浮かぶ

状態である。微粒子の大きさで言えば、ストークスの法則に従う大きさは直径10μmという大きさの程度以下であり、落下する雨滴の直径1mmで計られる程度の大きさではストークスの法則はもはや適用出来ない。

　地上風が吹いていると風速は毎秒数メートル程度あり、ストークスの法則に従う放射性微粒子は毎秒1ミリメートル程度しか落下しないので、もっぱら風に運ばれる。放射性微粒子は風下に数百キロメートルに及ぶ狭い帯状の汚染をもたらす。決して風上および横方向に放射性微粒子を運ぶことはない[12]。

(2)　広島／長崎の場合—多湿大気中

▶水分の凝結

　放射性微粒子などが放射線を出しながら運動しているので、空気中に大量の水蒸気を含む環境にあっては、空気が露点まで冷えることと放射線による電離を受けることにより水滴に凝結する。この放射線効果は通常の水分の凝結（露点以下に冷却され凝結）に加算される電気力学的凝結である。放射性微粒子を含む気団では含有水蒸気が飽和水蒸気圧になる露点より高い温度で凝結が生じることになる。

　水分子は分子自体の電荷分布が非対称（プラス電荷の二つの水素原子がマイナス電荷の酸素原子に対して104度の角度を持つ：プラス電荷とマイナス電荷の中心が合わない）なので、水分子はプラスあるいはマイナス電荷に強く引き付けられる。放射線の発せられるところ必ず電離が行われ、電離は正負の電気量を物体（放射性微粒子や空気の分子等）に生じさせる。また放射性原子が集合している放射性微粒子は主たる放射能であるベータ線発射によって強くプラスに荷電される。よって放射性微粒子を中心として水分子が凝集して水滴となる。

▶雨滴と運動法則

　水滴の大きさはストークスの法則に従う程度の大きさからスタートする。積乱雲の中で衝突し合体し雨粒の大きさになる。

　雨滴の大きさはミリメートルの単位で示される程度であり、質量はミリグラム単位で示される程度である。それに対してストークスの法則が当てはまる微

粒子の大きさはマイクロメートルで測られる程度であり、重さはナノグラム〜マイクログラムで計られる程度である。大きさの程度が異なるのである。

粘性抵抗は速度に比例し、弾性抵抗は速度の二乗に比例する。

▶熱容量、潜熱

放射性微粒子を核とした水滴は、放射性微粒子が単独でいる場合に対して比べものにならない熱容量を持つようになる。同時に3態変化（気体↔液体↔固体）に伴う潜熱が現れ、熱現象として雲としての気象現象として現れる。空気の上昇に伴い温度が低下し1km上昇するごとに6.5℃低下する（大気温度減率：6.5K/km）。凝結熱は2257kJ/kg、凝固熱は335kJ/kgである。

砂漠で水分が蒸発して放射性微粒子単独でいる場合には、放射性崩壊熱も全て個々の微粒子に働き外からは非常に動きが見えにくいのに対して、広島・長崎では雲集団として巨大な一連の動きとなる。もはや砂漠での微粒子運動ではなく、雲がもたらす熱流体的な運動に従うのが第1原理となる。

すなわち放射性微粒子が核となった水滴が雲を構成し、雨は雲から降り、雨が降らなくとも雲に放射性微粒子が分布することにより放射能環境がもたらされる。

▶乾燥空気中と湿潤空気中の微粒子の振る舞い

専門家会議は雲の高さを実際の半分にしか見積もらず、水平に広がる原子雲を無視して気象学的および気象モデル、砂漠モデル（ストークスの法則）等でシミュレートしたが、このモデルは放射能汚染区域などを恐ろしく過小評価する。

仮に放射性微粒子を核とした雨滴が単独に運動する場合を仮定すると、重くなった雨滴の速度は速く（毎秒数メートルの程度）空気から弾性抵抗（速度の二乗に比例する）を受ける。

もはや弾性抵抗を受ける微粒子にストークスの法則は適用できないのである。

成層圏に至った頭部はジェット気流に乗り、地球規模で放射能が拡散されたと言えよう。

上述のように、水分のほとんどない砂漠では程なく雲は解消し、放射性微

粒子は微粒子のままで乾燥微粒子として運動する。

　多湿空間での爆発である広島・長崎の放射能拡散の仕方の一つには、ストークスの法則に則る落下があるに違いないが、基本は雨などの気象的振る舞いによる。特に水平に広がる原子雲による降雨が直接的に放射性降下物の範囲を決める条件となった。

§12 黒い雨に関する専門家会議の誤り

(1) 原子雲の把握とシミュレーション

▶原子雲モデルの不適切

「黒い雨に関する専門家会議」は発展途上である高さ8km、幅4.5kmの原子雲を考えているので、風下だけに幅4.5kmより少し広い程度の放射能汚染域を計算する。モデルの原子雲には実際の原子雲の形態が反映されていない。実際は半径が15km～18kmで水平に広がる原子雲、高度16kmに達する頭部、半径2km程度の中心軸という現実の原子雲である。このサイズを無視したシミュレーションは意味をなさない。あまりにも狭い放射性物質の降下範囲である。

▶専門家会議の問題点

専門会会議の分析方法などを科学的に検討した結果、以下の誤りを特徴と判断した。

①原子雲の成長原因を間違えていること。

②水平に広がる原子雲、中心軸、頭部の原子雲構造を無視していること。原子雲を近視眼的に近すぎる距離で捉えて全体像を把握していないこと。

③放射性微粒子の計算モデルを、高さ8km、幅4.5kmの低すぎて狭すぎる雲を想定し、ほぼ球対称の原子雲と衝撃塵の集合に機械的に二分割し、その下に火災による雲を想定していること。

④放射性物質の拡散原理を誤ったこと：気象モデルで雨域などを評価しているが雲自体が著しい過小評価である。ストークスの法則（砂漠モデル）を適用範囲を超えて適用し、そのまま広島・長崎の多湿空間での爆発に当てはめ、シミュレーションしたこと。

⑤その結果、放射性物質の拡散範囲を狭すぎて現実に合わない範囲に留めた。

⑵　原子雲の成り立ち

▶原子雲形成の要因
　黒い雨に関する専門家会議報告書[4]に記載される原子雲形成の物理的概念は熱源、浮力、上昇気流、といった爆発で与えられた熱的条件を気象学的に捉えることはない。

　これについては専門家会議はGlasstoneとDolan[12]のモデルをほぼそのまま引用している。
　核分裂でできた火球を認めるものの、原子雲の形成は爆風の反射波（Afterwinds）が原子雲を成長させるものとして位置付けている。頭部トロイド渦は高温気塊内部を反射波の通り抜けるショックでできたとし、その後何の抵抗もなく渦は初期の角運動量を保持して持ちこたえたとする。完全な形而上学である。浮力に関わる上昇速度のグラデーションに関わる分析はなく、渦に関しては粘性渦しか念頭にないと思われる。科学的誤りの第1である[1,12]。

▶ショックフロント
　衝撃波（爆風）が地面に当たって反射する反射波は四方八方に拡散するものであり、決して高温気塊を貫くように集中する方向性を持たない。さらに、爆風は通常の爆発とは全く異なることを無視している。火球は爆発1秒後には直径280m[5]に広がる。今までそこにあった空気が排除され、火球の表面に卵の殻のような高圧の空気壁が形成される。火球の急膨張が停止した後、空気壁は火球表面から等方的に高速移動し広がる。この高圧空気をショックフロントと呼ぶ。ショックフロントは高圧空気壁であるので空気はショックフロントから噴出し爆風を伴う。ショックフロントから前方のみならず後方に噴出するのである。地上の破壊が高圧ショックフロントとそれに伴う爆風で行われた。
　爆風はショックフロントから前後に噴出する空気移動（風）なのだ。ショックフロントの進行前方には音速を超えるショックフロントの速度に加えて進行方向に空気が流れ出すので猛烈な爆風となる。後方には前方とほぼ等量の

後ろ向きの風が吹く。

　ショックフロントの反射波も同様である。反射波の通過に伴って、風の向きは逆転し、集中した一方向性を持たない。

　ショックフロントが高圧力空気であることは、ショックフロント通過に伴って、市民の身体が急激に圧迫され次に急激に減圧されるために目が飛び出たり、腸が飛び出たりする悲惨な原爆犠牲者を作り出した。

　長崎の原子爆弾投下後の樹木などの倒壊の仕方が記録に残される[16]。爆心地から直ぐ近くでは樹木が倒れていないのに、ある距離になってから樹木の倒れ方が激しくなっている。樹木倒壊は動圧による。樹木の倒壊の仕方が、マッハステムが出現したと考えることで見事に説明が付く。このことは衝撃波（圧力波）の静圧と、爆風の動圧が別々に運動しているのではなく、ほとんど同時であったことを示す。原爆の衝撃波では静圧の直後（ほとんど同時）に動圧（爆風）が来たのである。ここでマッハステムとは衝撃波の直接伝播波と地上からの反射波が合力され、直接伝播波のほぼ2倍の圧力の波が合成されることである。

▶彼らの原子雲形成モデルとも異なる原子雲の過小モデル

　原子雲成長発展の主導力は、高圧気団に内在する浮力であり、その周囲での流体力学的な連続性が原子雲の構造をもたらし、高度と共に変化する大気温度が原子雲の形状に大きく関わることは既に述べた。それに対し専門家会議の方法論は科学考察に依拠せず極めて機械的である。

　反射波が地上からの土壌を巻き上げて衝撃塵を作り、きのこ雲を貫く「トロイドの中心を通る上向通風」となるとする。

　そして彼らの原子雲モデルができた。ところが彼らが計算に使うモデルはそれとは全く異なる。

　彼らが考察した放射性降下物の計算モデルは、原子雲の構造を原子雲と衝撃塵の2部分から構成されるとし、その下に火災による雲が存在するとする。彼ら自身のモデルと符合しない形状を計算モデルにした。もちろん実際の原子雲とは、さらにかけ離れる。

　この計算モデルは典型的な機械論であり誤りである。流体としての連続性を保ちながら熱源が移動するという流体、気象現象としての関連を無視している。と同時にストークスの法則の適用範囲も間違っている。

「専門家会議」は、このように放射性物質の分布モデルを誤り、原子雲を構造的に誤り、過小評価することで、放射能汚染区域を過小評価した。

　この誤りによって試算された「放射能降下地域」は無意味である。

§13　長崎被曝体験者

（定義）

　　健康不良を「精神的疾患」として扱われている方々がいる。

　　それは、被爆指定区域外で被爆された人々で、国により次のような差別をされている。

①長崎の被爆指定区域は歪んでいる。その最長距離12kmで爆心地中心に同心円を描いて、その円内で被曝指定区域外の人々が「被爆体験者」とされる。

②法令上の被爆地区の外にいた被爆者に対し、地区外という形式的理由あるいは被爆の証明がないという理由で、行政処分上、被爆者と認定せず、被爆体験者として差別した。これは米核戦略の「内部被曝」隠蔽の上に構成された被曝地域過小評価による差別であり、当該被災者にとっては生きていくうえで大きな苦境が与えられた。

③被爆体験者は「あなたたちは放射線被曝をしておりません。放射線に被曝したのではないかというストレスに基づく精神的疾患があなたたちの健康をむしばんでいます」とされる人々である。被曝被害を精神的体験のストレスとするのである。

④彼らには被爆者と同等な健康被害が現れている。健康被害が現れたとき、「放射線による直接的な身体への健康被害はない」とし、[被爆体験による特定精神疾患にかかっている]として、精神疾患とその合併症に限って医療費（自己負担分）を助成するに止めている。精神神経科あるいは心療内科の通院証明によって健康手当が支給される。しかしがんに罹ったら「精神障害ではがんにならない」とされ、健康手当はストップする。

⑤被爆者の医療費の原則無料措置や健康管理手当支給などの被爆者援護法上の援護を受けさせない。

　　2016年（平成28）1月時点で、被爆体験者は6732名との報告がある。

▶この屈辱：国による差別／強制的精神疾患証明
　　―現実の病気を「精神疾患から派生する病気」とする行政流の偏見・差別―

　被爆体験者制度は放射線被爆被害者を何と侮辱し続けるものであるか！
一貫して被曝被害をないもののように粉飾してきた行政操作が生んだ典型的人権破壊である。

1．被爆体験者とは「あなたたちは、実際には被曝はしていません」「被曝をしたのではないかという『被爆体験による特定精神疾患』があなたたちの健康被害を生み出しています」というものである。
　　2．被爆体験者を「あなたたちの病気は精神疾患」と偏見差別している。精神神経科通院証を基に、精神疾患の審査を余儀なくさせ、制度的に侮辱、差別をし続けている。

▶被爆体験者精神医療受給者証

　「1．健康診断、2．精神科医師による診断を経て、『被爆体験による精神的要因に基づく健康影響に関する特定の精神疾患』について要医療性があると判断された方が対象となります」など実際の健康被害を「精神疾患」と断定されることで強いられた精神的苦痛は計り知れない。生涯に及ぶ屈辱感を味わわされているのである。しかも「遺伝性疾病及び先天性疾病並びにがん、感染症、外傷等は対象となりません」と、放射線被害で最も懸念されるがんが除外されているのである。

　　3．アメリカ政府／軍の核戦略により、内部被曝を否定し、被曝事実を歪曲、隠ぺいするイデオロギーは、現実の被曝健康障害を心の問題にすり替えた。現実の被曝被害の訴えを「精神病」からの症状としたのである。

　被爆体験者は、戦後75年日本政府が持ち続けてきた核戦略情報操作「知られざる核戦争」の最先端の犠牲者なのである。

　被爆体験者を精神障害者とする差別行政は人権上、人道上、許せるものではない。

　最近、ハンセン氏病患者及び家族への国家的人権蹂躙に対する判決が出されたが、その例に劣らない国家行政による差別と人権蹂躙が被爆体験者に対して行われている。ただちに是正すべきである。

　この卑劣な手段は延々と現在にまで継続しつづけられる。

　チェルノブイリ事故後の健康被害に対して、ＩＡＥＡ（国際原子力機関）が結成したチェルノブイリ調査国際委員会の委員長に指名された重松逸造氏

（当時放影研所長）が、その報告書（1991）で健康被害を否定し「最も恐るべきは事故に対する不安・被曝したのではないかという精神的ストレス」と結論し、放射線被曝の被害を認めなかったこと等々に共通する。核戦略上の一貫した、被曝を否定する精神起源論である。

およそあらゆる種類の健康被害が生じたことは、『ウクライナ国家報告書』（第1部参考文献8）や『調査報告　チェルノブイリ被害の全貌』（第1部参考文献9）に記載されている。

福島原発事故後においてもパニックを恐れて「安定ヨウ素剤を配布せず」、同じく「SPEEDI」を公開せず、山下俊一氏らが、「笑っている人には放射線は来ません」、安倍元首相が「健康被害は一切ない」、現在マスコミが「放射線被曝」を用語として使わず一切「風評被害」に置き換えている、等の住民を愚民視するやり方にそのまま引き継がれている。

被爆者援護法が定める被爆者の定義は第一条にある。その精神は、3号で語られる。すなわち、「原子爆弾が投下された際又はその後において身体に原子爆弾の放射能の影響を受けるような事情の下にあった者」とされる。原爆被災者は原爆投下前にはなかった病気、健康不全状態を原子核爆弾爆発直後から体験している。

被爆体験者の「被爆地域拡大の対象区域」はそっくり、法律及び政令により被爆地区と指定された地域と同一事情がある。

我々には、被爆体験者の放射線被害を精神疾患によるとしている国家的偏見差別に終止符を打つ義務がある。国は長年にわたる偏見差別に遺憾の意を表し、被爆体験者に心から詫びて慰謝する必要がある。

▶被爆体験者に現れた現実の健康被害はどのような状態であったか？

岩永千代子氏編による「《被爆体験者》とされた被爆者の叫び[17]」には、176名の原告の陳述書が登載されている。その内、幼少で記憶にないなどの理由も含む6名を除いた残り170名全員に、放射線被曝によると考えられる症状に苛まれた記述がある。

さらに全国被爆体験者協議会の調べによる「急性症状の実態」を示すアンケート結果は恐るべき高率での罹患率である。

急性症状として　高度の頻度を示すのが「下痢」であるが、実に回答者389

名中261名、回答者の67%が患ったと回答している。発熱あるいはだるさを体験したものは全体の43%程、下痢をしないで発熱、だるさ、脱毛、のどの痛み、歯茎の出血、鼻血、嘔吐を体験したものは多数に及ぶ。

　被爆体験者はほとんどに放射線被曝による急性症状が現れたのである。これらの人々は、被爆者の定義である「放射能の影響を受けるような事情」を現実の健康被害として体現している人々なのである。これらの健康被害の原因は、当該地域は初期放射線はかなり減衰しているので、初期放射線による外部被曝ではなく、放射性微粒子からの被曝だけによる。すなわちマンハッタン調査団により明らかにされた放射性降下物による外部被曝と、放射性粒子を体内に取り込んでしまった「内部被曝（主たる被曝）」による。

　水平にひろがる円形原子雲（半径15km）の存在によって、被爆体験者地域の放射能汚染は証明でき、地域を「被爆指定地域」とする合理性が保証されるのである。「専門家」と称する人々の「誤った科学」がいかに誤った行政の根拠にされてきたかを、彼らは反省すべきである。

§14 誤った「科学」により真実が抑圧されてきた歴史

　水平に広がる原子雲は、現在、著者が主張しているものであるが、その存在を確認したのは戦後75年が経過する時点である。著者は水平原子雲の存在を証明しただけでなく、合理的生成原因を推定した。水平に広がる原子雲は黒い雨に関する専門家会議に無視された。残念ながら、科学に忠実であることを願っている研究者たち：「広島"黒い雨"放射能研究会[13]」にさえ、「原子雲とは関係のない雲」として扱われた。黒い雨雨域を説明しうる水平に広がる原子雲が一貫して無視されてきたのである。

　長崎においても、「長崎における放射能汚染状態の分析」[14]やプルトニウム調査区域の分析では、爆心地からの風下の極めて細い三角形地域に限定するというように、プルトニウム確認調査の測定領域の設定[15]においても、極めて強く砂漠モデルに支配されている。このため水平原子雲に起因する爆心地を中心とした放射能汚染は無視され続けた。マンハッタン調査団[8]が裏付けている風下地域以外での放射能確認等は全く無視され、調査設計が行われているのである。「被曝地域」を確定する上で肝心の「水平に広がる原子雲」が認知されていない。

　歴史的には逆転層に展開する水平の原子雲は無視（広島）ないし圏界面（対流圏と成層圏の境界）との混同（長崎）がなされてきた。

　科学的探究の欠陥および意図的過小評価が、長年の行政の「事実と異なる施策」を支えてきたものと言える。

　戦後75年が経過するが、原子雲の構造そのものを科学的に解明する課題が取り残されてきた。その遅れはそのまま国の被爆者対策行政や原発のもたらす被曝防護の遅れと一体である。同時に被爆者行政の誤りに根拠を与え続けてきた科学のあり方が問われているのである。

　その結果、認定されている被爆者と健康被害がほとんど同じレベルで現れている人々を苦しめている。広島黒い雨地域の人々、長崎被爆体験者を今日まで行政は無残にも切り捨ててきた。特に被爆体験者に押しつけられた「精神疾患による発病」という国家差別と偏見は看過できない。即刻改善されね

ばならない。

参考文献

1）大滝慈：アンケート調査に基づく黒い雨の時空間分布の推定、広島原爆 "黒い雨" にともなう
　　放射性降下物に関する研究の現状　2010年５月、第２回「原爆体験者等健康意識調査報告書」等
　　に関する検討会、2011/2/24
2）宇田道隆：原子爆弾による広島の気象異変　http://lib.s.kaiyodai.ac.jp/library/maincollection/
　　uda-bunko/resources/pdfs/gyouseki/029.pdf）
3）増田善信：広島原爆後の黒い雨はどこまで降ったか、日本気象協会機関誌「天気」36、No.2
　　pp.69-79、(1989)
4）黒い雨に関する専門家会議：黒い雨に関する専門家会議報告書（1991）
5）広島市ＨＰ　https://www.city.hiroshima.lg.jp/soshiki/48/9409.html
6）増田善信：日本の科学者51、668（2017）
7）Atomic cloud over Nagasaki from Koyagi
　　　https://rarehistoricalphotos.com/atomic-cloud-nagasaki-1945/
8）FINAL REPORT OF FINDINGS OF THE MANHATTAN DISTRICT ATOMIC BOMB
　　INVESTIGATING GROUPS AT HIROSHIMA AND NAGASAKI　広島・長崎マンハッタン
　　管区原子爆弾調査団最終報告書
9）長崎被爆体験者訴訟、本田意見書：甲A3
10）長崎市：長崎原爆被曝地域図
　　　http://www.city.nagasaki.lg.jp/heiwa/3010000/3010100/p002221.html
11）①原子雲写真
　　　https://www.bing.com/images/search?q=%E5%8E%9F%E5%AD%90%E9%9B%B2%E5%
　　　86%99%E7%9C%9F&id=FFC9F2C6DFB85958002586AC08170EEC1CE411C7&form=IQF
　　　RBA&first=1&scenario=ImageBasicHover&cw=1117&ch=915
　　　②きのこ雲の下で起きたこと
　　　http://www.hiroshimapeacemedia.jp/abom/97abom/peace/05/kinoko.htm
　　　③ウィキペディア：長崎市への原子爆弾投下
　　　https://ja.wikipedia.org/wiki/%E9%95%B7%E5%B4%8E%E5%B8%82%E3%81%B8%E3%8
　　　1%AE%E5%8E%9F%E5%AD%90%E7%88%86%E5%BC%BE%E6%8A%95%E4%B8%8B
　　　④Bombas Atomicas de 1945 - SlideShare
　　　https://es.slideshare.net/femama/bombas-atomicas-de-1945
12）Glasstone and Dolan：Effect of Nuclear Weapons
　　　https://www.fourmilab.ch/etexts/www/effects/
13）広島 "黒い雨" 放射能研究会：広島原爆 "黒い雨" にともなう放射性降下物に関する研究の現
　　状（2010）
14）島崎達也、奥村 寛、吉田正博、高辻俊宏諸：「長崎原爆フォールアウトによるプルトニウムおよ
　　びセシウムの分布」（広島医学、47、418-422）、(1994)
15）岡島俊三：長崎原爆残留放射能プルトニウム調査報告（1991）
16）ＮＨＫスペシャル　https://aeoncinema-video.unext.jp/title/SID0024438
17）岩永千代子編『《被曝体験》とされた被ばく者の叫び』(2012)

第7部

物性物理学者が何故
被曝研究に？

§1 物性専門家が放射線被曝の市民研究者に

学術シンポジウム名：フクシマの問いにどう応えるか——東アジア現代史の中で

以下に2012年5月19日に東京経済大学において「沖縄—広島—福島」と題しておこなった報告をほぼそのまま引用する。

(1) 琉球大学赴任：教育研究の基盤整備、沖縄の基盤整備

　私が琉球大学に赴任したのは1974年で、沖縄の施政権返還から2年目のことでした。広島大学大学院博士課程の学生であった私は、研究者として生きる志を固めていました。おりしも、地上戦が戦われ過酷な被害を受けた上に、サンフランシスコ条約で事実上のアメリカ領とされた沖縄の県民が、1972年に日本復帰を勝ち取ったのです。私は沖縄県民の粘り強い団結力に大変感激いたしました。民衆の力によって支配構造を変革した、日本の歴史に特筆すべき一大快挙としての歴史を作ったものであると思いました。

　当時も今と変わらない就職難であったとはいえ、博士課程修了者は「研究条件の良いところ」を必死で模索するのが実情でした。当時の琉球大学は、研究条件はほとんどなく、あえて研究条件のないところへ就職するのにはかなりの勇気がいりました。院生のアルバイトとして行っていたある予備校で「教授」のポストをいただいており、「教授」が「助手」になって行くのか？と笑われたりしました。

　私は原爆の被害を受けた広島で大学院生活を送っていましたが、広島という地は、戦争と科学の問題を"科学者としての生き方"として考えさせる環境に満ちたものでした。すでに新聞記者として働いていた沖本八重美と結婚していましたので、人生の歩み方など考慮すべき現実もありました。広島で働くか、あるいは広島以外の地ならば2人にとってどんなところが働きがいのある場所かという話し合いもしていて、一つの指標をもつに至っていました。沖縄は申し分なくこの条件にかなうものでした。また、「艱難汝を玉にす」という言葉が私の中に強く根付いていたこともあって、研究条件として

は困難が見えている沖縄で過ごすことを決意しました。この「艱難汝を玉にす」という言葉は、私たち兄弟を苦労して育てた母が残してくれた言葉です。

　沖縄戦の被害と戦後のアメリカ軍政下の被害を受けてきた沖縄で、教育研究の基盤整備をすることは、苦労が多いに違いないが、やりがいのあることです。巨大な壁を克服してなおかつ多難の中にある沖縄のために、物性物理学を通しての教育・研究の基盤整備ならば私も貢献できる。「沖縄に行こう」と決めました。私の仕事は「日本国憲法下の物理学」の教育研究の基盤整備であると志を立てたものです。

　以来、物性物理学の基盤整備だけでなく、大学としての教育システム、学生指導システム、入試システム等々、さまざまな事柄を「沖縄における教育研究の基盤整備」と心得て取り組んできました。私は実践的モットーとして「真理は常に具体的である」ということを教育研究と改革の力としてまいりました。さらに、学問を権威に閉じ込めることは、真理探究の学徒としてなしてはならぬと考え、「学問は市民と築く文化である」ということを第二のモットーとしてまいりました。小・中・高校生対象に『わかりやすい科学教室』、大学の教育研究の現場を紹介する『理学部体験ツアー』等の科学・理学の紹介活動を、理学部の教員の皆さんと一緒に精力的に行いました。

　琉球大学に35年勤務しましたが、所期の目的はおおむね達成できたと考えます。2001年4月の別冊宝島「最先端大学ランキング」物性物理部門でベストテンにランキングされること等が起こりました。「超伝導や磁性の研究が光る。液体ヘリウムを供給できる低温施設がある。学生と教官が和気藹々として雰囲気がとても良い」と称されました。

(2)　米軍の治外法権と日本政府の主権放棄

　沖縄の米軍基地はハーグ陸戦協定、国連憲章等のあらゆる国際法に違反して、住民の土地を強奪して形成されたものです。武力による国際関係の維持を実践していた米国政府と「主権より植民地」の行き方を選んだ日本政府は、その無法をサンフランシスコ条約として固定させました。沖縄県民は復帰闘争によって祖国復帰を勝ち取りましたが、日本の戦争終結時に米国によって押しつけられた無法は取り払われずに現在を迎えています。琉球大学赴任時

の米軍基地状態はそのまま固定されています。沖縄の主権者がなさねばならない基盤整備は「日米地位協定をはじめとする『治外法権状態』を取り除く」ことです。この主権回復の基盤整備は本来ならば、日本政府が実施すべき責務がありますが、残念ながら沖縄県民と日本全土の有志による実践として、米国と日本政府を相手にする〝たたかい〟として継続しています。基本的人権を主張する「日本の主権者」のたたかいは主張し続ける限りかならず勝利します。人として当たり前の正義を要求している、基本的人権を持つ人類の大道にたった要求ですから、必ず勝利します。沖縄在住の主権者の1人として、他の主権者と声を共にしながら、この基盤整備を実現したいと思います。

(3) 核兵器学習と平和教育「核の科学」開設

1974年は、復帰後初めて伊江島の射爆場で、嘉手納基地の部隊によって核爆弾の模擬弾の投下演習が再開された年でもあります。1981年には在日米軍で「核」を明記した部隊：沖縄駐留の海兵隊・辺野古弾薬庫の「核弾薬小隊」等の存在が明らかになり、沖縄は怒りに包まれました。

この時、核について語れる大学人が居ないことを痛感して、有志と共に、1982年から毎週1回、核についての学習会を開き、丸2年研究を継続しました。

この集団の力は1984年、シンポジウム「核と沖縄」を開催し、琉球大学の共通教育講座に「核の科学」という平和教育授業を設けるに至りました。この授業は様々な分野の専門家が一コマずつ担当して総合教育を行うもので、今日に至るまで継続して実施できています。

(4) 鳥島での劣化ウラン実弾発射訓練

1995年、1996年に米軍の射爆場になっている鳥島において、計1520発、200kgの劣化ウラン弾が海兵隊のハリアー機によって機銃掃射されました。1997年にこれが発覚した時の米軍の第一声は、「劣化ウランは放射能ではない」というものでした。

これに対して私は物性研究者の誠意として「沖縄県民、なめられてたま

るか」の一心で、米軍に「嘘を言うな」と噛みつきました。その時はいまだ、内部被曝についてはほとんど系統的に情報を集めておらず、噛みついたからには後には引けない、と必死に学習を積んで行きました。劣化ウラン弾使用に反対し、「劣化ウランはなぜ怖いのか」、「イラクの子どもたちは、今」等の市民に対する普及活動を行い、ドイツのドレスデンで開催された国際会議に招待講演を依頼されました。

(5) 原爆症認定集団訴訟

　原爆症認定集団訴訟熊本訴訟団弁護団長板井優氏から内部被曝についての証言を要請された時、私は被爆者の方の被曝問題にはほとんど知識がありませんでした。お断りするつもりで「断るにしても基礎文献を読むぐらいのことはしなくては」と、まず内部被曝の被曝線量評価が記述されている「ＤＳ86 第6章」を読みましたが、読んだとたんに目がくらむほどの怒りを覚えました。

　何という科学の悪用！　科学倫理違反！　なぜ今までこのようなでたらめが維持されてきたのか！　なぜ私は被曝問題を具体的にチェックしなかったのだろうか！　怒りと悔しさで3日3晩眠れない夜が続きました。この怒りと悔しさが有無を言わさず私を内部被曝問題告発のたたかいに導きました。もちろん、その土台は妻の沖本八重美が広島で最年少の「生まれたときからの被爆者」であるという自分自身が被爆者家族であるということです。

　ＤＳ86で何が行われていたか？　内部被曝の原因物質である放射能の埃は、濁流をなした洪水や強風豪雨に遭えば、埃であるがゆえに基本的に押し流されて現場から消えてしまいます。原爆被爆後6週間で襲った巨大台風「枕崎台風」は広島では床上1mの濁流が爆心地を洗い、太田川の橋20脚が流失しました。長崎にも大雨を降らせました。その後で、核戦略による「原爆の犠牲者隠し」の目的で、占領下、アメリカは大挙して専門家を被曝現場の測定に入らせ、かろうじて土壌中に残っていた放射性物質を測定し、「始めからこれしかなかったのだ」としました。放射能の埃がなければ内部被曝はありえないというものです。アメリカの強大な核戦略実施体制の中でアメリカは、今日まで放射線科学を政治支配し、「犠牲者隠し」を続けています。

歪んだ線量評価の物差しである国際放射線防護委員会（ICRP）基準を、世界の権威筋（IAEA、WHO、UNSCEAR等）により、まさに国際基準として適用させ、"内部被曝の指標を欠落させ、内部被曝を科学させない"「放射線科学」を強制してきたのです。ですから戦後今までDS 86に記載された「虚偽の記述」を誰にも、指摘させず、訂正させずに、まさに虚偽の体系を維持する「偽科学」を行わせてきたのです。重要部分である「内部被曝」を隠し続けた「放射線科学」がまっとうな科学であろうはずはありません。訴訟では全ての判決が基本的に内部被曝を認めて、勝訴を勝ち取りました（19連勝）。困ったことは国と国を"サポートする"「専門家」は、今なお内部被曝を認めようとしていないことです。

⑹　フクシマ：市民のいのちを守るたたかい

　昨年（2011年）東電の原子炉が爆発した時、直感的に「放射線による犠牲者が隠ぺいされる！」と危機感を持ち、「放射線測定器を届ける」つもりでフクシマに飛びました。「開き直って、楽天的に、最大防護を！」と訴えました。福島だけでなく東日本広域が放射能に汚染され、日常の食品や水道水も汚染されました。この中で特に子どもの命を守るお母さんたちが決然と放射能環境から逃れる行動や「避難」をしました。日本市民、特に子どもの命を守る実践は女性によって切り開かれている現実とそのたくましい姿に感激いたしました。

　1年経って、深刻な汚染が定着しました。政府の棄民政策：20mSvに年間被曝限度が引き上げられました。チェルノブイリ周辺国の住民は年間1mSvで移住の権利、5mSv以上で移住義務（住んではなりません）が、日本ではこの20倍の基準です。食物の汚染限度もセシウム137が500Bqから100Bqに引き下げられましたが、政府と東電の責任回避策であり、いのちを守る基準とは無縁です。広域がれき処理と並んで汚染拡散を進めるものです。

　政府は事故終息宣言をし、市民のいのちを軽視し続けます。これは原発維持の新たな「安全神話」なのです。日本の市民は今後100年を睨んで、市民自らのいのちを守り、主権を取り戻すたたかいを大きく発展させなければなりません。

（2012/5/1）

§2 我が妻・故沖本八重美は広島胎内被爆者だった

体験記『生まれた時から被爆者』への投稿原稿をそのまま引用する。

(1) 沖本八重美の「NHK広島、ヒバクシャからの手紙」への投稿
(2011年7月19日)

「ヒバクシャからの手紙——今この日本で、若者に考えてもらいたいこと」

沖本八重美

　私は、1946年5月31日生まれの「胎内被爆者」で、「被爆者手帳」を持っています。同年6月1日生まれだと「被爆2世」になり、現行法では何の援助もありません。ヒロシマの一番若い被爆者の1人として、福島原発事故に伴う放射能汚染の深刻さに胸を痛め、とくに、マスコミ報道などで、「基準値以下だから大丈夫」といった「専門家」の話を聞くたびに、「違う。内部被爆の本当の怖さがわかってないのでは」と怒りさえ感じます。私自身の体験から若い人に訴えたいことは、被爆者体験の聞き取りや内部被爆の学習から、「原発も核兵器も人類との共存はできない」ことをつかみ、次代に継承してほしい、被爆国日本の若者として——ということです。

　私の母は、広島に原爆が投下された8月6日の翌日、当時住んでいた能美島高田から定期船にのって、広島で行方不明になっていた父の妹を捜し出すため、宇品に渡りました。

　6日午前8時15分の原爆投下直後は能美島で、すさまじい爆音を聞き、もくもくと空高くわき上がる原爆きのこ雲を目撃しています。「広島に新型爆弾が落とされた」との報を聞き、翌朝、親戚数人で入市し、終日、爆心地含め広島中を探し回りました。その時の"地獄絵図"は幼い頃からよく聞かされてきましたが、"怖ーい気持ちの悪ーい幽霊話"程度の受けとめでした。そんな私が、「母がこんなむごい死に方をしたのは、原爆のせいだ」と体中の怒りに震えながら、原爆の悲惨さを実感したのは、母の最期に立ち会った時です。

もう40年近く前の４月、別府の被爆者療養所から、「お母さんが吐血した
ので」との連絡があり、広島から別府の病院にかけつけました。他の家族の
到着が遅れ、私と夫が見守る中、ベッドに横たわっていた母は、身を起こし、
戻しそうな様子だったので、小さな洗面器を口に近づけたところ、がぼっ、
がぼっと鮮血を洗面器にはき出しました。それを数回繰り替えし、吐き出す
体力がなくなると、今度は血便です。どす黒いコールタールそのものでした。
輸血しようにも血管が注射器を受け入れず、体中の血液を出し切って、翌
日の午後、母は家族に看取られ、亡くなりました。61歳でした。「うちらー、
ピカドンにやられたんじゃけん」という母の口癖が、私の耳の底でガンガン
響いていました。

　思い起こしてみると、母は、私が幼い頃から病弱で、２人目の弟を生んだ
直後、子宮がんの手術をし、弟は数年間、叔母に預けられました。ヤギの鮮
血を近くの農家から受け取って帰宅するなり、母が口の周囲を赤くしながら
一気に飲み干す光景も記憶にあります。カゼをひきやすく、ひくと治りにく
い、２週間前後、寝込むような状況が日常茶飯事でした。

　広島では、"原爆ぶらぶら病"という言葉もよく聞きました。何となく体
がだるい、力が入らない、見た目は健康そうに見えるけどやっぱりどこか違
う、これは、放射線を体内にとりこんだ内部被爆のせいだと母の死後、ずっ
と考えてきました。さらに衝撃的だったのは、結婚して長女が生まれた直後、
夫がぼそっと、「どんな子どもが生まれても、受け入れ育てていこうと覚悟
していた」といったことです。私自身、被爆による"奇形児"出産の不安を
抱いてはいましたが、まさか夫まで。こうした話を被爆者の友人、知人にす
ると、「被爆者はみんな日々、放射能の恐怖におびえているよ」といいます。
これが内部被爆の実相です。がん発生率がどうとか、基準値以下だからとか、
内部被爆を軽視する発想を即、改め、地球上に新たなヒバクシャを生み出さ
ないために、関係機関、専門家頼みにせず、私たち一人ひとりが声をあげ、
行動することが急がれています。何よりも学習が大事です。　　　　　了

　　　　（沖本八重美：2011年7月19日、NHK広島、ヒバクシャからの手紙）

⑵　被爆者沖本八重美の一生を我が誇りに

「女に学問は要らない」という考えが強かった田舎にあって、美容師の仕事が決まっていましたが、「大学の入試だけは受けさせて」と父親に頼み込み、受験の許可を得ました。ところが合格してしまい、大騒ぎになって、結局、広島大学教育学部入学を果しました。沖本八重美の第一歩でした。

彼女と私が結婚したのは1971年10月。八重美は既に「広島民報」の記者をしており、当時、広島大学「封鎖」の中で、大学院生協議会で封鎖に反対していた私を取材に訪れたのが知り合うきっかけでした。

彼女は「自分は胎内被爆者である」ことを話してくれておりましたが、彼女の人としての魅力にとりつかれていた私にとって、大した問題ではありませんでした。

私が初めて「被爆者」の現実問題に遭遇したのは、1973年に彼女が妊娠した時です。新聞取材で一日中バスに揺られて県北に行ってきた時のことです。切迫流産に見舞われたのでした。即刻病院に駆け込み「入院させてください」とお願いしました。八重美が被爆者であることをよくご存じの信頼する先生でした。「生命力のある赤ちゃんならば、しっかりとお母さんのおなかにしがみつくはずだから、入院することは避けなさい」という判断。結局流産してしまいました。被爆者の現実局面での厳しさに愕然とした最初でした。

沖縄の日本復帰2年後。私は「教育・研究の基盤作り」を念頭に琉球大学に就職を決めました。「広島の虎の子を沖縄に連れて行くのか！」とぼやかれましたが八重美と一緒に沖縄に赴きました。

八重美は自分の名前がすごく気に入っていて、自己紹介の時は「沖縄の**沖**、日本の**本**、八重山の**八重**に**美**しい」と決めていました。戸籍名は「矢ヶ﨑」でしたが、一生沖本八重美を名乗り通しました。"夫婦別姓"の先駆けでした。

沖本は、計22年間新聞記者を務めた後、社会進歩を目指す団体役員として19年半励みました。記者時代は我が子を背負いながら取材を続け、重要問題を暴き、しばしば政治を動かしました。

役員となってからは、人を動かす力と洞察力、行動力でいろんな前進をもたらしました。「普通の活動家の20倍は動いていた」と称されました。多くの若者を育成し、「沖本チルドレン」と自称する若者が、今の沖縄社会・政

治の表舞台で何人も大活躍をしております。

　極めて特異な活動家で、決して上から目線の官僚的命令口調で振る舞うことはありませんでした。いつもとことん相手の実情を聞き、思うことを聞いて、元気をなくした人も一緒にまた歩みを始める共通土台を確保できました。共通目線で心を共有させる現場主義者でした。「私は沖縄のどんなタクシーの運転手さんよりも沖縄の道を知っているよ！」と自負していたほどです。

　母親として子どもに対する姿勢は「時間が許せるときは集中して向かい合う」でした。２人の娘が奪い合うようにして八重美に話しかける姿がありました。

　記者として鍛えた文章力もあり、正確で無駄のない表現をすることで知られました。活動文書等でも時には文章構想から練り直す必要を衝き相手から憮然とされる場面も多々ありました。私もかしこまった文章を書かなければならないときに、八重美に見せることで安心感を得ました。彼女の修正提案は非常に合理的でした。

　該博な知識を持ち、政治的判断も正確で、思想的に人を奮い立たせる。解決の具体策で人々を励ますのが彼女の作風でした。沖縄の米軍基地「君臨」に反対する共闘もいろいろな困難を抱えていましたが、いくつかの団体の複数幹部が「沖本さんがいなければ共闘が成り行かないことが随所にあった」と言明しています。オール沖縄の土台ができあがりました。

　退職後、沖縄生健会の結成や、福島原発事故避難者支援等、生活現場の具体的支援に心がけました。

　福島原発事故が発生し、八重美はただただ住民が被曝を避けることを願いました。何度となく福島の地を私と共に訪れて、住民の方と懇談いたしました。私は大切な広島の被爆者を福島に同行してしまったことを、今、後悔しています。

　八重美が急逝したのは2013年１月27日。大切な友人の古希のお祝いで祝辞を述べた直後でしたが、彼女が最後に訴えた言葉は、「一人一人が大切にされる社会を作るために力を合わせましょう！」でした。

　沖本八重美は一生を核廃絶と人権確立・社会進歩のために捧げた人でした。

　八重美は亡くなってからも多くの人を動かしております。

　被爆者として示した鮮烈な生き方は私の生きる力となっております。

彼女が急逝する１カ月前に、「どうしても」と言って、私の古希の祝いの席を設けてくれました。その時の寄せ書きのメッセージ「かつまくん、内部被曝の危険性の告発どこまでも。地球の未来がかかっているよ！　八重美の言うことも聞いてがんばれ〜」。今も新鮮に耳に響きます。

§3 個人体験
―福島入り２年後の突然の体調不良と勝手に決めた治療方法―

　『私の闘病記』として、2019年３月、避難者座談会の話題提供として那覇市で行った講演をほぼそのまま引用する。

　全国の体調不全の方にどうぞご無事で！　ご自愛くださいとお祈りしております。特に福島県内で生活される方に「どうぞご自分の命を守ることを優先してください。被曝押しつけ政策を跳ね返しましょう。低汚染地域の方と連帯してください」と願っております。沢山の方が亡くなりました。亡くなった方は言葉を語りません。元気で頑丈な方には、語れなくなった方の悔しさを少しでも推し量られることを望みます。
　私の自分自身に対する「治療法」に関しては、特に福島などの生産農家の皆さんには不快なご感想をもたれる可能性のあるものです。「徹頭徹尾被曝を避ける」ことでした。私の選んだ「治療方法」は、放射能汚染の可能性のある食品を徹底的に避け、沖縄県を出ないこと。さらに農薬・化学調味料なども極力避けることでした。誠に済みません。命の危機を感じた者が取らざるを得ない方法でした。厚労省人口動態調査に基づいて私の行った統計処理の方法では、2011年以降７年間で、死亡者が27万人もの規模で異常増加している可能性があります。どうか危うい目に遭った市民の実践記録としてお受け止めください。

▶私の健康面での体験

　私は福島第一原発の爆発事故後10日ほど後の３月24日に沖縄を発ち25日に福島入りしました。福島では全県に渡る放射能測定を行い、住民の方と懇談いたしました。「今年は作付けせずに表土５cmを剥ぎ取り、作付けは来年」等々の提案も致しました。そのとき放射能汚染はいまだ地表３cm以内の収まり、これをそのまま排除できたら100年にわたる食糧汚染危機が回避されると訴えたものでした。しかし、いち早く政府が「賠償は、作付けして、昨年

の収入より減収した額」と発表し、広く訴える基盤を失いました。

　私がなぜ福島に飛んだかという理由は「広島・長崎の原爆被爆者の苦しみを福島で再現してはならない」という思いからでした。妻故沖本八重美が広島原爆の認定被爆者：最年少の胎内被爆者でありましたが、福島原発事故が生じた時、妻の「福島の人々に内部被曝の悲劇を繰り返させてはならない」という強い祈りと行動がありました。同じ思いで私も行動いたしました。物性物理学研究の緒に就いた期間の6年間を過ごした広島で「ヒバクシャ」の苦悩をたっぷり見てきたからです。

　その後、私は講演活動やモニタリングポストの測定活動などを精力的に続けました。妻八重美も沖縄における避難者救援活動を展開する合間に私とともに何回か福島入りし住民の方と精力的に懇談いたしました。私の本土での講演会数は2011年で120回、2012年で125回を数えました。

　2013年の1月末、妻の八重美が心臓発作で突然死いたしました。

　妻の亡くなる1週間前に私は人間ドックで私の心電図に異常が生じていることを確認していました。2人同時期に心臓に異変が起こっていたのです。心電図の異変は「完全右脚ブロック」に加え「左軸偏位」という診断名。右心房と左心房を動かす電気パルスがともにおかしくなってしまったのです。苦しくて救急で病院に運ばれることが起こりました。確認後1週間で八重美が突然倒れたのです。その後現在の状態は、胸の苦しさは和らぎ、心電図異常は今も続いていますが、普通の日常生活をしております。

　沖本八重美は沖縄で避難者の支援をいち早くはじめ、「福島の皆さんにただただ内部被曝を避けていただくように、何でもする」つもりになっていました。沖本も私と共に福島に何度か足を運びました。広島の被爆者を東電事故の被曝で寿命を縮めさせてしまった可能性が頭をよぎりました。「夫婦そろって道半ばで斃れるわけにはいかない」という思いが強く私の頭をかすめました。

　その後2013年6月、私の振るまいが正常でないことを、たまたま沖縄に来ていた長女が見破り、頭部のMRIを撮ったところ、大脳が全方向で縮んでおり、頭蓋骨内壁に比べ直径が5cm縮まっておりました。

　「ずいぶん大脳萎縮が進んでいます」という医師の先生の一言でした。

　「大脳萎縮」に関してその後のことも書きますと、その1年後2014年6月

にもMRI撮影を行い、症状はほとんど同じ状態であることを確認いたしました。

　私の振る舞いの異常はどんどん加速的になり、ボタン一つ留めるのにずいぶん時間が掛かる、まっすぐ歩けない、膝の下に水が溜まる、物事の即刻の判断はほとんどできない、ただし、長期的に心に決めたことはなんとかやりきることができるという正常さは何とか残っておりました。人前ではできるだけ動かないこと、会話を避けることなどして、気がつかれないように振る舞いましたが、様々な症状が出ていました。

　私はアルツハイマーが進行しているのだと思い込み、必死で残りの命の火を掻き起こそうとしていました。2014年の10月末になって、避難者の小川知也さんと伊藤路子さんが、矢ヶ﨑の状態を見て「どうしても病院にお連れします」、と半ば強制的に病院に運ばれました。MRI撮影したところ、「硬膜下血腫」。左脳上部全域に血液が溜まっており、医師の先生がその日の一切のアポイントを取りやめ、即刻手術してくれました。55ミリリットルの血液が溜まっていました。

　部分麻酔で手術中意識がありましたが、血液を抜くときに感じた、「よどんだ空が一挙に晴れ上がるような、「絵にも描けない、ものすごい爽やかさ」は今も鮮やかに思い出します。「これだけの血液量では通常の症状では、歩行もできず、しゃべることも難しい状況です、よくぞまあ我慢したものですね。もし血液を包んでいる膜が破れると大変な事態になっていたでしょう」という先生のお話でした。

　それまでに頭部を打つなどの出来事はなく、非打撃性の頭蓋内出血でした。非打撃性の頭蓋内出血は原発事故以来急増しているようでした。

　有り難くも避難者の方に命を救われた一場面でした。

　一連の出来事の後、2015年1月に至って術後の状態を調べるためにMRIを撮影したところ、なんと大脳が頭蓋骨内壁に至るまでのびのびと復活しているではありませんか！　それまで私はてっきりアルツハイマーが進行して異常な身体状況になっているのだと、大変悲観していたのですが、なんと「萎縮」が解けていたのです。こんなにうれしかったことはありません。

　萎縮はどうやら脳内部構造の変成ではなかったのではないかと推察されます。アルツハイマー的な萎縮が回復したという話は聞いたことがありません。

その後、ごく身近の避難者の方の同様な経験を聞きました。くも膜下出血を患い大脳が萎縮していると診察され、沖縄に避難してきた方の経験です。私同様に食事等に気を付けて生活していましたが、避難して2年ほど経った時にMRI診察をしたところ「大脳の萎縮が解けていた」ことが分かりました。共に大喜びして祝いました。

　元気を取り戻すことができ、2015年度から「つなごう命の会」として「放射能公害被災者に人権の光を」をスローガンに、避難者アンケート（2回）、署名、沖縄県と県議会への陳情（合計40回程度）、医療生協さんに対して医療支援と健康診断実施の要請、学習会実施などの活動を展開することができました。

▶治療方法として選んだこと

　2013年に戻りますが、はっと気がついたのは「放射線被曝の害が八重美にも私にも及んだのかもしれない」ということでした。

　ただし、このことは臨床的には決して追跡証明できるものではありません。私の思い過ごしである可能性は大いにあります。しかし自分らに当てはめてみると大いに可能性があると信じるものです。

　放射能プルームの強烈なものが襲った地域に足を運んでも、地域の人と懇談し、この深刻な事態に対処しないといけない課題で懇談しているのですから、地元の方が食するものはすべてともに食しました。

　思い返してみると私は福島を訪れた後ほとんど毎回下痢をしていました。妻は下痢をしなかった。この下痢をしたかしなかったかが、ひょっとしたら内部被曝の多寡に関係し、妻は絶命し、私は助かった可能性があるかもしれません。また、私の頭の症状は妻の突然死のショックである可能性もあります。

　いろいろ思い詰めて、私は自分の治療法として、「被曝を絶つ」ことにしました。

　妻とともに夫婦で死亡するわけにはいきません。郡山の病院（桑野共立病院）で「ある装置」の改革をする約束を中断するところとなりましたが、自分の命を守ることを優先しました。坪井正夫院長先生のお許しの言葉もいただきました。しかし、誠に申し訳ないことを致しました。

私はある被曝防護団体の設立に参加していましたが、この団体は2013年
春、内部崩壊しました。内部崩壊を目の前にしながら私は何の行動もできま
せんでした。この体験はひどく応え、その団体の名前を聞くだけでＰＴＳＤ
症状が現れました。

▶治療法

　実際に私のとった治療方法をまとめてみます。

　　①放射性物質の含んでいる可能性のある食材は一切摂取しない。

　　　　これは産地で判断することと、検査が行われているかどうか、とい
　　　　う基準でほぼ達成したと思います。

　　　　方針を決めて以来東日本産の食材を一切食していません。好物だっ
　　　　たサンマも鰯も刺身も寿司も山菜類も淡水魚も一切食していません。
　　　　外食は、食材を意識して選定しているお店以外入っておりません。

　　②行動を制限する、沖縄を出ない。本土での講演活動は一切やめました。

　　③農薬も可能な限り絶つ。野菜も「無農薬・自然栽培」の店に限る。

　　④生体酵素に必須であるミネラルは可能な限り多量に摂取する。

　この方針は2013年、2014年と採用しただけでなく、それ以後今も基本的
に実践しています。

　このようにして、私は無事健康を回復しました。患っていた間に体重は約
10kg減り、現在53kgですが、身体も軽く動き、以前にも増して非常に元気で
おります。ただ記憶に関しては、思い出せないことが多く、年のせいもあり、
衰えていることは間違いありません。

　福島の友人が「町内で異常に沢山のお葬式が出た。若い方が突然死している。
放射能被曝の懸念は誰も語ることはしない」と語っていました。

　放射性キセノンの放出量だけでもチェルノブイリの2.4倍放出されています
（第1部の参考文献24）。政府発表でもセシウム137の放出量が広島原爆167倍（随
分過小評価だと思います）です。放射能被曝による健康被害が出ないはずはあり
ません。健康被害が出ることは分かっていました。

　私が一番悔しいことは、多くの健康を害した方、亡くなった方に対して、被
曝防護のお手伝いができなかったことです。お力になれずに大変申し訳ありま
せんでした。

§4　つなごう命の会

(1)　つなごう命—沖縄と被災地を結ぶ会[51]

　事故直後から沖縄にたくさんの避難者がやってきた。生活道具をサポートするなどの活動が早速始まった。

　故沖本（矢ヶ﨑）八重美が真っ先に取りくんだことは、避難者の皆さんの相談相手になり、実生活を支え、孤立させず声を掛け合う場を作ることだった。「おむすび市」と称して文字通りのおむすびをはじめとする沢山のお店で食品の交換、生活道具の調達、医療／健康や法律や生活問題に関する専門家等を招いての相談会、放射線についての学習会、肩もみなどの整体術等々が行われました。20回近く繰り返されましたが、時には200名もの参加者がある大盛況の交流市場が作られた。

　また、沖本などが中心となって署名集めを行い、補償などの問題について東電に質すことを目的として福島県以外では初めての「東電に説明を求める会」が沖縄で開催された。

　迎える側として沖本八重美、避難者として伊藤路子氏が共同代表となって2011年12月4日、「つなごう命—沖縄と被災地を結ぶ会」が結成された。

　つなごう命の会はひも付き資金を回避して市民の浄財だけに頼り、一切を手弁当で活動している。

(2)　おむすび市[52] https://www.youtube.com/watch?v=gPGwd6a95Xo

　おむすび市は避難者を多方面に励ますことを目標として2015年までに16回を数えた。避難者と沖縄の市民との交流・友達作り、生活資材の調達、生活相談、健康相談、法律相談、放射能学習会などを幅広く行った。出店の数も15〜20に及び、参加人数も多いときは200名を超え、那覇市の名物にもなりかけた。残念ながら諸条件により2015年限りで停止したが、2019年につ

なごう命の会と協力関係にある「らまな庵」主催により復活している。

(3) ゆんたく学習会[51, 53]

おむすび市が維持できなくなった2015年につなごう命の会の主要事業として位置付けて、学習会を毎月定例化して行うことを決めた。著者の健康回復が基盤としてある。それ以前も学習会は機会を失わずに行われていたが、定例化して以来2020年3月で第40回を数える。多くの放射能の健康被害問題の分析結果をここで発表してきた。「ゆんたく」とは沖縄の言葉で、「おしゃべり」を意味する。

(4) 原発事故避難者通信

2015年に「つなごう命―沖縄と被災地を結ぶ会」から簡略化して名称を「つなごう命の会」と改めた。2011年から2015年の間は主としてホームページを通じてコミュニケーションを取ってきたが、改名以降はそのほかに原発事故避難者通信を発行し、連絡等のコミュニケーションに加えて、全国的な観点も踏まえて通信を発行してきた。現在93号を数える。

(5) アンケート調査

つなごう命の会は2回にわたって避難者アンケートを実施している。

1回目は、2016年で政府による避難者支援が停止される危機に際して、2回目は「見なし仮設住宅」支援の全面停止に際して過渡的に3年間に限って行われた部分的支援が停止される2018年に行った。

①第1回目　とびらのことば
原発事故避難者の皆様

「希望のとびらを開きたい！」は、原発事故避難者の皆様の今後の生活が、「安心安全・安定した生活」になることを目指した私たちの願いと決意です。皆様がわが子の命と健康を守るために愛する故郷から「離れざるを

えない」事態に追い込まれ、必死に沖縄に避難した辛苦を思う時、胸が痛みます。皆様へのアンケートの中で「3・11で人生設計を狂わされた苦闘」の実態が浮かび上がり、「福島に原発さえなければ」のフレーズは、全ての避難者の声の象徴だと思います。そして、避難後の現在でも家族・父子分離、家庭崩壊、孤立・離婚、生活苦、金銭問題等と苦悩はつきない状態での生活です。唯一の救いは避難者の多数が、苦難の中、前向きに一生懸命に生きていることです。

　私たちは、今後とも福島県内外の避難者の心に寄り添い、精一杯支援をします。その際に重要なのは、避難者の生の声を直接、行政や関係機関に届けることです。そのために、行政への要請や署名活動を実施しますので、ご協力をお願い致します（このアンケート調査結果を説明資料にして陳情を重ねた結果、沖縄県は避難者支援に「住宅確保支援（2017〜2018年）」として財政的措置を講じた。沖縄医療生協グループも医療支援を継続した。沖縄県および県議会への陳情と資料提供の回数は約40回に及ぶ）。

②第２回目　扉の言葉

避難者にとって来年（2019年）４月こそ本格的苦難のはじまり

　東電原発事故による避難指示区域外からの避難者に対するみなし仮設住宅が、2017年３月末で打ち切られました。福島県は、完全支援停止（2019年３月）に至る２カ年の過渡的支援策として民間賃貸住宅家賃補助を実施してきました。憂慮すべきは、これらが「原子力緊急事態宣言」が解除できない時点で行われていることです。

　避難先である沖縄県は既に（本年：2018年６月に）「沖縄県東日本大震災支援協力会議」を終了しました。独自の支援として実施してきた住宅費支援も、国の指導に従い、福島県の動きにあわせて来年３月末で終了する恐れがあります。

　支援が停止された後の住宅費を確保できかねる深刻な経済状況が避難者に襲い掛かります。一斉に避難支援が停止されれば直ちに生活に困窮の嵐が襲い掛かります。

　非常に有り難かったことに故翁長雄志県知事直々のご判断で、半額にする予定だった2018年度の住宅支援を前年度と同額を支給することに変更して

いただきました。さらに 玉城デニー知事はその選挙公約に「原発事故避難者への支援継続」を掲げてくださいました。

　私どもはこの故翁長雄志知事を継承した玉城デニー知事の住民本位の政策に希望をつないでおります。

　（中略）来年３月末で区域外避難者への住宅支援がすべて打ち切られることが迫っていますが、帰還を困難と考える避難者が路頭に迷うことがないようにするため、沖縄県、福島県、国に対し、立憲政治と法律に基づく支援策の実施を強く求めていきたいと考えます。

　このような事情の下に私たちは避難者の実情を把握するためにアンケート調査を行いました。懸念されたように深刻な実態が浮かび上がっておりますが、これを広く市民の皆さんに知っていただきこれをもとに公的支援継続につなげていけたら幸いと思います。

　原発事故被災者に人権の光をもたらす社会を築くお力添えをお願い申し上げます。（このアンケートの後、沖縄県では都道府県としては唯一避難者支援を「生活再建支援（2019〜2020年）」として決定した。沖縄医療生協グループも医療支援・健康診断支援を継続した。）

〈アンケートで見えたもの〉

　アンケートは避難の経緯・状態、周囲との人間関係、健康、収入・就労、その他およそあらゆることに及んでいる。避難動機は子どもや自分の「命を放射線から守る」こと。

　特徴的なことは次のとおり。

　　①原発事故以後体調の異変があった人が70％、

　　②福島県以外からの避難者の方が福島県内からの避難者より体調異変を訴える割合が多かった、

　　③体調異変の割合が多かった順は：目、鼻血、甲状腺、だるい・疲れる、心臓・胸、皮膚、胃・消化不良・下痢、気管支・喉、足の異変、体の痛み、耳・中耳炎……であった。およそあらゆる身体の組織に及んで異変が生じている。

　　④収入については、福島県内からでは支援があれば、ギリギリやっていける以上の方が60％。しかし、支援がなくなれば、不足する、見通し

がないが70％に変わった。

⑹　沖縄県の支援

　つなごう命の会は、沖縄県と県議会議員に対して2015年～2018年までに合計40数回資料をもって訴えに回った。結果は、翁長雄志県知事時代に2017年度～2018年度では県知事肝いりで「家賃支援」を月１万円ずつ支援していただいた。つなごう命の会は支援を要請した団体として沖縄県に対して感謝状を差し上げた。玉城デニー知事になってからは2019年度と2020年度継続して、「生活再建支援」をしていただくこととなった。2019年度以降の事実上の放射能避難者に対して支援を継続するのは、全都道府県のうち沖縄県が唯一である。

⑺　医療生協・民医連グループによる医療支援・避難者健診

　同じくつなごう命の会は医療生協グループに対して、東日本大震災支援協力会議が活動停止（2018年６月）した後も、医療支援、避難者健診を継続してくださるように要請を繰り返した。医療生協グループは同団体の活動目標にかなうものであるとして支援を継続してくれた。特に2019年度６月からは今までの支援医療機関が事実上一つだったのを県内8医療機関に拡大してくれた。

⑻　放射能公害被災者に人権の光を──人権が保障されない避難者 （被災９年目の記述）

　沖縄県には福島県内からの指示区域外避難者を含む避難者と福島県以外からの避難者がかなりいる。当初より半減しているとはいえ、現在（2020年１月）福島県内からの避難者は百数十世帯、福島以外からの避難者はその倍程度いるとみられる。いまだに新たな避難者が後を絶たない。それらの人々の移住理由は「健康が維持できない」ことが主である。進行形で、いまだに（否、これからもっと）健康被害が慢性化・深刻化しているのである。地震や津波を避難理由としている人々はもうとっくに帰還している。

チェルノブイリ法が施行された事故後5年にして日本では指示区域外避難者に対する住宅供与を停止した。帰還・復興の大合唱が組織された。東京オリンピックを招致し、復興オリンピックと称した。

全国の都道府県で指示区域外避難者にも支援を継続しているのは2019年度以来沖縄県が唯一である。

⑼ チェルノブイリは「年1mSvから」保護、日本は「法律は年1mSv、実際は20mSv！」──この保護の巨大な違いと「避難」の実態

住民を被曝から守るということに関しては、立憲民主主義の大前提であり政府にその義務があるはずである。

日本の法律では今なお、一般公衆は年間1mSvの被曝限度で守られていることになっている。チェルノブイリでは年間1mSvで移住の権利が与えられた。菅直人内閣は法律違反でもありチェルノブイリの前例を破る「20mSv」で規制した。法律に則ることもせず、移住の権利を認めることもなく、冷酷な単一基準の20mSvである。

住民は高線量被曝の危険にさらされた。客観的には多くの住民に移住／避難が求められる状況だった。

しかし、戊辰戦争に象徴される武士道が生き残っているのか、「自分は留まって近隣住民の支えとなる」という生き方が賞賛され、避難など放射能被曝を軽減する行動およびその目的意識が軽視される傾向が必然的に生じた。「絆」の合い言葉は東北人の「我慢する」ど根性を表すかのようだった。このような美しい気質あるいは社会性はどちらかというと「避難の権利」を獲得する方向性とは異なってしまった。結果として国際原子力ロビーの「永久的に汚染された土地に住み続けさせる」戦略に対して、被曝防護、弱者保護、予防医学的対応等の要求の力を落としたのではなかろうか？　先祖伝来の土地を守りたい市民の切実な願いがたくみに利用された。卑劣な心理操作が行われたことを見逃してはならない。

多くの避難者が家屋、田畑、故郷との決別をしただけでなく、支え合ってきた「社会」が破壊され、友人関係も厳しいものとなった経験をしている。

一般的に故郷喪失は単に土地・野山の喪失だけでなく、頼り合い支え合っ

てきた人間関係／社会がなくなってしまうことを意味し、人生自体がリセットさせられるのだ。

「避難を余儀なくされる」状態の苦しさは、想像を絶するものだろう。避難を余儀なくされた時に、避難の決断、避難場所、家族一緒か別々別か、生活の維持はどうするか、子どもの修学はどうなるか、じいちゃん・ばあちゃんをどう大切にするか、家は、土地はどうなるのか。家族内あるいは友人間で意見が異なる。それでも健康破壊が迫り、子どもの保護は絶対条件である。

全て今までの生活の破壊が迫り、十分成算を立てる余地など全くなしに、いきなり避難を「余儀なくされる」のであり、その時の苦痛はいかばかりか、計り知れない。自発的に十分準備して「さあ移動するか」という状態ではなく、何も成算が立たないが今すぐ移動を迫られる苦痛は、まさに人生を賭けた勇気が必要だった。命を優先するか、あるいは世俗的な大事な物か、というような価値観による分極に迫られた。

このような決断に対する苦痛は、避難してからの苦痛とは質的に違うものがある。

賠償額などは「帰還困難区域」あるいは「指定区域外」かで雲泥の差があるが、避難で被った苦痛／苦労に差はない。

我々の避難者アンケートでは、避難者の大多数が健康異変・体調変化を経験している。アンケート対象者が避難者という条件である調査であるが、福島県以外からの避難者のほうが、健康異変を経験した割合が福島県内からの避難者より多い。福島県以外から避難してきた人は一切の社会的支援の対象とされず、まさに棄民状態である。条件は過酷である。

個々の体験を聞くと、「体調が極めて悪くなったので、沖縄に一時避難して、体調が良くなったので故郷に帰った。しかし、ホンの２カ月ほどで、再度悪化し、長期避難に踏み切らざるを得なかった」というケースを筆頭に、実にリアルに被害状況を語ってくれる。

避難は「社会的な我が儘」などでは決してない。勇気ある決断と称する場合もあるが、追い詰められて最後に残された必死の手段なのである。避難をした場合とそうでない場合が、命を分けることとなる。このような状況が少なくとも東日本全域に現れたのである。事故後数年で「多すぎるお葬式」の話を沢山の方から聞いた。

避難者は、政府や社会の圧力を精神的に受ける中で、故郷に残された田畑・山林・家屋などの財産の価値と命を守ることのどちらを生きる指針とするかに迫られる。移住した先で生活を維持できるかどうかの経済条件が加わる。被災地の人々を力づけるはずの「絆」が逆に重石となる。避難者に対して、「あなたは私たちを見捨てたのだ」という村八分が多数報告されている。移住先と故郷でのいじめ問題も生じた。

　チェルノブイリ法では1mSv/年以上では避難の権利があるとされ、それ以上の汚染地帯では国の責任で避難者が守られた。日本ではそれが破棄された。もしチェルノブイリ並みに個人の判断が尊重され、移住か居留かの選択権を与えられ保護されたのならば、どれほどお母さんたち／避難者たちのストレスが軽減されていたのか計り知れない。日本の避難者は時には反社会的であるかのようなそしりを浴びながら、凛として避難を選んだのである。実に過酷で尊い選択である。

⑽　放射線被曝の被害の現実を認め、「健康被害の恐れ」という未来形を現実の今に当てはめること

　帰還を制限されていた高汚染地域の住民の大多数が帰還しないことを決意していることだけに注目が集まる傾向がある。また、彼らの多くが胸を張って堂々と賠償金等を受け取ることができない心境に追い込まれている状況も聞く。日本政府の対応が主権者を守る姿勢から外れていなければ、そのような住民同士のストレスは生じない。

　福島県内・県外を問わず、指定区域外の避難者の避難理由は、放射線被曝による健康被害を現に体験して、あるいは論理的に予測して避難している者ばかりである。

　故郷喪失は単に土地野山の喪失だけでなく、頼り合い支え合ってきた人間関係／社会がなくなってしまったことを意味する。頼みにしていた社会が破壊されることは、避難を指定されたところの人々も、指定区域外の人々も同様である。

　特に指定区域外避難者が損害賠償等の訴訟に加わる場合が見受けられる。訴訟姿勢が「平穏生活権侵害に基づく損害賠償請求」、「『ふるさと喪失』による損害賠償請求」、「原状回復請求」等の国と東電が認めた請求に留

まるケースが多い。

　放射線内部被曝は日本全国に及ぶ。内部被曝による生命の危険・健康被害が正面から取り上げられない限り、区域外避難者の賠償額は雀の涙に留まるのは必然である。

　「放射線被曝による健康被害」は原発にとって本質問題である。だが国／東電は健康被害を否定している。裁判所が放射線被害を自発的に取り上げることはあり得ない。放射線被曝は弱い人から症状が先に現れる。命を失う人も出てくる。放射線被曝に対する「頑丈な人」の目線でしか取り扱われていないのが現状だ。放射線被曝に敏感で被害を受けている人々の声が無視されているのではないか？　避難している人は汚染地域にいる人と共に、全て放射線被曝の実際の被害者である。

　また、賠償そのものを「現実生活の実質的救済」に求めなくて、民事訴訟としての「窓口開き」程度に、もし、構えているとするならば、実際上の救済はなしえない。現に原告数の多いことで知られる訴訟でも放射線被曝は「危険」あるいは「恐怖」に留まるのではなかろうか。実際に命を落とした人がたくさん居ることを避けているのではなかろうか？　賠償は雀の涙にもならない少額である。避難のために出費した実額は巨大だ。賠償は実際の苦難に応えるものであって欲しい。

　避難者は指定区域かあるいは指定区域外かに拘わらず、大概は地元に温かく迎え入れられているが、多くはいまだに家族がバラバラに住むことが続き、子どもや父母、本人の社会環境は不安定なケースが多く見られる。

　国は、放射能汚染と内部被曝が広範囲に及ぶことを認め、特に、指定区域外避難者に正当な評価を与え、社会的に処遇することが急務である。もちろん高度に汚染された地域に住む方の被曝防護策は必須である。日本全市民に対する内部被曝防止策は必須である。

　２度とこのような悲劇が生じないために原発の廃絶は喫緊の課題である。

むすびに
──我々は勇気を持って応えられるだろうか──

　放射線の専門家ではない著者が、放射線被曝問題をなぜ考察してきたのか？原爆被爆以来、放射線被曝問題で被災者の一生を左右する切実な現場があり、それを何とか改善しようと自ら模索し続けた人々がいるからである。

　原爆関係あるいは原発事故関係など被曝関係の訴訟において、原告として訴えている方々のお話を聞き、現場で何が問題とされているかを知り、その問題について資料を集め、自分の科学の目で探求し事実を把握してきた。課題を与えてくれたのは全て人生を賭けて取り組んでいる方々の現場である。

　それは著者にとっては、被曝の歴史も、被曝防護の哲学も、防護体制も「科学の骨格がこんなにひどく破壊されているのか？」という驚愕の連続であった。全て「専門家」が関与してなされた命より核戦略と核産業の利潤を優先する政治体系の中である。

　著者が常に心がけたことは「科学として位置づけるには何がポイントか？」ということである。結果は科学的に確信を持って発言することができたが、事実を調べ獲得した科学的確信は、100％原告の方をサポートするところとなった。サポート自体を自己目的にして論を張ったことは一切無い。事実を知った故に出た結論であり、はじめから方向性を持ってことに臨んだことではない。

　原発事故後10年、一番悔しく思い続けたことは、原発事故について、特に政府のほどこした施策について、それを客観的に見るあらかじめの知見がなかったことである。国内法や国際的関係法規などの関連知識がなく、施行されてから、そこから学習して、周辺知識がやっと飲み込めた頃には既に手遅れになっているという繰り返しだった。「専門家」でない悲哀を恐ろしいほど味わった。

　テクノロジーを身につけ、関係事項をくまなく知り尽くし、精緻な計算や測定ができる方が専門家なのだろう。しかし、誤った土台の上に精緻な計算などを行っても無意味である。

大多数の専門家はＩＣＲＰ体系を「与えられた物差し」として捉え、科学の目で批判的に確認することをしない。「個の尊厳」に基づく人道の目で見ない。

　「ＩＡＥＡ、ＩＣＲＰ等が『現実的な住民防護を破棄して、高汚染地域に住み続けさせる』ことにポリシーを変更した」重大事項を住民に対し警告した専門家はいなかった。

　専門家はこれで良いのだろうか？

　科学的認識を持って、命を守ることを指針として誠実に生きる人が「専門家」なのではないのだろうか？

　科学の民主主義という言い方が許されるのならば、それは科学が科学としての柱を貫くことである。

　科学はそれ自身が明快な適用原理である。ＩＣＲＰではひどい専制が科学の名を騙って行われている。科学ではないのである。学問の自由を含めて科学のあり方の問題だ。

　専制主義的権力に押さえつけられる「科学」とはきっぱり決別して、学問として背筋の通った科学を確立しなければならない。

　放射線被曝分野で事実／科学的認識がいかにおろそかにされ、誠実な科学が実施されてこなかったかという歴史を繰り返してはならない。

　なぜ科学的認識がおろそかにされたか？　それはＩＣＲＰの文言どおり「経済的・社会的要因」が科学を支配し続けたところによる。この分野では「学問の自由」など絵に描いた餅にもなっていない現実がある。

　あらゆる専制は「学問の自由」をはじめとする「個の尊厳」に基づく自由を破壊することにより成り立つ。

　「学問の自由」が成り立たない世界は自然科学的な事実も「個の尊厳」：民主主義の原理も破壊される。放射線被曝防護学では専制主義がストレートに学問を支配し続ける。

　セシウム137の放射線強度が10分の１になるのに100年かかる（セシウム

137の物理学的半減期は30年）。汚染100年、10年経過は「たった10年」。放射能汚染が日本社会に落とす陰は大きい。

　居住制限区域はどんどん狭くなる。モニタリングポストの表示値は半分しかない。そのような表示システムで20mSvを下回ると判定されるのは恐怖である。放射線管理区域以上の汚染を示した土地に100万人以上の人々が子どもを育て、生活・生産を続ける。復興が待望され、オリンピックまでもが開催される。もう、原発事故は終わったのだと！

　国や自治体からは被曝無視の「復興と帰還」が迫られる。被曝防護の「非防護化」が法律に盛り込まれようとしている。

　しかし、著者らのデータ整理一つ取って見ても、2011年以降の死亡者の異常増加が多量に認められる。原発事故が原因であると断定するに至っていないが、放射能の可能性を否定することはできない。著者はなきべそをかきながらこれらのデータをグラフ化した。

　臨床的には個別の死因が放射線被曝であるとはほとんどの場合判定できない。ウィルス／細菌感染、化学物質などの被害と全く異なる。それが故にいくらでも嘘がつける。曰く「甲状腺がんは原発事故とは無関係」、「犠牲者は皆無である」、「笑っていれば放射能は来ない」。

　犠牲者が出て、疫学的調査などで統計的に学問的に原因が判明してから対応したのでは世界市民の命は守れない。予防医学的見地を貫くことが出来ないならば、市民の命は金輪際守れないのである。被曝被害の正確な科学的な理解が市民に必要なのである。

　科学の柱を貫いた「科学的知見」がこれほど破壊され、政治が住民を犠牲にする分野は外には見られないのである。

　住民の健康はこれからどうなるだろうか？

　福島原発事故で事実と命がどのように大切にされたのだろうか？

　被災者の命と暮らしを守り、放射能から住民を守る人道、住民が自らの命と暮らしを守れる人道が、どのように発揮されたのであろうか？

　事故前の法律で市民と約束されているおよそあらゆる被曝防護基準が20倍

〜 80 倍とつり上げられ、原子力災害特措法等で規定されて避難訓練などで実施
されてきた「防護」がいとも簡単に破られ履行されなかった国の住民が我々だ。

　コロナなどあらゆる他の疾病や災害は感染防止、危害防止が徹底している。
それとは逆に被曝災害は、「基準をつり上げ」、「食べて応援」、「風評被害撲滅」
と、逆に被曝が強制された。

　我々はこの文明を逆転させている政治の生き証人であり、犠牲者でもある
住民だ。主権在民であり、「先進国」、「文明国」を標榜する国の住民だ。我々
住民はこの 10 年の事態を何とみるか？

　住民の気骨、住民が自らと国を変革する気概が必要に思える。

　政治と科学の関係：命と科学の関係：科学のあり方が我々に大きな課題を
投げかけている。

　科学と人道に基づいて、我々は勇気を持って主張できるであろうか？　そ
れに応えられるだろうか？

　福島原発事故を経験した日本住民の、世界市民・未来市民に対する人間と
しての誠実さを発揮したい。

　核兵器廃絶の課題と共に人類の英知が発揮できる「人類としての知性」を
保ち続けたい。

　この本を出版するに当たって、多くの方々に深甚な感謝を申し挙げさせて
いただきたい。

　著者の関与した諸裁判の原告の方々、弁護団の方々は多くの課題を与えて
くださった。特に熊本の故板井優弁護士は被曝分野への導入をしてくださった。
諫早の龍田紘一朗弁護士、三宅敬英弁護士は様々な課題に丁寧な議論をしてく
ださった。原発事故被災者の方々、避難者の方々に多大なご支援をいただいた。
さらに高須次郎代表等緑風出版の方々に多大なお世話をいただいた。

　　　　この本を、被爆者としての鮮烈な生き方を残し、
　　　　こころざし半ばで斃れた我が妻沖本八重美に捧げる。

　　　　　　　　　　　　　　　　　　矢ヶ﨑克馬　2021 年春

［著者紹介］

矢ヶ﨑克馬（やがさき　かつま）

　1943 年生、物性物理学者（理学博士）
　1974 年～ 2009 年、琉球大学勤務。理学部長、学生部長等歴任、名
誉教授
　2003 年～原爆症認定集団訴訟、長崎被爆体験者訴訟、黒い雨訴訟
等法廷支援
　2011 年、衆議院・参議院、参考人
　2012 年、久保医療文化賞受賞
　避難者支援運動─「放射能公害被災者に人権の光を！」つなごう
命の会
　著書に『力学入門』裳華房（1994）、『放射能兵器劣化ウラン』技
術と人間(2003)、『隠された被曝』新日本出版社 (2010)、『内部被曝』
岩波ブックレット (2014) 等

JPCA 日本出版著作権協会
http://www.e-jpca.jp.net/

ほうしゃせんひ ばく　　いんぺい　　か がく
放射線被曝の隠蔽と科学

2021 年 5 月 25 日　初版第 1 刷発行　　　　　　　定価 3200 円＋税

著　者　矢ヶ﨑克馬 ©

発行者　高須次郎

発行所　緑風出版
　　　　〒 113-0033　東京都文京区本郷 2-17-5　ツイン壱岐坂
　　　　［電話］03-3812-9420　［FAX］03-3812-7262
　　　　［E-mail］info@ryokufu.com
　　　　［郵便振替］00100-9-30776
　　　　［URL］http://www.ryokufu.com/

装　幀　斎藤あかね
制　作　R 企画　　　　　　　　印　刷　中央精版印刷・巣鴨美術印刷
製　本　中央精版印刷　　　　　用　紙　中央精版印刷・巣鴨美術印刷　　E1000

Katsuma YAGASAKI © Printed in Japan　　　　ISBN978-4-8461-2109-9　C0036

◎緑風出版の本

原発問題の争点
内部被曝・地震・東電

大和田幸嗣・橋本真佐男・山田耕作・渡辺悦司共著

A5判上製　二二八頁　2800円

福島原発事故による低線量内部被曝の脅威、原発の耐震設計の非科学性と耐震設計が不可能であることを自然科学の観点から考察。また科学者の責任を問い、東電の懲罰的国有化の必要性、原発によるエネルギー生産の永久放棄を提言する。

放射線規制値のウソ
真実へのアプローチと身を守る法

大和田幸嗣・橋本真佐男・山田耕作・渡辺悦司共著

四六判上製　一八〇頁　2800円

国際放射線防護委員会（ICRP）や厚労省の放射線規制値が、いかに人間の健康に脅威かを、科学的に明らかにし、政府規制値を一〇分の一程度に低くしないと、私達の健康は守られないと結論する。環境医学研究の第一人者による渾身の書！

原発は滅びゆく恐竜である
―水戸巌著作・講演集

長山淳哉著

A5判上製　三三八頁　1700円

原子核物理学者・水戸巌は、原発の危険性をいち早く力説し、反原発運動の黎明期を切り開いた。彼の分析の正しさは、福島原発事故で悲劇として実証された。3・11以後の放射能汚染による人体への致命的影響が驚くべきリアルさで迫る。

原発の底で働いて
―浜岡原発と原発下請労働者の死

水戸巌著

四六判上製　二二六頁　2800円

浜岡原発下請労働者の死を縦糸に、浜岡原発の危険性の検証を横糸に、そして、3・11を契機に、原発のない未来を考えるルポルタージュ。世界一危険な浜岡原発は、廃炉しかない。

チェルノブイリと福島

高杉晋吾著

四六判上製　一六四頁　2000円

チェルノブイリ救援を続けてきた著者が同事故と福島原発災害を比較し、土壌汚染や農作物・魚介類等の放射能汚染と外部・内部被曝の影響を考える。また汚染下で生きる為の、汚染除去や被曝低減対策など暮らしの中の被曝対策を提言。

河田昌東著

1600円